明治維新と陸軍創設

淺川道夫

錦正社

目次

図版目次

表目次

明治維新と陸軍創設

はじめに

明治維新とは、日本における近代国家形成の端緒を開いた政治変革である。同時に近代軍隊創設のための基礎が、維新政府の下で築かれていった。ここにいう維新政府とは、王政復古から廃藩置県に至るまでの中央政府を指す。維新政府の特色は、在来の藩権力の存在を前提に形づくられた政権だった点にあり、近代軍隊創設のプロセスにおいても、中央政府直轄の諸隊編制と、各藩が個別的に保有する兵力の統轄、という二元的な課題が並び立つこととなった。本書では、維新政府による近代軍隊創設に向けた施策のうち、陸軍の建設にかかわる諸問題を取り上げている。このテーマに関する先行研究は数多いが、代表的なものとしては、松下芳男『明治軍制史論　上巻』（有斐閣、一九五六年）、高橋茂夫「天皇軍隊の胎生（上・下）」（『軍事史学』第一巻第三・四号、一九六五年十一月・一九六六年二月）、千田稔『維新政権の直属軍隊』（開明書院、一九七八年）、原剛「政府直属の徴兵軍隊の建設と展開」（桑田悦編『近代日本戦争史　第一編』同台経済懇和会、一九九五年）などが挙げられる。

これらの先行研究では、主として軍制史の視点から、維新政府の直轄諸隊に関する編制や変遷を、編年的に検証してゆく点にウエイトがかけられて来た。また徴兵軍の建設を以て日本陸軍の起点とする考え方から、維新建軍期に関する研究は、そこに至るまでの過渡期ないし前史の解明という位置付けに終始する傾向が強かった。その一方で、諸藩の兵制については地方史の中に位置付けられることが多く、維新政府による藩兵の統轄・糾合という側面にはあまり注意が払われて来なかった。

本書の中では、維新政府の陸軍建設というテーマに関して編年的な通史という形ではなく、直轄諸隊・対藩兵政策・用兵思想・軍紀形成・兵器統一などの諸問題をめぐる章立てをおこなって、できるだけ多角的にアプローチすることに留意した。その主意は、直轄諸隊や藩兵組織を網羅的に研究してゆくのに先立ち、同時期の陸軍建設にまつわる課題を検証し、建軍構想の枠組みを把握しようとする点にある。

「I．維新政府の直轄諸隊」では、中央軍制機関の管下で編制された諸隊を概観すると共に、「府県兵制度」と「辛《しん》未《び》徴兵」についてそれぞれ項目を設け、各論的に詳述した。府県兵とは、維新政府の地方機関である府県が個別に編制した軍事力。辛未徴兵は、「徴兵令」の施行に先立って実施された、「徴兵規則」にもとづく府藩県からの徴兵である。

「II．諸藩の兵制」では、維新政府の対藩政策について検証することに続き、実際の諸藩における常備兵の在り方を、いくつかの事例を通して考察した。ここでは、大藩・中藩・小藩それぞれの実例として、水戸藩・松代藩・丹波の諸藩を取り上げている。このうち大藩・中藩に関しては、明治維新期に積極的な動きを示した藩のうち、先行研究が比較的少ないものを選択して考察の対象とした。また小藩については、維新政府の対藩政策とのかかわりを多く持ち、「国」というエリアで一括できる事例を選択した。

「III．兵式統一と用兵思想」では、「『兵式』の位相と邦訳教練書」「兵式統一をめぐる試行」「近代戦略理論の導入」という三つの項目を設定し、主として当時の翻訳兵書の分析を通じ、戦闘（教練）・戦術・戦略それぞれの段階における近代兵学の受容について考察した。前二者の項目は、当時「兵式」の準縄となっていたオランダ・イギリス・フランスの歩兵教練書を取り上げ、兵式統一をめぐる諸問題を検証したものである。また後者の項目では、戦略理論にまつわる翻訳書に焦点をあて、その導入と消化に関する考察をおこなった。

「Ⅳ．軍紀の形成」では、戊辰戦争期から廃藩置県後の鎮台編制に至るまでの過程で、軍隊組織の指揮系統を支える「軍紀」がどのようにして形成されたのかという問題について検証した。徴兵制が確立される以前の日本陸軍では、兵員素材を主として旧藩常備兵出身の「壮兵」に依存していた。これら「壮兵」は、そのほとんどが士族・卒族といった武士階層に属しており、彼らのメンタリティーの中に内在する身分や格式あるいは藩閥意識といった封建遺制が、階級制度にもとづく近代軍隊の指揮組織確立にあたって、いろいろな障害となった。本章においては、「戊辰戦争期における軍紀」「『軍律』の制定」「『読法』と『誓文』」という三つの項目を通じて、この問題を考察した。

「Ⅴ．小火器の輸入と統一」では、幕末維新期に欧米諸国から輸入された近代兵器について、基幹兵種の携行火器すなわち小銃に焦点をあてて考察した。これは、歩兵教練書を準縄として規定されていた当時の「兵式」を考える上で、戦法上の技術段階を分析するための指標に、小銃の研究が不可欠となるからである。幕末維新期の日本では、西欧における前装滑腔銃段階―前装施条銃段階―後装単発銃段階という戦法の発達段階をトレースする形で、近代軍隊にまつわる制度や技術を導入した。本章では、「兵式」統一に続いて維新政府の課題となった兵器統一についても、そのプロセスを踏まえて考察する。

維新政府の下で進められた近代軍隊建設の実相については、未解明の部分も多く、その研究自体が緒に就いたばかりといっても過言ではない。本書がこの分野の研究に些かの知見を提供できれば幸いである。

I・維新政府の直轄部隊

東征軍兵士の軍装
岡本吉次郎『皇朝武人及婦人風俗沿革図』
（山陽石版印刷所、大正 11〈1922〉年）

一、直轄諸隊の編制概要

慶応三（一八六七）年十二月九日、「摂関幕府等廃絶」と「諸事　神武創業之始ニ原」く政体改革を謳った「王政復古大号令」(1)を機に、明治維新が始動することとなった。維新政府とは、王政復古政変を経て成立した「新政府の発端から、明治四（一八七一）年七月の廃藩置県に至るまでの中央政府を概括するもの」(2)であり、その内容は「幕藩体制に代わる朝藩体制」(3)という評価が端的に示すように、既存の諸藩の上に「同盟列藩の主」としての天皇を推戴した、諸藩連合政権であった。

維新政府は「太政官追々可被為興間」(4)の暫定措置として、総裁・議定・参与から成る三職を設置し、太政官代の名を以て国政を担当するものとした。この三職は、慶応四（一八六八）年一月十七日に三職七科制へと改組され、職制の分科が明確化した。維新政府の中央軍制機関は、三職七科制における「海陸軍科」設置をその始まりとし、同年二月三日におこなわれた三職八局制への職制更定を経て、「軍防事務局」の設置をみた。

維新政府の中央軍制機関の管下にある直轄部隊としては、慶応四年二月十日の「御親兵掛」任命と共に編制をみた、親兵が最初のものとなった。ここにいう親兵とは、鷲尾隆聚《わしのおたかつむ》の高野山挙兵時に結成された「侍従殿所属兵士」(5)を改編したものである。親兵を構成するのは、旧陸援隊士・高野山門徒・十津川郷士などであり、その兵力は「千三百十八人」(6)を数えた。なお、山県有朋の下で編纂された「陸軍省沿革史」の中には、「当時御親兵ナルモノハ長州藩ノ亀山隊、致人隊ヲ基本トシ[7]」との記述があるが、これらの隊が親兵となった経緯については、敷衍できる史料が見出されていない。

戊辰戦争に際し、親兵を構成する諸隊のうち、十津川兵二中隊が第一親兵として北越に出兵したのに続いて、黒谷浪士隊（旧陸援隊から成る）が二番親兵として越後に出兵、[9]さらに箱館戦争では十津川兵八〇人が征途に就いている。[10]なお親兵諸隊は維新政府の下で四年程の間に複雑な変遷を遂げており、その経緯について図1に示した。

慶応四年閏四月二十一日、維新政府は「政体書」を発して「天下ノ権力、総テコレヲ太政官ニ帰ス[11]」ことを示し、全国政権への足掛りを固めた。ここにいう「政体書」とは、「北米合衆国ノ制度ヲ漢訳シタ『聯邦史略』トイフ書物ヲ参考[12]」としながら、『万国公法』や福沢諭吉の『西洋事情』等を斟酌することによって成立したものであり、当時イギリス公使館の書記官として滞日していたアーネスト・サトウ（Ernest M. Satow）は、これを“The June Constitution”と呼んでいた。[14]

維新政府がアメリカの連邦制になぞらえたのは、「府藩県三治制」にもとづく太政官制の下での「朝藩体制」であり、これに関して加藤弘之（弘蔵）はいみじくも次のように述べている。[15]

此政体（註：共和政治）ヲ立ル各国多クハ元来自主ノ数邦ヲ合シテ一国トナルモノナルカ故ニ其数邦ハ上下同治ノ国ノ州県ノ如キ者ニハアラス各邦必ス亦政府アリテ邦内ノ政ハ都テ此政府ニテ施行シ惟全国ニ関係スル事ハ全国ノ大政府ニテ施行ス蓋シ封建ノ制度ト大ニ相類スル所アリテ大政府ハ朝廷ノ如ク自主ノ各邦ハ諸侯ノ如シ是故ニ封建ノ国ニテ立憲政体ヲ建テンニハ上下同治ノ制度ヨリ反リテ是政体ノ制度取ル所多カラン

図1　維新政府の「親兵」諸隊

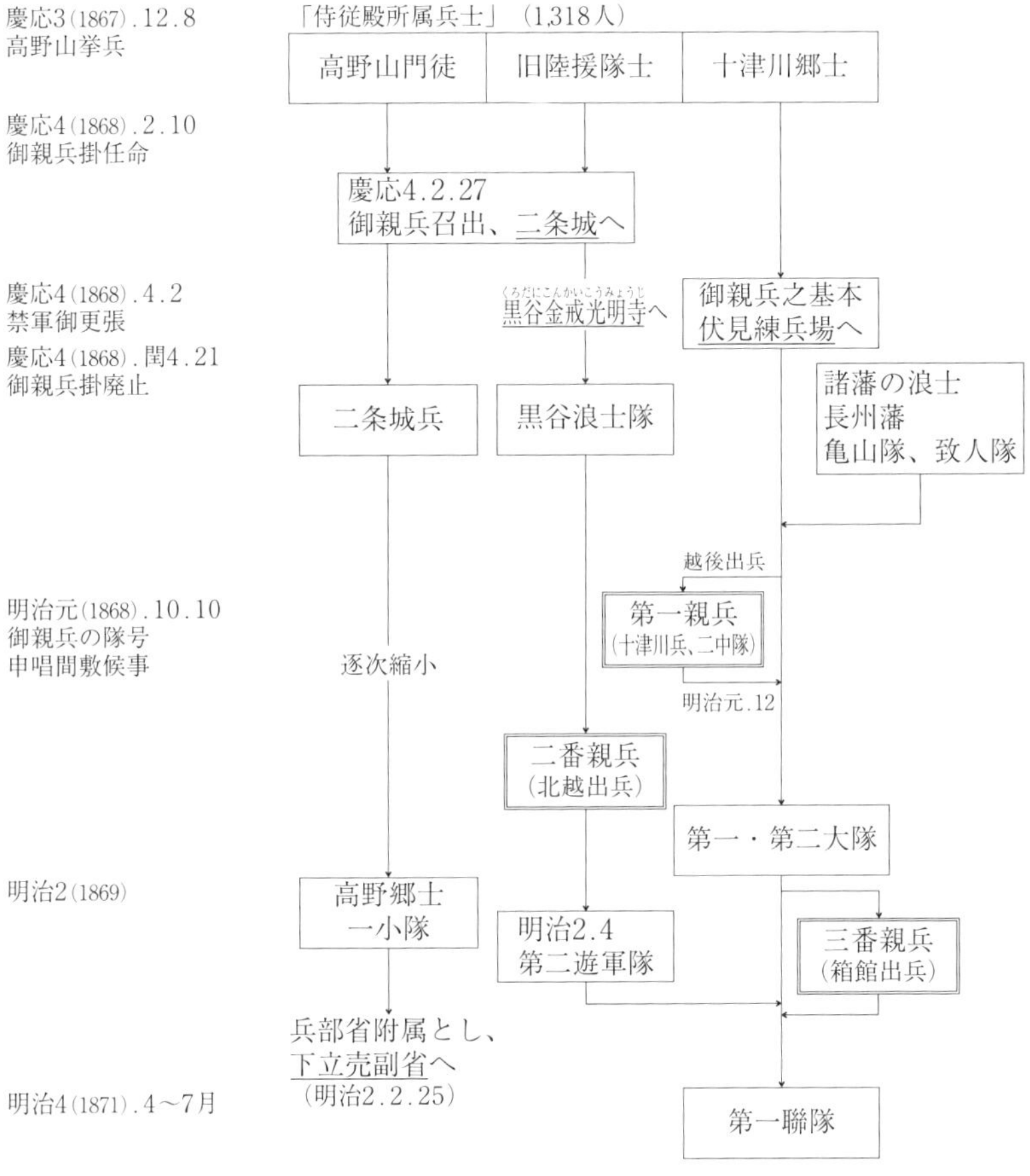
慶応3(1867).12.8
高野山挙兵
「侍従殿所属兵士」(1,318人)
高野山門徒
旧陸援隊士
十津川郷士
慶応4(1868).2.10
御親兵掛任命
慶応4.2.27
御親兵召出、二条城へ
慶応4(1868).4.2
禁軍御更張
黒谷金戒光明寺《くろだにこんかいこうみょうじ》へ
御親兵之基本
伏見練兵場へ
慶応4(1868).閏4.21
御親兵掛廃止
二条城兵
黒谷浪士隊
諸藩の浪士
長州藩
亀山隊、致人隊
越後出兵
明治元(1868).10.10
御親兵の隊号
申唱間敷候事
逐次縮小
第一親兵
(十津川兵、二中隊)
明治元.12
二番親兵
(北越出兵)
第一・第二大隊
明治2(1869)
高野郷士
一小隊
明治2.4
第二遊軍隊
三番親兵
(箱館出兵)
兵部省附属とし、
下立売副省へ
(明治2.2.25)
明治4(1871).4～7月
第一聯隊

「政体書」においては、太政官七官の制を定めており、中央軍制機関は「軍務官」となった。この軍務官の設置と軌を一にして、維新政府は諸藩からの兵賦にもとづく直轄部隊編制を試行することとなり、同年閏四月二十日に「陸軍編制法」を交付した。これは「京畿ニ常備九門及ヒ畿内要衝之固所其兵ヲ以テ警衛[16]」させるべく、諸藩に対して草石一万石につき一〇人（当分の内三人）の兵員を、「三箇年ヲ以テ定限トス[17]」との条件で差し出すことを命じたものだった。

兵員の差出しは、期限となっていた慶応四年五月一日時点で二八藩を数え、第一番から第六番に至る六隊が編制されている[18]。さらにその後も兵員差出しは継続され、この年の九月には第三二番までの編制をみて、九門七口・皇居・大宮御所・女御御方・桂宮などの警衛に充てられた[19]。また第一・第五・第七・第八・第十二番の各隊は、戊辰戦争に維新政府直轄部隊として参戦しており、特に第七番隊については第一遊軍隊への改編[20]によって、他隊が帰休を命ぜられた後も残置されることとなった。

なお「陸軍編制法」にもとづいて編制された徴兵隊は、明治二（一八六九）年二月十日に発せられた「既今東北平定ニ付更ニ兵制御詮議振モ被為存候間一先帰休候様被仰付候事[21]」との布達により、解隊された。その背景には、諸藩の貢士が議政官下局の下問に対して提出した答申の中に、「長モ兵士モ合集ニテ人情難団結」（亀山藩）とか「実ニ合之衆」（島原藩）といった批判があり、また「諸侯難渋可仕」（島原藩）としてその廃止を訴える意見までもが含まれていたという事情があった[22]。ちなみにこの徴兵隊の編制規模についてみると、当初は構成人数がまちまちの状態で三〇隊以上を有していたが、戊辰戦争後これらは七箇大隊に再編され、兵数も二、〇〇〇人程に達していたとされる。

明治二年六月十七日、維新政府は版籍奉還をおこなって「政令帰一[23]」の原則を示し、それまで個別領有制にもとづく封建的な政治体として存立して来た藩を、制度上中央政府の行政区に位置付ける方針（府藩県三治一致制）を打ち出した。次いで七月八日には太政官の官制改革がおこなわれて二官六省制となり、中央軍制機関は「兵部省」へと改められた。維新政府は同時期、「陸軍編制法」にもとづく徴兵隊を解隊する一方で「十津川浪士歩兵之三種ヲ精撰シ人数ヲ限(24)」る形で直轄諸隊の整理に着手し、表1のように再編した。

このうち歩兵とあるのは、江戸開城に際して維新政府の管下に編入された、旧幕府の仏式伝習隊を指す(25)。仏式伝習隊は、幕府が招聘したフランス人軍事顧問団の指導の下で訓練を受けた部隊で、もともと二箇大隊（一、四〇〇人）の編制だった(26)。同隊の一部は江戸開城時に脱走して佐幕的な反政府勢力に加わったため、維新政府に移管されたのは約

表1　維新政府の直轄諸隊

区分	兵員素材	兵数 小計	兵数 合計	摘要
第一大隊	十津川兵 浪士隊等	うち十津川兵 四五〇人	二、五八〇人余	明治四年第一聯隊へ統合
第二大隊				
第三大隊	旧幕府歩兵	一、二〇〇人		明治四年第二聯隊へ統合
第四大隊				
第五大隊	旧田安兵	不詳		明治三年十二月解隊
第六大隊	旧一橋兵			
第一遊軍隊	旧徴兵七番隊（旧赤報隊）	一八六人		明治三年十二月解隊
第二遊軍隊	旧二番親兵（黒谷浪士隊）	不詳		明治四年第一聯隊へ統合
第三遊軍隊	旧水原県兵（北辰、金革、居之隊）	五二〇人		明治三年九月二日解隊

一、二〇〇人にとどまった。戊辰戦争中、その中から二中隊が選抜されて「帰正隊」となり、官軍として奥州に出兵した(27)。

田安・一橋兵とあるのは、旧幕時代に御三卿であった両家から維新政府に「献兵」された二隊を指している。この二隊を構成する兵員は「東京府戸籍ノ者」であったことから、「其府貫族ノ侭兵部省支配被仰付候事」との扱いを受けた(28)。「田安

一橋献兵両隊」は、砲兵三隊と歩兵四中隊から成るものであったが(29)、兵員素材が両家の家来だった関係上封建的な身分が適性に優る側面があって「兵役ニ障碍アル者」も多数含まれており、程なくして解隊されることとなった。

第一遊軍隊は、もと赤報隊を慶応四年五月に徴兵七番隊としたものを、さらに明治二年三月八日、改編して生まれた部隊である(30)。維新政府は、同隊の兵員素材を「戊辰以来於御国家勤労有之然ルニ孰レモ浮浪或ハ農夫等ニテ(31)」という形で認識しており、「解兵」の方針で臨んだ。このため第一遊軍隊は明治三（一八七〇）年十二月に解隊されている。第二遊軍隊は、二番親兵と改称して越後に出兵した黒谷浪士隊が原隊で、凱旋後の明治二年四月に改編・成立した(32)。第三遊軍隊は、戊辰戦争中に越後で結成された方義《ほうぎ》（のち居之《きょし》）隊・金革隊・北辰隊の三隊を原隊とするものである。この三隊は戊辰戦争後「越後府」の管下に入り、明治二年七月に「水原《すいばら》県」が成立すると、同県の県兵となった。そして明治三年二月、水原県の命令で上京し、第三遊軍隊の隊号を兵部省から賜った(33)。しかし同年九月には「先般一同願之趣ヲ以、此度解隊帰籍申付(34)」ことが下令され、翌十月に隊士達は国元へ戻った。

またこの時期、鹿児島・山口・高知・佐賀といった雄藩の差し出した「徴兵」が、新たに兵部省管下へ加わった。この徴兵部隊は、維新政府から明治二年に藩兵の差出しを命じられた鹿児島・山口・高知三藩からの徴兵に加えて、翌明治三年二月に兵員差出し命令を受けて東京へ送られた佐賀藩徴兵を集成したものであり、各藩から精撰された歩兵・砲兵・騎兵を以て編制されていた(35)。

明治三年十一月、兵部省は「徴兵規則」を発布し、五畿七道の府藩県に対して「士族卒庶人ニ不拘身体強壮ニシテ兵卒ノ任ニ堪ヘキ者ヲ選ミ一万石ニ五人ツ、大阪出張兵部省へ可差出候事(36)」を命じた。兵員差出しは、翌明治四年一月から四次にわたって実施される計画となっていたが、実際に施行に至ったのは第一次分（五畿内・山陰道・南海道）だけであった。召集された兵員は約一、二〇〇人で、これに士官・下士官が指揮官として就く形で、「歩兵隊七百五十五人・騎兵隊百四十七人・砲兵隊二百五十五人・造築隊百九十二人・喇叭隊七十二人」[37]から成る徴兵部隊が編制された。

他方、維新政府は明治四年二月、鹿児島・山口・高知三藩に対し、改めて御親兵となるべき藩兵の差出しを命じた。[38]これら御親兵の徴募にあたっては、雄藩首脳の間で「三藩ヨリ献兵シテ　御親兵ト為ストキハ、最早何レモ藩臣ニアラサル」[39]ことが申し合わされ、来たるべき廃藩置県に向けた中央政府直轄部隊という政治的スタンスが確認された。編制当初の御親兵の兵力は、歩兵一～九番大隊（五、六四九人）・砲兵一～四番大隊（五三九人）・騎兵二小隊（八七人）であった。[40]

この時期、「兵部省ニ直轄スル諸兵隊ハ創設中ニ係リ其廃置改正モ頻繁ナリトス」[41]という状況で、今日に至っても維新政府の管下に在った直轄部隊の詳細な編制内容を解明することは難しい。そのため本章では、各隊の編制を概観しつつ、直轄部隊の変遷を踏まえながらその全体を俯瞰することに努めた。各隊を個別に研究してゆく作業は、今後の課題として別稿に委ねたい。

註

（1）内閣官房局編『法令全書　第一巻』（原書房、一九七四年）六頁。
（2）大久保利謙『体系日本史叢書3　政治史Ⅲ』（山川出版社、一九六七年）一〇二頁。
（3）福島正夫『地租改正』（吉川弘文館、一九六八年）五七頁。
（4）前掲『法令全書　第一巻』六頁。
（5）「高野山出張概略」（国立公文書館蔵）。
（6）同右。
（7）山県有朋著・松下芳男解説『陸軍省沿革史（明治文化叢書　第五）』（日本評論社、一九四二年）一〇頁。

(8)「十津川郷兵出張事録」(国立公文書館蔵)。
(9)「第一・第二　遊軍隊日誌略」(国立公文書館蔵)。
(10) 十津川村役場『十津川記事　中』(十津川村役場、一九四一年) 四九頁。
(11) 太政官編『復古記　第四冊』(内外書籍、一九三〇年) 六八二頁。
(12) 福岡孝弟「五箇条御誓文ト政体書ノ由来ニ就イテ」(国家学会『明治憲政経済史論』有斐閣、一九一九年) 四四頁。
(13) 稲田正治『明治憲法成立史　上巻』(有斐閣、一九六〇年) 二二～三四頁。
(14) Ernest Satow, *A Diplomat in Japan* (London: Seeley, Service, 1921), p.381.
(15) 加藤弘蔵『立憲政体略』(上州屋惣七、一八六八年) 十七丁。
(16) 内閣記録局編『法規分類大全45　兵制門 (1)』(原書房、一九七七年) 五頁。
(17) 同右。
(18) 桃井忠温『国防大辞典』(国書刊行会、一九七八年) 四一六頁。
(19) 太政官編『復古記　第七冊』(内外書籍、一九三〇年) 五一五・七六二頁。
(20)「太政類典　第一編　第百八巻　四十九」(国立公文書館蔵)。
(21) 前掲『法規分類大全45　兵制門 (1)』一五頁。
(22) 早稲田大学社会科学研究所編『中御門家文書　下巻』(早稲田大学社会科学研究所、一九六九年) 九～八三頁。
(23) 前掲『法令全書　第二巻』二二一頁。
(24)「朝廷之兵制　永敏愚按」(由井正臣ほか編『日本近代思想体系4　軍隊 兵士』岩波書店、一九八七年) 七頁。
(25) 原育邦造『原六郎翁伝　上巻』(自家版、一九三七年) 一七七～一七九頁。
(26) 陸軍省編『陸軍歴史　下巻』(陸軍省、一八八九年)「巻二十八」二〇～二一頁。
(27) 仲村研ほか編『征東日誌』(国書刊行会、一九八〇年) 一六五頁。
(28) 前掲『法規分類大全45　兵制門 (1)』三八頁。
(29) 同右。
(30) 前掲「第一・第二　遊軍隊日誌略」。
(31) 前掲『法規分類大全45　兵制門 (1)』三八頁。
(32) 前掲「第一・第二　遊軍隊日誌略」。

(33) 新潟県『新潟県史　資料編13』（新潟県、一九八〇年）四〇八頁。
(34) 同右、四一〇頁。
(35) 四藩徴兵の編制経緯については、千田稔『維新政府の直轄軍隊』（開明書院、一九七八年）一〇五〜一〇九頁に詳しい。
(36) 前掲『法規分類大全45　兵制門（1）』三五頁。
(37) 大阪市役所『明治大正　大阪市史　第一巻』（清文堂出版、一九六九年）五七〇頁。
(38) 陸軍省編『明治天皇御伝記史料　明治軍事史（上）』（原書房、一九六六年）六四〜六五頁。
(39) 山県有朋「徴兵制度及自治制度確立ノ沿革」（前掲『明治憲政経済史論』）三七九〜三八〇頁。
(40) 陸軍省『陸軍沿革要覧』（陸軍省、一八九〇年）四五頁。
(41) 同右。

二、府県兵制度

維新政権とは、慶応三（一八六七）年十二月九日の王政復古を機に成立した「新政府の発端から、明治四（一八七一）年七月の廃藩置県に至るまでの中央政府を概括するもの」(1)であり、その内実は「朝廷を奉戴せる公卿および反幕雄藩の連立勢力」(2)から成る「列藩同盟的政権」(3)であった。さて、王政復古によって出現した維新政権は、当初討幕派と公議政体派との妥協的政権であったが、慶応四（一八六八）年一月三日から六日にかけての鳥羽・伏見の戦の後、討幕派政権としての権力確立の機会を握った。そしてこの政権において天皇は、「朕は大日本天皇にして同盟列藩の主たり」と位置付けられ、「大日本の総政治は内外の事共に皆同盟列藩の会議を経て後有司の奏する所を以て朕之を決す可し」(4)として、政治体としての個別的領有権――藩――の存在を前提とする「封建諸藩の一種の連邦」(5)が提唱されたのであった。

他方、旧幕勢力に対しては、同年一月七日に発せられた「徳川慶喜征討ノ令」に続く「農商布告」によって、「是迄、徳川支配イタシ候地ヲ天領ト称シ居候ハ、言語道断之儀ニ候、此度、往古ノ如ク、総テ　天朝之御料ニ復シ、真ノ天領ニ相成候間、左様相心得ヘク候」(6)とて、その領地没収を宣言した。かくて維新政権は、従来の皇室領に加えて新たに収管した旧幕領・旧幕臣采地を直轄地となし、新政府に列した諸藩ないし帰順した旧代官らに仮管理を命ずると共に、主要な地には「鎮台」や「裁判所」を設置したのである。

ここにいう「鎮台」とは、戊辰戦争を背景に「京都朝廷守衛における衛戍」[7]としての機能を持つものであったが、純粋な軍事機構ではなく、「武官に依る地方行政管理」という「一種の軍政」を意味するものであった点[8]に特徴がある。また、「裁判所」とは、「行政・司法のいずれをも担当した民政機関」[9]であり、いわば中央政府の地方政庁として位置付けられるものであった。これら維新政権の地方機関においては、折からの政情不安を背景に、所管地内で独自の軍事力を編制する行政体が現れてくるが、こうした地方軍事力を「府藩県三治制」の中で制度化したものが、いわゆる府兵ないし県（郷）兵である。

本章においては、維新政権下における地方制度を踏まえつつ、これら府県兵の性格とその意義について考察する。

（一）　府藩県三治制と地方軍事力

前述の如く討幕派政権としてのスタンスを確保した維新政権は、旧幕勢力との武力対決――戊辰戦争――の過程を通じ、漸次全国政権への足掛かりを固めつつあったが、朝廷の権威の下での諸藩連合体制にもとづく「公議輿論」の尊重は、内戦継続の上で向背の定まらない諸藩を、自らの陣営に結集させるためのスローガンとして有効に機能した。慶応四年三月十四日に発布された「五箇条の御誓文」は、かかる視点から維新政権の綱領を明示したものであり、この誓文への署名を通じて諸藩と中央政府との臣従関係が確認されるというプロセスがとられていた。

続いて同年閏四月二十一日、維新政権は「政体書」を発布して、前に誓文の形で提示した綱領を官制へ具体化するに至った。ここに従来の三職制――太政官代――に代わる太政官制の発足をみたが、この中で地方制度については「地方ヲ分テ府藩県ト為シ、府県ニ知事ヲ置キ、藩ハ姑ク其旧ニ仍ル」[10]として、いわゆる府藩県の三治制が定められた。これらのうち維新政権の直轄地となったのはいうまでもなく府と県であり、従来の「鎮台」や「裁判所」あるいは諸藩・旧代官らの仮管理地を改編して設置された。ちなみに府は「幕府直領の城代、所司代、奉行の支配地であった地方」に、また県は、「郡代、代官の支配であった地方」に、また県は「郡代、代官の支配であった地方」に設けられたものといわれる[11]。

また政府内部には、「府は県に対しての上級行政単位（官庁）として軍事力を備えたもの[12]」と位置付ける向きもあったが、版籍奉還を機とする府藩県三治一致制への移行過程で、明確な制度化をみることなく終わった。なお「政体書」に規定された地方官制は次のようなものである[13]。

地方官分為三官

○府

知府事　一人

掌繁育人民富殖生産敦教化収租税督武役知賞刑兼監府兵

判府事　二人

○藩

諸侯

○県

知県事

掌繁育人民富殖生産敦教化収租税督武役知賞刑兼制郷兵

判県事

右の規定から、府においては府兵、県においては郷兵の存在が前提とされていることが窺われるが、府兵は奈良府を除く九府に、また県（郷）兵は確認し得ただけで七県に設置されたのみで、維新政権の直轄地全てが固有の軍事力を備えていた訳ではなかった。

さて、中央政府としての維新政権は、こうした地方行政体の軍事力保有に対し、関東地方の武力平定が完了した前後から一定の統制を加える方針を示すようになり、八月二十三日には次のような布告を発している。(14)

府県兵之規則区々相成候テハ終ニ天下一般之御兵制モ難相立ニ付於軍務官規則御一定相成追テ可被仰出候条其節速ニ改正可有之御沙汰候事

但府県ニ於テ以来各々ニ規則相立兵員取立ノ儀被差止候事

続いて維新の内戦がほぼ終局を迎えた明治二（一八六九）年四月八日には、府県兵の規則が一定するまで新規の兵員取立を禁止する、次のような布告が出されており、(15)既存兵力の増強を抑制する方向が明確化した。

府県兵ノ規則区々相成候テハ天下一般ノ御兵制モ難相立ニ付府県ニ於テ各規則相立兵員取立候儀被差止候旨昨秋御布告有之候処於府県往々兵隊取立候向モ有之趣相聞御一定ノ御規律ニモ差支且一度兵卒ニ取立候者ハ復旧ノ儀ハ別テ難渋ノ筋モ有之旁其弊害不少ニ付自今府県ニ於テ兵隊取立候儀ハ禁止被仰出候最是迄取建置候兵隊ハ総テ於軍務

官御所置振モ有之候間兵数取調早々同官へ可届出事

そもそも府藩県三治制下における府県は、当初会計官の中に設けられた民政司の指揮を受け、次いで民部官の設置（一八六九年四月八日）と共にその管下に入ったものであった。こうした流れの中で、府県が個別に保持する軍事力についても、本来「郷兵」を掌るはずの軍務官に直属していないことが、統一的な直轄軍の創出を模索する中央政府の意向に抵触するものとなり、その存続に大幅な規制を受けることになるのである。

さらに明治二年六月十七日、維新政権は版籍奉還を諸藩に下令し、個々の政治体たる藩の存在を前提とした従来の封建連合体制を止揚する方向を明示した。次いで七月八日に発布された「職員令」にもとづき、太政官官制の改革がおこなわれることになるが、ここにおいて藩の職制を府県に倣い、地方制度の統一化を目指す「府藩県三治一致」の原則が打ち出されるに至った。この改革は、諸藩の個別的領有権を完全に否定し去るものではなかったが、府藩県の三治一致という原則を通じて、封建割拠体制を形式の上で解体してゆく作用をもたらした。

ここにおいて、「それぞれの地方における諸藩・県の上級官庁として、それらの下級行政単位であるものを管轄支配(16)」するという府の役割は終了することになり、同時にその後見的軍事力たる府兵の意義も、おのずから変容するに及んだ。すなわち、戊辰戦争に伴う内戦状態が終息し、版籍奉還を経て諸藩の地方行政区化が進行し始めると、府県兵は各行政区における維新政権の間接的軍事力という独自のスタンスを逸し、諸藩兵と同列の地方軍事力として、その「兵員は警察的限度を超ゆる必要がなくなった(17)」のである。

明治三（一八七〇）年二月、維新政権は「兵部省達」として「常備編隊規則」を諸藩に頒布し、府県兵にもこれを適用する方針を示した(18)。

兵制ノ儀ニ付別紙ノ通各藩へ布告致候間諸県ノ兵モ当今有合之分編隊員数等右ニ準シ改正可有之最新ニ兵員取立候儀ハ先般モ御布告相成候通被禁候且又有合ノ分減少ノ儀ハ可為勝手事

さらに同年六月、「民部省達」として、「管内常備兵員其外兵器等[19]」を録上することが府県に下令され、続いて七月には府県に対し、「私ニ兵隊ヲ取建ヲ厳禁[20]」とする布告が発せられるに及んだ。かくて府県兵は、各行政体の私兵と見做され、制度上その存在意義を低下させることになるが、これ以前から府県兵の解隊ないし警察力への改編は始まっており、明治四年七月十四日に断行された廃藩置県を経て、地方機関が個別に軍事力を保有するという現象は解消されてゆく。

それでは次章以下において、各府県兵の編制状況を敷衍することとしたい。

(二)　三府における府兵

ここにいう三府とは、京都・大坂・東京といった主要都市を指し、版籍奉還後も府としての機能を保持したいわゆる三都を示すものである。

三府とも維新政権にとっての最重要直轄地であり、各行政体において固有の軍事力が編制された。

（1）京都府兵

旧幕時代を通じて京都の行政を担当して来た京都町奉行所は、王政復古によって廃止されるに至り、維新政権はこれに代えて「青山右京太夫（篠山）、本多主膳正（膳所）、松平図書頭（亀山）」[21]の三藩を市中取締に任じ、同時に「加藤遠江守（大洲）、加藤能登守（水口）、松浦肥前守（平戸）、水出伊勢守（園部）、植村出羽守（高取）、亀井隠岐守（津和野）」[22]の六藩へ市中鎮撫見廻役を命じた。さらに慶応三年十二月十八日、「加州・土州・薩州・中川」[23]の四藩に対して洛中洛外巡邏を命じ、京都の治安体制を整えていった。

これらは要するに「軍事及司法を兼ねた」[24]過渡的な治安機構であったが、警察事務一般と共に「旧幕府側への武力牽制」[25]という役割を担うものであった点が注目される。

慶応四年三月三日、市中取締役所は京都裁判所に改編され、これに伴って市中取締に携わって来た諸藩も同裁判所附属となった。続いて同年閏四月二十九日には、京都裁判所を廃して京都府の成立をみたが、同時に市中取締三藩を解任し、代わって各藩兵から選抜した兵員を以て臨時の府兵が編制された。

その後六月十七日に至って、「市中ハ勿論山城全国ノ締合他力ヲ不借右兵力ヲ以一手ニ相成候様ノ御趣意」[26]に従い、府兵の新規編制が下令されるに及んだ。かくて「両刀ヲ帯シ食禄ヲ受候者ハ皆兵也然レハ其実ヲ尽サスンハアルヘカラス」[27]との観点から、「元諸組寄《ママ》騎同心等ヲ募集」[28]することとなり、「兵隊組立御用掛」に任命された石崎八郎・大野応之助両名の指揮の下、「引立用掛」佐藤鉚三郎・戸田鉄太郎らを通じて「漸次衆ヲ募リ入隊セシ」[29]めたのである。そして八月十日には、京都府兵の組織に関する布令が発せられ、隊号を「平安隊」とし、「市中ハ固ヨリ山城全国ノ土地ヲ守リ土着不動ノ兵ト相立」[30]ことが定められた。

ちなみに平安隊の組成は、旧町奉行与力・同心らを主力とし、これに多田隊・集義隊といった諸隊出身の郷士層が加わった「いわば混成部隊[31]」の様相を持つものであり、兵数も逐次増加して、十二月には四〇〇人に達した。ここに平安隊は、京都府兵としての基盤を確立し、隊中「条例」や「操練場規則」の制定を経て、その軍事機能を整備していった。

しかし反面において、平安隊の中には官兵の威を借りて「我儘ノ所行」を成す者が少なからずあり、「殺人、強盗、婦女暴行の凶悪犯から、脱走、借財、無銭飲食など[32]」に至る不祥事が跡を断たなかった。こうした事態に対し、明治二年二月には京都府から、さらに翌三月には太政官から、相次いで戒飭《かいしょく》の布告が発せられており、加えて維新政権自体の府県兵に対する統制強化と相まって、平安隊は廃止の方向へ向かうこととなる。

かくて同年七月三日、平安隊は警固方へと改組されるに及んだが、これによって「巡市捕亡ヲ専司」する純粋な警察力へとその性格を転換することとなり、軍事力としての意義は解消されるに至った。

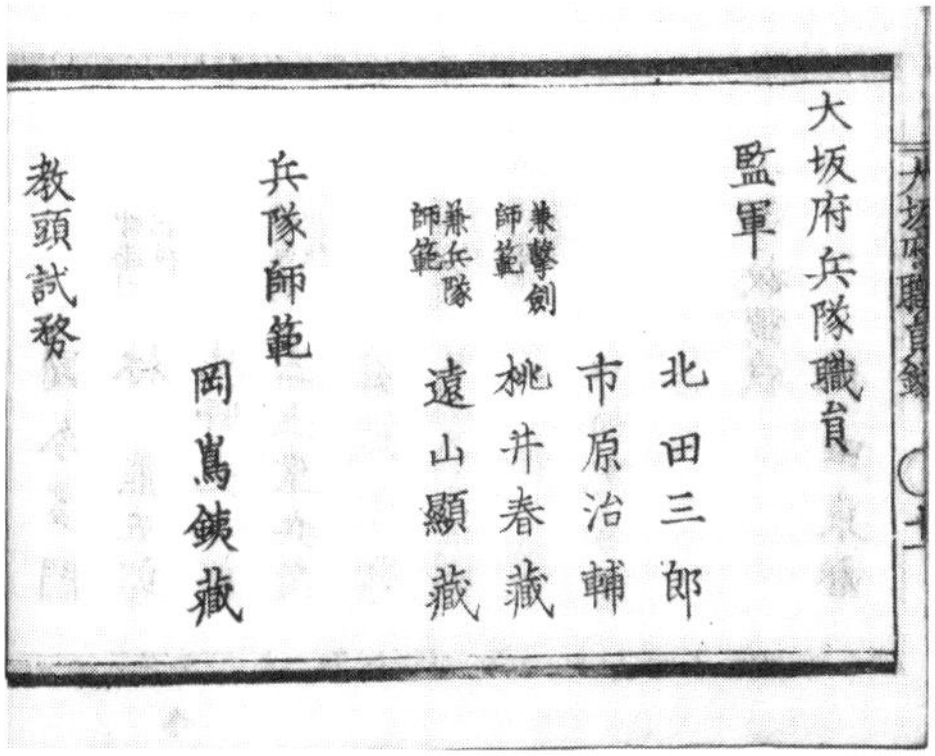
大坂府兵隊職員
監軍　北田三郎
市原治輔
兼撃剣師範　桃井春藏
兼兵隊師範　遠山顯藏
兵隊師範　岡嶌鎮藏
教頭試發

図2　大坂府兵の職員録（『大坂府職員録』明治2〈1869〉年）

(2) 大坂府兵

慶応四年一月十日、征討大将軍仁和寺宮嘉彰は大坂へと兵を進め、西本願寺掛所に本営を置くと共に、薩州・長州・芸州の三藩に市中取締を委ねた。これら三藩は、帰順した大坂町奉行所の与力・同心らをその指揮下に置き、「旧京橋組与力は芸藩に、同同心は長藩に、旧玉造組与力同心は薩藩に何れも属[33]」する形で、市内巡邏の任にあたった。

他方、同年一月二十二日には大坂鎮台が設置され、これを同月二十七

図３　浪花隊を描いた錦絵
（「浪花百景之内　高麗橋」浪花百景付都名所「浪花百景之内シリーズ」長谷川貞信（初代））

日大坂裁判所と改称し、さらに五月二日、「政体書」の地方制度にもとづいて大坂府が開設されるに及んだ。これに伴い、大坂府は府兵局を設置して固有の軍事力編制に着手し、六月十四日には「京橋組与力同心ヲ以テ兵二小隊凡ソ四十人」から成る府兵を組織した。続いて同月二十五日、「玉造与力同心ヲ以テ又二小隊ヲ編制」し、これに組み入れている(34)。

かくて四小隊編制で発足した大坂府兵は、八月四日「浪花隊」と命名され、逐次兵員の増加をみて、十二月には「一一小隊（一小隊／凡そ二〇伍）、外に先導兵二小隊（一小隊／二〇伍）、および砲隊（一二伍）(35)」の規模となった。こうした浪花隊の組成は必ずしも明確ではないが、前記した旧与力・同心を中核に、「各藩兵中から選択したもの(36)」を加え、さらに神衛隊・北野隊などといった公家の私兵(37)も、その構成員となっていたことが窺われる。次いで明治三年五月には、前記「常備編隊規則」を定めた「兵部省達」に従って、「八小隊（一小隊／三〇伍）大砲六門[38]」に改組された。

浪花隊の主たる任務は「市内の巡邏及び外国人居留地の守衛[39]」であり、「平常は府庁に一小隊、川口居留地に一小隊が配置され」「夜間は毎夜二小隊が宵と更の二交代で市中四大組を巡邏」する形がとられていた[40]。

なおこの浪花隊は、明治三年七月、府県における兵員取立を厳禁した「府県奉職規則」の発布を経て、府兵局の廃止と共に、同二十二日を以て解隊されるに至った。

(3) 東京府兵

慶応四年四月十一日の江戸開城を経て、旧幕府の行政機構を接収した東海道鎮撫総督府は、同月二十一日に市中取締所を設置し、併せて旧町奉行を以て取締に任じた。次いで閏四月二日には、田安慶頼・大久保一翁・勝安房らに鎮撫一般を委任したが、五月一日に至ってこれら旧幕臣による江戸市中取締を解き、東征軍による武断的な治安回復が企図されるに及んだ。

かくて反政府的旧幕勢力の要となっていた彰義隊の討伐が実施され、程なくして江戸市中およびその周辺における組織的抵抗は鎮定された。他方、同年五月十二日の江戸府開設を経て、同月十九日には江戸鎮台の設置をみるに至り、同時にそれまで市中取締のため仮に存続させて来た旧町奉行を免じて、市政裁判所を発足させた。

さて、江戸府下における治安状況は、彰義隊討伐後も安定せず、市政裁判所の三廻り同心だけでは十分な市中取締は期し難かった。そこで同年六月十八日、市政裁判所は旧旗本大久保與七郎の提言を容れ、その家臣を以て市中取締に充てることとした。これが市政裁判所附兵隊と称されるものであり、本陣を新宿の大久保家屋敷に置き、七四人から成る兵力のうち「一半隊は和田倉門詰とし、他の一半隊の中の半分を以て新宿の警衛に当て、残りの四半隊を予備

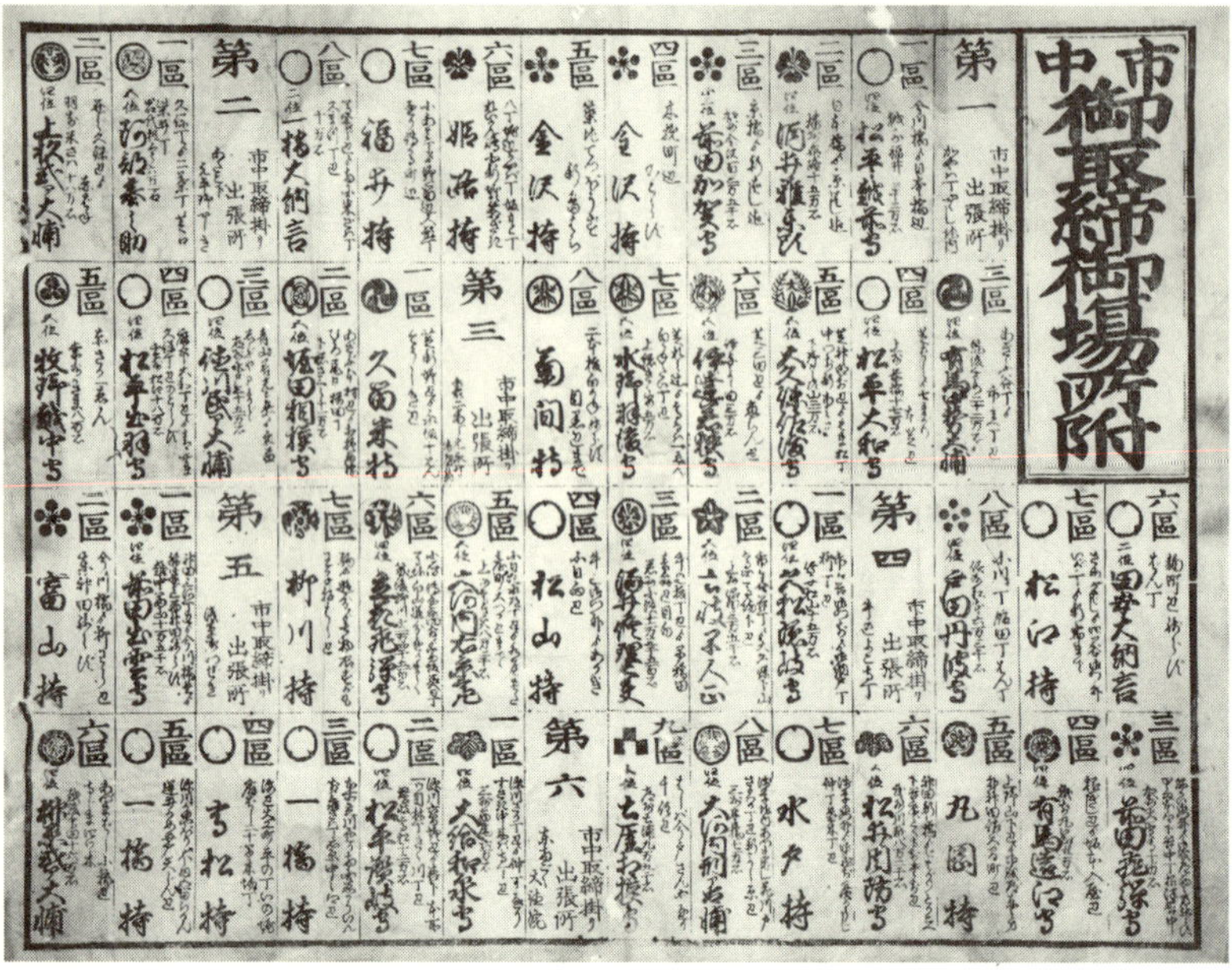

図４　市中取締の持場区分（一枚刷・明治２〈1869〉年）

隊的に本陣詰とする」[41]形で、七月十日以後配置に就いた。

また七月十七日には、江戸府が東京府と改められ、これに伴って市中警衛のための兵力拡充が図られることとなった。すなわち、八月二十一日、肥前以下一二藩に対し、各藩一人宛人選の上「東京知事附属可レ被二仰付一候」[42]ことが下命され、翌二十二日には、東北方面への出兵によって人員選出のできないものを除く七藩が、東京府へ兵員を差し出している。これらは尾州・筑前・肥前・肥後・柳川・阿州・薩州の諸藩（後に忍藩が加わる）であり、既存の市政裁判所附兵隊と併せて、市中取締隊となった。

同隊は、市中を六方面に区分してそれぞれの持場を各藩ごとに巡邏したが、兵数が十分でなく、これを補う意味から明治元年九～十一月にかけて、旧旗本への兵員差出しが下命され、一七家が出兵に応じた。かくて市中取締隊は、東京府に直属する軍事力として、同府の警察力たる捕亡方（旧町奉行所の三廻り同心を改組したもの）と協力しながら、府内の治安取締に携わったが、同年十二月、市中取締制度の改革が日程に上ると、全て解任されるに至った。

東京府はこれに代わるものとして、軍務官の協力の下に新たな兵力の編制に着手し、十二月五日には関東の周辺の三〇藩に対して、市中取締のための兵員差出しを命じた(43)。これら新編制の市中取締隊は、兵数およそ二、五〇〇人を有し(44)、府中を四七区に区分して、各藩ごとに「ほぼ禄高に応じた持分が割り当てられ(45)」る形となっていた。

また明治二年二月には、田安・一橋・前橋・忍の四藩主を触頭に任じ、それらの下に数藩宛を配して、指揮系統の整備を図っている。なおこの新編制の市中取締隊は、それ以前のものとは異なり、形式上東京府に附属しつつも、全て軍務官から派遣されることを建前とし、さらに各隊の実質的指揮権はそれぞれの藩に属するという複雑な事情の上に成り立っていた。そして「持場勤向」と「府政ニ関係致シ候公務丈ケ(46)」が、東京府の直接権限の範囲とされ、これが府兵本来の機能に限界をもたらす一因となっていた。

こうした状況を止揚すべく、東京府は明治二年十一月九日、太政官宛に府兵に対する直接的指揮権の承認を求める建白をおこない、この結果「兵部省ゟ差送り相成候諸藩兵士を以府兵之姿ニ組立、約束号令賞罰黜陟に至まて、総而其府之御委任被二仰付一候事(47)」が下令された。かくて市中取締隊は府兵へと改編され、従来の四七区も六大区に改められた上で、同年十二月に制定された「府兵規則」をもとに、「取締藩兵ハ其藩名ヲ称セスシテ、第一ヨリ第六ニ至ル在営ノ区名ヲ冠シ、何大区取締兵ト称セシメ(48)」ることとなった。

さらに明治三年五月の捕亡方廃止と、それに伴う府兵局の設置を経て、市中取締は府兵が専一におこなうものとなり、その制度も次第に整備されていった。なおこの東京府兵は、明治四年の廃藩置県に至るまで存続したが、兵員供給の主体となっていた諸藩の消滅に伴い、同年十一月に解隊された。

（三）　諸府における府兵

維新政権下における府とは、要するに「各地の幕領支配のため[49]」に設けられた「中央政府の出先機関[50]」であり、「政体書」の府藩県三治制にもとづいて一〇府の開設をみたが、前記した京都・大坂・東京と箱館府を除き、明治二年七月までに全て県に改められている。

前項で示した三府以外に固有の軍事力を備えた府は五府あり、以下これらの編制状況について概観する。

（1）　長崎府兵

慶応四年一月二十五日、維新政権は澤宣嘉《さわのぶよし》を九州鎮撫総督に任命すると共に、二月一日には長崎裁判所を開設して同人をその総督とし、九州地方における旧幕領の統轄に着手した。長崎裁判所に澤総督が着任したのは二月十五日であり、要職に薩・長・土の雄藩出身者を登用する一方、旧代官以下をその役職にとどめて政務の円滑を図った。

また長崎裁判所は、同地警衛のため、旧長崎奉行の組織した「遊撃隊」を管掌すると共に、四月十九日に至ってこれを改編し、「振遠隊」と命名した[51]。この振遠隊は、「三百五十名ヲ以テ七中隊[52]」とする編制で、新大工町の乃武館を屯集所に定め、「英式ニヨリ兵士ヲ訓練[53]」した。

同隊の職務は、「海陸ノ警衛及ヒ市中外国人居留地等日夜巡邏シ以テ其緩急ニ備フ[54]」ものとされ、同年五月四日に長崎裁判所が長崎府に改められると、長崎府兵として位置付けられるに至った。さらに七月十四日、振遠隊を「奥羽ノ官軍ニ応援セシム[55]」べき密旨が長崎府知事澤宣嘉に下り、同月十九日、振遠隊士「三百六十余名、秋田応援軍トシテ[56]」征途に就いた。振遠隊は七月二十三日に着陣して以来、三カ月近く東北を転戦し、十月十九日、帰還の途に就いている。ちなみに同隊はこの戦役を通じて、戦死・病死併せて一九人の兵員を失った[57]。

明治二年六月二十日、長崎府が長崎県に改められると共に、振遠隊もその県兵となったが、八月二十三日に至って同隊による「市中巡邏ヲ廃ス[58]」ことが下達され、その後再編制されて、十月十日には再び「振遠隊ヲシテ毎歳二拾人市中ヲ巡邏シ其管理ヲナサシム[59]」こととなった。

そして明治五（一八七二）年二月二十二日、「振遠隊解兵申付軍監始下等兵迄総テ免職候事[60]」が下令されるに及んで、同隊は解隊するに至った。

(2)　神奈川府兵

慶応四年三月十九日、維新政権は安政の開港以来対外貿易の要港となっていた横浜に横浜裁判所を設置し、東久世《ひがしくぜ》通禧《みちとみ》を総督に任命した。

同地の警衛には、肥前・紀州・肥後・阿州の諸藩が交代であたったが、同年四月二十日に横浜裁判所が神奈川裁判所に改められた直後、旧神奈川奉行の支配下にあった用出役を警衛隊に、また銃隊足軽を警衛足軽に改編し、諸藩兵と共に「衛関巡邏及ヒ外国人護送等ノ使役ニ供[61]」することとなった。さらに六月十七日の神奈川府開設を経て、八月二十三日[62]にはこれら二隊を以て府兵となすべく、「五百人程英式伝習ニテ取立[63]」られるに及んだ。

明治二年九月二十一日、神奈川府は神奈川県に改められたが、これに伴って右府兵を廃止し、新規に「一個大隊相当の人員を選抜して[64]」県兵を編制した（同年十一月二十九日）。神奈川県兵の職務は、「関門の警備・一〇里四方の巡邏など、外国人保護に関することを主として[65]」、その編制は軍監・教師以下、イギリス式歩兵九小隊（四一〇人）・大砲隊（四三人）・楽隊（四五人）・軍監附属（一三人）の五一一人から成るものであった[66]。

続いて明治三年七月には、同年二月に発布された「常備編隊規則」にもとづく兵制改革の実施を経て、小銃六小隊（一小隊六〇人）・楽隊（二一人）・護送掛（一一人）・砲兵半座（四九人、四斤施条砲四門）の総計四四一人の編制となった[67]。

なおこの神奈川県兵は、廃藩置県直後の明治四年八月九日に廃止されることとなり、「県兵現員三百九十余人を三分の二に減じ[68]」た上で、「取締ト改称[69]」され、軍事力から警察力へとその機能を転換した。

(3)　甲斐府兵

慶応四年三月四日の甲府開城後、東海道先鋒副総督柳原前光《やなぎわらさきみつ》は鎮撫使として同地に赴き、仮に旧幕時代の統治機構を以て政務に着手した。そして同年五月十四日、「旧幕府旗本与力同心ヲ編シテ[70]」護衛隊（七九人）となし、甲府城警兵に充てた。続いて同月十七日には、「旧勤番目見以上ノ者三十壱名[71]」を以て護衛砲隊を編制し、市中巡邏を命じた。これら二隊は、当初城代に隷属するものであったが、各隊士の身分は「朝臣」とされ、六月一日の甲斐鎮撫府開設後は、同府の直属となった。

さらに九月六日には、「徳川氏復仕志願ノ旧番士以下再度帰順ノ者[72]」から成る新衛隊（一五〇人）が編制され、前記二隊と併せて三衛隊と称されるに至った。ちなみにこの三衛隊は、十二月十日、護衛隊一隊に統合され、甲斐府の基幹兵力となっていく。他方、六月二十三日には「武田氏遺臣ノ王事ニ服センコトヲ請フ者、八十六人ヲ以テ[73]」護国隊が編制され、続いて七月十日には旧幕府千人同心のうち「王室従事願出候者共[74]」をして護境隊（六七人）を編制した[75]。さらに八月十五日、「富士浅間社祠官四十六人[76]」から成る隆武隊が編制され、雇隊府兵となった。

これら諸隊は、明治元年十月二十八日の甲斐府設置と共に、鎮撫府兵から甲斐府兵となり、同年十二月にその任を解かれた護境隊を除き、明治二年七月十七日の甲府県開設に伴って全て県兵に改められている。なお、明治三年に入ると逐次諸隊の解隊が進行し始め、隆武・護国両隊は四月四日に、また護衛隊は十二月に、それぞれ解散した。(77)

（4）度会《わたらい》府兵

慶応四年七月六日、橋本実梁《はしもとさねやな》は度会府知事に任ぜられて伊勢へ下り、伊勢神宮の神領を支配していた山田奉行を廃して度会府を開設した（一八六八年七月二十七日）。度会府の警衛には、当初橋本実梁の警護として入府した鳥羽藩兵一小隊があたったが、(78)同年八月四日、旧山田奉行附属の組同心五三人を度会府配下とし、続いて十月十四日、それらのうちの「壮丁四十三名ヲ兵隊ニ組」(79)、仮府兵を編制した。

さらに明治二年四月四日、「僧侶復正壮丁五十八名ヲ兵ニ組」(80)み帰神隊とした。かくて度会府は、前記した鳥羽藩戍兵のほかに、仮府兵・帰神隊二隊から成る固有の兵力を有するに至ったが、同年七月十七日、度会府が度会県に改められると同時に、右の二隊は解隊されるに及んだ。

（5）箱館府兵

慶応四年四月十二日、維新政権は北辺対策の要として箱館裁判所を設置し、同年閏四月十四日には清水谷公孝を総督に任じて同地へ赴かしめた。箱館裁判所の警衛については、同年四月十五日、仙台・佐竹・南部・津軽・松前の五藩を以て充てることが下令されていたが、「奥羽諸藩の警備兵は、本国の緊迫した情勢に動揺し、脱走・逃亡者が相次」(81)いだ結果、松前藩を残して全て引き揚げるに至った。

箱館裁判所は慶応四年閏四月二十四日、箱館府に改められたが（同年七月十七日に公示）、七月に入ると旧幕軍の脱走襲来に関する風評が伝わるようになり、同府は大総督府への援兵依頼を発すると共に、府兵の編制に着手した。箱館府兵の編制については今日詳らかでないが、当初は「二小隊ヲ編成シ副ルニ米利堅砲二門ヲ以テ[82]」する程度の規模で発足し、その後逐次集成されて、同年十月の旧幕勢力来攻に際しては、松前および来援諸藩兵と協同しつつ防戦に努めている。

そして旧幕勢力による蝦夷地制圧を経て、明治二年一月二十五日には「箱館府兵士御用済ニ付、解隊被　仰付候[83]」ことが下令されるに至った。しかしその後の蝦夷地平定戦に際しても、同隊は旧箱館府兵という形で参戦しており[84]、同年八月五日には「函衛隊」に再編制されて開拓使の管下に引き継がれている（箱館府は明治二年七月八日、開拓使に改組された）。

函衛隊は概ね一中隊程度の規模を有し、兵式もイギリス式からフランス式への転換を経て、明治四年四月には「護衛隊」と改称されたが、翌明治五年六月に解隊されている[85]。

（四）　諸県における県兵

維新政権下における諸県は、当初府の下級行政単位として設置されたものであり、「政府直轄地（旧幕領）の小規模なもの[86]」を以て構成されていた。諸県が保持する固有の軍事力については、「政体書」の中に「郷兵」と明記されているが、その編制は変則的で、管見の限り七県に認められるにすぎない。

(1) 堺県兵

王政復古直後、堺は大坂裁判所の管下に在り、大坂裁判所出張所が置かれていたが、慶応四年閏四月十二日、これを堺役所と改め、さらに六月二十二日には堺県の開設をみるに至った。堺の警衛は、土佐・久留米・松江の諸藩が順次交代しておこなって来たが、同年八月[87]に松江藩の戍兵が解任されると、県兵の取立が計画されるに及んだ。

堺県兵は、「旧幕府堺奉行の附属与力同心[88]」のうち「五拾歳以下ノモノヘ兵隊稽古申付[89]」の形で募兵がなされ、慶応四年九月、三二人の兵員を以て編制された。なお堺県兵は、明治四年三月に廃止されることになり、その一部は捕亡掛に吸収された。

(2) 兵庫県兵

慶応四年一月二十二日、東久世通禧が兵庫鎮台総督に任ぜられ、続いて二月二日には兵庫裁判所が開設された。兵庫裁判所はその管内に開港場たる神戸港を含み、主に同港の警衛に資するため、「本港市民ノ壮者五拾名ヲ募集[90]」して、「市兵」を編制した。これが「兵庫市街徴兵」と呼ばれるものであり、「兵は町々に割り当てて十五歳から三十歳までの五〇人を募集し、運上所から接収した旧式銃の引渡しをうけ[91]」て隊伍を整えたという。司令官には同港名主北《きた》風《かぜ》荘《そ》右《う》衛門《えもん》が就任し、薩摩藩士小倉宗九郎・竹狭重次郎らの指導でイギリス式銃陣の訓練が実施された。

さらに同年三月二十九日、兵庫裁判所が大坂裁判所総督醍醐忠順の兼管となるや、徴兵に一〇〇人の増員がおこなわれ、「全兵ヲ二隊ニ分チ交番警備[92]」することとなった。この時、徴兵全員に苗字帯刀が許されている。また五月二十三日には兵庫裁判所が兵庫県と改められ、これに伴って右徴兵は県兵と位置付けられるに至ったが、明治二年四月八日、行政官より府県兵の新規取立を禁止する旨の布告が発せられたことを受けて解隊に及んだ。

(3) 高山県兵

慶応四年四月十八日、旧飛騨郡代の支配下にあった飛騨三郡は笠松裁判所の管下に入り、その後五月二十三日に至って飛騨県として分離され、続いて六月二日、高山県と改称された。高山県における県兵取立は、初代県知事梅村《うめむら》速水《はやみ》によって推進され、同年七月二十三日、「風雲隊、神勢隊、義民隊、天威隊地役人、驟雨隊僧侶、鷙鳥隊、鋭利隊、勧業隊、神速隊神官、縦横隊、潜龍隊、雷電隊、方圓隊、嘯虎隊、流水隊ノ十五小隊[93]」が編制された。

兵員は三一九人を数え、兵式については「始ハ蘭式其後仏式ヲ用[94]」い、イギリス式への転換半ばにして解隊されている。これら諸隊は、飛騨三郡からの徴募を以て編ぜられたが、「梅村の私兵[95]」的存在として同県の農民支配に資するものであったため、明治二年二月に発生した梅村騒動に際しては郷民からの攻撃対象となった。

かくて同年三月十七日、右騒動の収拾を図るために派遣されて来た宮原積により、諸隊全部が「解隊帰農させ[96]」られるに至った。

(4) 日田県兵

豊後の旧幕領日田に日田県の設置をみたのは、慶応四年閏四月二十五日のことであり、県知事として「一兵を従えず[97]」に任地に入った松方正義は、程なくして郷兵の取立を指令した。日田県における郷兵は、旧郡代の下で組織された農兵隊——制勝組——の構成員を選抜して編制したものであり、その兵員は二五〇人を数えた[98]。

その後、明治二年四月八日の府県兵新規取立に関する禁令下達を経て、日田県においては「郷兵の役所詰めをやめて各村に帰し、有事に呼び出してその出勤日数に応じて日給を与える体制[99]」に改められた。そして明治四年四月二十三日、西海道鎮台の日田分営開設が下令されると、[100] 郷兵の存在意義は希薄となり、同年五月に解隊した。

（5）韮山県兵

慶応四年六月二十九日、伊豆・相模・武蔵の旧代官支配地を管轄する韮山県が成立した。韮山県知事は、文久三（一八六三）年以来代官職に在った江川英武が引き継ぎ、行政を継続することとなった。旧韮山代官所の支配地では、幕府の許可を得た文久三年十月以降、農兵の取立が実施され、武蔵・相模で四五〇人の召募（一小隊二五人の編制で一八小隊相当）、伊豆・駿河で六大隊の編制がおこなわれた。[101]

韮山県の成立後、これらの農兵は編制規模を大幅に縮小した上で、韮山県兵となった。同県兵の編制については、明治三年七月に民部省へ差し出した上申書の中で、「武州ニ二小隊、豆州ニ三小隊相残、其余相廃」[102]と報告されている。

県兵の装備する小銃に関しては、右上申書中に「不用之小銃者兵部省江引渡申候」[103]とあることから、旧式の前装銃（ミニエー銃〈Minie Rifle〉・ゲベール銃〈Oorlogs Geweer〉）を還納して、自前の後装銃（スペンサー銃〈Spencer Rifle〉・シャープス銃〈Sharps Rifle〉）に換装していたものと思われる。[104] この点で韮山県兵の装備は、同時期の府藩県常備兵一般に比べて、先んじていたといえよう。

廃藩置県に伴う府県の再統合によって、韮山県は明治四年十一月十四日に廃止され、代わって足柄県が置かれることとなった。しかし、県兵はその後も暫くの間存続しており、明治五年七月に至って解隊された。[105]

（6）山形県兵

水野忠弘を知藩事とする羽前国山形藩は、明治三年七月、近江国浅井郡への支配地替を太政官から命ぜられた。これに際して山形藩は、移転費用の「拝借」を願い出るが、太政官からは「願之趣不被及御沙汰役員之外不及転移」との下令があり[106]、五〇一人の士卒が山形に残ることとなった[107]。

山形藩では「羽前国山形へ残置候士族卒之儀最寄県可為貫属旨被仰出候[108]」ことを太政官に上申した。明治三年九月に山形県が設置されると、旧藩領に残った士卒は同県の貫属となり、その中から「強健ノ者ヲ抜粋シ二小隊ヲ限リ兵士取立[109]」を実施することとなった。選抜されたのは「司令士喇叭吹迄百五拾人[110]」だったが、これらは「元山形藩兵隊」で「従前の伝操練」を継続した[111]。

廃藩置県後の明治四年八月、天童県が山形県に併合され、さらに同年十一月には新庄県と上ノ山県も合併された。この結果「三県置ク所ノ兵尽ク本県ニ隷ス[112]」ることとなり、山形県の管下には旧山形藩兵から成る県兵のほか、合併した三県の旧藩県兵が加わった。

これらの県兵隊が解隊されたのは、明治五年一月のことである[113]。

（7）水原県兵

戊辰戦争中、越後では方義隊（のち居之隊と改称）・金革隊・北辰隊と称する勤王の草莽諸隊が結成され、維新政府の征討軍に加わって各地を転戦した[114]。越後に設立された維新政府の直轄行政機関は、新潟裁判所—越後府—新潟府—越後府という形で、慶応四年から明治二年までの一年余の間に二転三転したが、明治二年七月二十七日の水原県設置を経て、同地域の統一的な支配体制が確立した[115]。

戊辰戦争後、越後府は前記の草莽隊三隊を管下に加えて軍務局の下に置き、水原県となってからは「県管轄之兵隊」すなわち県兵とした。[116] 居之隊は、慶応四年二月に方義隊の名で結成され、従軍中の明治元年九月に改称されたものである。金革隊と北辰隊は、慶応四年七月末に結成され、何れも長州藩干城隊に附属して従軍した。[117]

明治二年十二月、水原県は管下の三隊に「三十五歳以下之者ハ、兵部省へ引渡可申」[118]ことを下令した。翌二月、居之隊・金革隊・北辰隊は越後を発して東京に赴き、兵部省の管下に入った。兵部省はこれら三隊に対し、「右隊号被発、自今一同第三遊軍隊ト可唱事」を命じ、併せて兵式を「仏式」とすることが申し渡された。[119]

明治三年九月、第三遊軍隊は兵部省から「先般一同願之趣ヲ以、此度解隊帰籍申付」[120]旨の指令を受け、翌十月に隊士達は「帰籍金」を給付されて国元へ帰った。

以上述べたほかにも、実際に兵力を保有したり、兵力の編制を試みたりした県がいくつか存在する。しかし何れも、管下の兵力が維新政府との関係の中で明確に「県兵」と位置付けられるものでなかったため、本稿では割愛した。

さて、維新政権下における府県兵は、総じて同時期における府県それ自体の持つ役割の変化に伴い、「漸次兵力というより警察力としての性格を帯びてゆく」[121]傾向を強く持った。維新政権はその成立当初「『府』を軍事力をそなえた中央政府の出先機関として『県』の上位に位置づけ」[122]、府県制にもとづく中央集権への前段階として、この府を以て諸藩の統轄に資するという方策により、地方制度を画定していた。

このことは一面において、「幕藩体制下における幕府直轄領が、政治、軍事、外交、経済などの統制を強化、独占し、あわせて諸藩の統制にも資する方式と全く同様のもの」[123]とみることができ、維新政権をして「幕藩体制に代る朝藩体制」[124]との意義付けがなされる所以ともなっている。

こうした府県の持つ「それぞれの地域での全国統一的な役割」[125]は、戊辰戦争の終結から版籍奉還を経て終焉を迎えることとなり、「職員令」にもとづく府藩県三治一致制の下では、これらは並立した地方行政区と位置付けられるに至った。かくて府県兵は、維新政権にとっての地方統治を支える間接的軍事力という意義を喪失し、各行政区内の治安維持を本務とするものへと、その性格を収斂していった。

そもそも軍事力とは、統治組織を成立させ、その統制力を可能にする後見的強制力であり、警察力とは、この統治権にもとづいて発動される、治安維持のための権力的作用である。政治的諸権力の中央集権化を経て国家統合を目指し、国軍としての一元的武力――常備軍――創出を指向する維新政権にとって、各藩の保持する藩兵と並んで、府県に直属する割拠的軍事力は、次第に排除されるべき存在となっていった。併せて維新政権それ自体の統治機構の近代化に伴い、前記した軍事力と警察力の分化が必至となった結果、行政体としての府県における軍事機構は廃止の方向へと向かうことになり、代わって警察機構としてのポリスないし捕亡が設置されてゆくのである。

註

（1）大久保利謙『体系日本史叢書3　政治史Ⅲ』（山川出版社、一九六七年）一〇二頁。
（2）鈴木安蔵『太政官制と内閣制』（昭和研究会、一九四四年）一七頁。
（3）鈴木安蔵『明治維新政治史』（中央公論社、一九四二年）三四四頁。
（4）指原安三編・吉野作造校『明治政史　上巻』（日本評論社、一九二八年）一九～二〇頁。
（5）井上清『日本近代史　上巻』（合同出版社、一九五九年）四四頁。
（6）太政官編『復古記　第一冊』（内外書籍、一九三〇年）五〇九頁。
（7）柳沢文庫専門委員会編『大和郡山市史』（大和郡山市役所、一九六六年）五二四頁。
（8）松下芳男『明治軍制史論　上巻』（有斐閣、一九五六年）四四頁。

（9）松尾正人『廃藩置県』（中央公論社、中公新書、一九八六年）一四頁。
（10）東京大学史料編纂所蔵版『明治史要』（東京大学出版会、一九六六年）五四頁。
（11）宮武外骨『府藩県制史』（名取書店、一九四一年）四頁。
（12）杉谷昭「明治初年における長崎府考」（藤野保編『九州と明治維新（I）』国書刊行会、一九八五年）四〇九頁。
（13）指原安三輯『明治政史　上巻』四三頁。
（14）内閣記録局編『法規分類大全45　兵制門（1）』（原書房、一九七七年）九頁。
（15）同右、一六頁。
（16）前掲「明治初年における長崎府考」四〇九頁。
（17）塩田保美「明治初年における警察と陸軍の分化」（『歴史学研究』第四巻五号、一九三四年）六六頁。
（18）前掲『法規分類大全45　兵制門（1）』一四頁。
（19）同右、二九頁。
（20）同右、三〇頁。
（21）内務省警保局編『庁府県警察沿革史（3）』（原書房、一九七三年）一三頁。
（22）同右。
（23）京都府立総合資料館編『京都府百年の年表I　政治行政編』（京都府、一九七一年）三六頁。
（24）前掲『庁府県警察沿革史（3）』一三頁。
（25）京都市編『京都の歴史7　維新の激動』（学藝書林、一九七四年）四一四頁。
（26）「京都府史料三十二　政治部　警保類　第壹」（国立公文書館蔵）。なお同史料の中の主なものは、京都府立総合資料館編『京都百年の資料一　政治行政編』（京都府、一九七二年）に収録されている。
（27）同右。
（28）同右。
（29）同右。
（30）同右。
（31）京都府警察史編纂委員会編『京都府警察史　第二巻』（京都府警察本部、一九七五年）一一二頁。
（32）同右、一一四頁。

(33) 前掲『庁府県警察沿革史（3）』二二六頁。
(34)「大阪府警察年表」（大日方純夫解題『明治前期警視庁・大阪府・京都府警察統計3』柏書房、一九八五年）四頁。
(35) 大阪府警察史編集委員会編『大阪府警察史1』（大阪府警察本部、一九七〇年）六九頁。
(36) 同右、六七頁。
(37) 日本史籍協会編『嵯峨実愛日記　三』（東京大学出版会、一九七二年）一六二頁。
(38) 前掲『大阪府警察史1』六九頁。
(39) 前掲『庁府県警察沿革史（3）』二二七頁。
(40) 前掲『大阪府警察史1』七一頁。
(41) 東京都編『都市紀要二　市中取締沿革』（東京都、一九五四年）一〇四頁。
(42) 同右、一二六頁。
(43) 東京都編『東京市史稿　市街篇　第五十』（東京都、一九六一年）二九九頁。
(44) 前掲『都市紀要二　市中取締沿革』一七六頁。
(45) 東京百年史編集委員会編『東京百年史　第二巻　首都東京の成立（明治前期）』（ぎょうせい、一九七二年）二一九頁。
(46) 前掲『都市紀要二　市中取締沿革』一八〇～一八一頁。
(47) 前掲『東京市史稿　市街篇　第五十』一〇四八頁。
(48) 同右、一〇五四頁。
(49) 杉谷昭「明治初年における三治職制の府について」（『史淵』九四、一九六五年）一一六頁。
(50) 杉谷昭「明治初年における府・藩・県三治制について」（『法制史研究』十六、一九六六年）一三〇頁。
(51) 福田忠昭『振遠隊』（自家版、一九一八年）七七頁。
(52)「長崎県史料十　長崎県史稿　兵制条　廿四」（国立公文書館蔵）。
(53) 長崎市役所編『増補訂正　幕府時代の長崎』（名著出版、一九七三年）一六〇頁。
(54) 前掲「長崎県史料十　長崎県史稿　兵制条　廿四」。
(55) 太政官編『復古記　第十二冊』（内外書籍、一九三〇年）五五六頁。
(56) 前掲『増補訂正　幕府時代の長崎』一六一頁。
(57) 明田鉄男編『幕末維新全殉者名鑑　四』（新人物往来社、一九八六年）三二六～三二七頁。

(58) 前掲「長崎県史料十　長崎県史稿　兵制条　廿四」。
(59) 同右。
(60) 同右。
(61) 神奈川県立図書館編『神奈川県史料　第五巻』(神奈川県立図書館、一九六九年)五三〇頁。
(62) 横浜市役所編『横浜市史稿　政治編三』(名著出版、一九七三年)二四頁。
(63) 前掲『神奈川県史料　第五巻』五三二頁。
(64) 神奈川県警察本部編『神奈川県警察史　上巻』(神奈川県警察本部、一九七〇年)一九〇頁。
(65) 横浜市編『横浜市史　第三巻上』(横浜市、一九六一年)三一頁。
(66) 前掲『神奈川県史料　第五巻』五三四頁。
(67) 同右、五三五～五三六頁。
(68) 神奈川県県民部県史編集室編『神奈川県史　通史編4　近代・現代I』(神奈川県、一九八〇年)六〇頁。
(69) 前掲『神奈川県史料　第五巻』五四一頁。
(70) 山梨県立図書館編『山梨県史　第一巻』(山梨県立図書館、一九五八年)二九一頁。
(71) 同右、二九四頁。
(72) 同右、二九八頁。
(73) 太政官編『復古記　第十冊』(内外書籍、一九二九年)四一八頁。
(74) 同右、五二七頁。
(75) 護境隊の詳細については、馬場憲一「明治維新における旧八王子千人隊同心の動向」(村上直編『江戸幕府千人同心史料』文献出版、一九八二年)を参照のこと。
(76) 前掲『復古記　第十冊』六五九頁。
(77) 前掲『山梨県史　第二巻』三二四・三三三頁。
(78) 三重県編『三重県史　資料編　近代I　政治・行政I』(三重県、一九八七年)九一頁。なお、鳥羽藩の戍兵は、明治二(一八六九)年十月半小隊となり、明治三(一八七〇)年十月十八日まで継続した。
(79) 同右、九二頁。
(80) 同右。

(81) 北海道編『新北海道史　第三巻』（北海道、一九七二年）三九頁。
(82) 末松謙澄『修訂　防長回天史　下巻』（柏書房、一九六七年）一三八四頁。
(83) 太政官編『復古記　第十四冊』（内外書籍、一九三〇年）四六七頁。
(84) 同右、五五八～七二四頁参照のこと。
(85) 竹内運平『北海道史要』（市立函館図書館、一九三三年）四六一頁。
(86) 前掲「明治初年における府・藩・県三治制について」一四〇頁。
(87) 堺市役所編『堺市史　第三巻』（清文堂出版、一九六六年）七七一頁。
(88) 前掲『庁府県警察沿革史（3）』二二九頁。
(89) 「大阪府史料五十四　旧堺県制度部　兵制」（国立公文書館蔵）。
(90) 「兵庫県史料二十二　制度之部　兵制」（同右）。
(91) 兵庫県史編集専門委員会編『兵庫県史　第五巻』（兵庫県、一九八〇年）六六二頁。
(92) 前掲「兵庫県史料二十二　制度之部　兵制」。
(93) 「長野県史料十四　筑摩県史　制度部　兵制」（国立公文書館蔵）。
(94) 同右。
(95) 丹羽邦男「府県の地方行政と諸藩の藩制改革」（古島敏雄ほか編『明治前期郷土史研究法』朝倉書店、一九七〇年）六四頁。
(96) 岐阜県編『岐阜県史　通史編　近代　上』（岐阜県、一九六二年）一一七頁。
(97) 徳富猪一郎編『公爵松方正義伝　乾巻』（公爵松方正義伝記発行所、一九三五年）二四四頁。
(98) 「日田県警戒兵ヲ置カン事ヲ請フ　四年四月」（『太政類典』第十八編　第九一巻　八六（国立公文書館蔵））。
(99) 大分県総務部総務課編『大分県史　近代編Ⅰ』（大分県、一九八四年）五九頁。
(100) 前掲『明治史要』二四二頁。
(101) 「農兵取立之儀に付申上候書付」（韮山町史編纂委員会『韮山町史　第六巻下』韮山町史刊行委員会、一九九四年）四四五・四五五頁。
(102) 「常備兵御尋ニ付申上候書付」（同右）六九九頁。
(103) 同右、六九六頁。
(104) 現在、韮山の江川文庫にはスペンサー銃とシャープス銃が附属工具類を伴う形である程度まとまった数量残されている。これらの小銃が、江川家が最後に所管した県兵の武器であったと推定される。
(105) 韮山町史編纂委員会『韮山町史　第十一巻』（韮山町史刊行委員会、一九九六年）六〇〇頁。
(106) 「明治三年八月、近江国へ役員移住ニ付伺」（山形県『山形県史　資料編十九』高橋書店、一九七八年）八頁。
(107) 「明治三年十二月、貫属授産救育方ニ付願」（同右）六〇頁。
(108) 「明治三年九月、在山形役員辞職願並ニ免職ニ付伺」（同右）九頁。
(109) 「明治三年十一月・十二月、兵士取立・官員増置等ニ付伺」（同右）六四頁。
(110) 同右。
(111) 「山形県史料六　制度部　兵制」（国立公文書館蔵）。
(112) 同右。
(113) 同右。
(114) これらの草莽隊の動向については、田中惣五郎『北越草莽維新史』（柏書房、一九八〇年）を参照されたい。
(115) 新潟県『新潟県史　通史編6　近代一』（新潟県、一九八七年）一二一頁。
(116) 新潟県『新潟県史　資料編13　近代一』（新潟県、一九八〇年）四〇六〜四〇七頁。
(117) 前掲『新潟県史　通史編6　近代一』一〇五〜一〇七頁。
(118) 前掲『新潟県史　資料編13　近代一』四〇七頁。
(119) 同右、四一〇〜四一一頁。
(120) 同右、四一四頁。
(121) 千田稔『維新政権の直属軍隊』（開明書院、一九七八年）一九五頁。
(122) 石井寛治『大系日本の歴史12　開国と維新』（小学館、一九九三年）二三七頁。
(123) 前掲「明治初年における三治職制の府について」一〇一頁。
(124) 福島正夫『地租改正』（吉川弘文館、一九六八年）五七頁。
(125) 前掲「明治初年における府・藩・県三治制について」一三九頁。

三、辛未徴兵

慶応三（一八六七）年十二月九日の王政復古を機に成立した維新政権は、「摂関幕府等廃絶」[1]を経て、「幕藩体制に代わる朝藩体制」[2]という新たな封建秩序の枠組を提示した。これは諸侯を天皇の藩屏という形に位置付けることを通じて、朝廷と諸藩を国家的に位相で直結しようとする試みであったが、同時に近代的な主権国家形成を急務とする視点から、個別的領有制の再編と統合を不可避とする二面的要請を持つものとなった。戊辰戦争という武力討幕の過程を経て、維新政権は全国政権としての地歩を確立するに至ったが、その権力基盤を支える軍事力は飽くまで「勤王」諸藩に依拠するものであり、「朝廷ノ兵権ハ名ノミニテ其実諸侯ニ握ル故ニ朝廷ノ力弱シ」[3]という実情を免れ得なかった。

そもそも戊辰戦争期を通じて維新政権の直接的指揮下に入った兵力としては、主に草莽・郷士層から成る諸隊があり、これらは「親兵」ないし「遊軍隊」という形に整理・統合されつつ直轄軍としての役割を担ったが[4]、総じてその編制内容は区々であり、近代的軍事力への置換は容易でなかった。他方、諸藩からの石高割兵賦による部分的兵力抽出と、それにもとづく京畿常備兵の編制も試みられたが、必ずしもその目的は達成されぬままに解隊された[5]。かくて「大政維新ノ際ヨリ四五年ノ間ハ（中略）兵部省ニ直轄スル諸兵隊ハ創設中ニ係リ其廃置改正モ頻繁ナリトス」[6]という状況にあったが、こうした中で必至的課題となりつつあった直轄軍の新規編制をめぐって、二つの建軍構想が対立することになる。

これらの構想は、いずれも「皇威拡張と朝権確立のための軍隊を、万国対峙と億兆安撫を目的とするという形式のもとで建設(7)」し、藩権力の解体に向けた維新政権の実力的要素たらしめようとする点では一致していたが、その兵員素材をどこに求めていくかという問題をめぐって、両者は対立を深めてゆく。すなわち版籍奉還直後の明治二（一八六九）年六月、「長土薩三藩精兵(8)」を以てこれを編制しようとする大久保利通らの構想と、「藩兵を外にし農兵を募親兵とする(9)」大村益次郎らの構想が政府部内で衝突することになり、以来二つの路線が併存する形で直轄軍の創出が試行されるのである。

まず前者の構想を敷衍するものとしては、明治二年七月に決定をみた鹿児島・山口・高知の三藩に対する兵員差出しの下令があり、これは後に実現される御親兵編制のプロトタイプともいうべきものとなった。次に後者についてみると、兵部省の設置（明治二年七月八日）に伴って兵部大輔に就任した大村を中心に、「大阪に陸軍の根拠を定(10)」めつつ漸進的な徴兵制の実現が企図されるものであった。

ちなみに大村には「朝廷之兵制　永敏愚按(11)」と題する意見書がある。この中では直轄軍編制のプロセスとして、当面「十津川浪士歩兵二種ノ兵隊六大隊ヲ練磨シ、規則ヲ立テ之ヲ用ヒ」るものとし、「来午年正月ヨリ陸兵ヲ募ル、三年ノ後陸軍常備兵之形相就ル、五年ノ後陸軍士官成ル、初テ兵制相整フ」という腹案の下、差し当たり「海陸軍兵学校ヲ建成」することが眼目とされていた。こうした陸軍の教育機関については、明治二年八月、兵部省中に兵学寮を設置したのに続いて、九月四日には既設の京都兵学所を大阪兵学寮へ移管し(12)、士官養成の充実が図られるようになった。

また明治二年八月、下士官養成機関として「京都河東ニ仏式伝習所ヲ設置シ、山口岡山ノ両藩士ヲ集メテ揖斐章等ヲシテ之ヲ教授セシメタ(13)」が、これら「河東精兵凡百人(14)」も明治三（一八七〇）年四月二十四日、嚮導隊となって兵学寮中へ移転した[15]。

かかる折柄、大村は京都木屋町の宿で刺客に襲われて重傷を負い（明治二年九月四日）、十一月五日に至って死亡した。ここにおいて兵部省は一時的な混乱に陥るが、結局建軍構想の対立を彌縫する形で、諸藩軍事力に対する兵式統一・幹部養成といった政府中央からの指導を強化し、これらを統括してゆく方針が明確化した（「兵部省前途之大綱　二年十一月廿四日」を参照のこと）。

かくて明治三年二月、「常備編隊規則[16]」の公布をみることになり、「兵制ハ天下一途ニ無之而ハ不相叶」との観点から、その兵力を「石高一万石ニ付一小隊之割合」に統一すべきことが下令されたのである。さらに同年十月には、兵式一定のため「海軍ハ英吉利式陸軍ハ仏蘭西式ヲ斟酌[17]」すべきことを布告し、続いて閏十月二十日「兵学令」にもとづいて「陸軍生徒大中小藩ニ応ジ左ノ割合（註：大藩九人・中藩六人・小藩三人）ヲ以テ来ル十二月十五日ゟ二十五日迄ニ大阪兵学寮へ可差出候事[18]」が下令された。

辛未徴兵は、こうした諸藩軍事力に対する統制策を背景に、「直属軍隊の編成による漸進的な廃藩置県の路線[19]」を目指していた大村らの構想の延長線上で実施されたものであり、同時に「藩制」の残置という国家的に未成熟な段階を反映して、西欧における国民皆兵制を換骨奪胎した内容を持つものとなった。

（一）「徴兵規則」の発布

明治三年十一月十三日、「前途兵制一変全国募兵之御目的」を示す「徴兵規則[20]」が発せられ、府藩県に対し「士族卒庶人ニ不拘身体強壮ニシテ兵卒ノ任ニ堪ベキ者ヲ選ミ、一万石ニ五人ヅ、大阪出張兵部省へ可差出候事」が下令された。ちなみにこの徴兵は、「皇威ヲ発輝《ママ》スル之基礎」とされ、「各地方緩急応変ノ守備」たる諸藩兵の存在に対して、「護国ノ急務」に任ずる維新政権の直轄軍と位置付けられていた。

兵員の徴募については、当初明治四（一八七一）年一月から四次にわたって段階的に施行される計画となっており、その期限は五畿内・山陰道・南海道を対象とする第一次が一月二十五日～二月一日、第二次の東海道・北陸道が四月二十五日～五月一日、第三次の西海道が八月二十五日～九月一日、第四次の東山道・山陽道が十二月二十五日～翌明治五（一八七二）年一月一日と規定されていた。

かくて五畿七道における府藩県の現石高総計一一七六万石余に対して、およそ五、八八〇人の人員が差し出される計算となり[21]、これを以て「常備二聯隊[22]」分の歩兵を基幹とする徴兵隊の編制に充てることが企図されていたものと考えられる。

この聯隊編制については、陸軍兵学寮の翻訳・刊行になる『歩兵操典[23]』によれば、一箇聯隊は三箇大隊から成るものとされ、前出「常備編隊規則」では「六十名ヲ以テ一小隊トス二小隊ヲ以テ一中隊トス五中隊ヲ以テ一大隊トス[24]」と規定されている点からみて、一、八〇〇人から成る聯隊二箇分、すなわち三、六〇〇人を歩兵に充て、残る二、二〇〇人余を騎・砲・工兵などに充当する計画であったことを、推定することができよう。

続いて「徴兵規則」の内容について概観すると、「年齢二十ヨリ三十ヲ限リ、身材強幹筋骨壮健長ケ五尺以上ニシテ兵役ニ堪ユベキ者ヲ選挙スベキ事（第一条）」とされ、服役期間は四年（第三条）、ただし「一家ノ主人又ハ一子ニシテ老父母アル者或ハ不具ノ父母アル者」はその対象から除外されていた（第二条）。

また、医官による徴兵検査を経て適格者の選別がおこなわれ（第一条）、不合格者分は各府藩県が「再選代人差出スベキ」ものとされた（第六条）。その他「衣食給料等総テ」が兵部省より支給されること（第五条）、満期後の希望者に対する「再役」許可（第三条）、傷痍者への「扶助金」給付（第三条）、除隊に際しての「賑恤《しんじゅつ》金」支給（第三条）等についても規定されていた。

なおこの「徴兵規則」においては、その目標を「全国募兵」としながらも、国家機関が直接これを実施するのではなく、現石高に応じた兵員差出しを府藩県に下令し、人選については「地方官庁ニテ選挙（第八条）」という形で、各個に委任する方法がとられていた。

このことは、「徴兵規則」それ自体が「『陸軍編成法』の更生である[25]」と評されるように、一種の兵賦として意義付けられる要因となっており、同時に後の「徴兵令」との対比において、両者は「異なる淵源に依って制定されたものと解される[26]」所以ともなっている。

確かに「徴兵規則」には、兵員素材について「士族卒庶人ニ不拘」という形で、外見上「身分制変革を内包する[27]」ような文言も認められるが、これは必任義務としての兵役を国民的位相において一定年齢の男子に課すといった、国民皆兵制本来の原理とは質的に異なるものであった。

すなわち「徴兵規則」実施の前提となったのは、「藩制」の存在とそれに伴うナショナリティーの欠如という未成熟な国家基盤であり、これらを止揚・統合していくための実力的要素——直轄軍——を、府藩県三治一致制という政体の中から創出しようとする、維新政権自身の内包する一種のジレンマでもあった。

さて維新政権をしてこのような施策に踏み切らせた直接の契機は、「是れ蓋し紀州藩の刺激與にて力ありと云う可し[28]」とされるように、和歌山藩における兵制改革の成果、なかんずくプロシア式兵制の導入に伴う藩内徴兵制の実現に求めることができる。和歌山藩における徴兵制は、明治三年一月二十九日に発布をみた「兵賦略則[29]」にもとづいて施行されたものであり、ここでは「管内之男子士農工商無差別当年二十歳ニ相成候者ヲ取調検査之上兵役ニ服セシメ」るという趣旨の下、「交代戍兵」三年・「予備兵」四年・「補欠兵」四年の計一一年にわたる兵役義務が定められていた。

これらの徴兵は、毎年二月に各郡民生局へ出張する「徴兵使」の検査を経て適格者の選別がおこなわれるものとされ、身体的条件による欠格事項のほか、「一家之主人タル者」や「独子独孫」等に対する免条役項も細かく規定されていた。

兵部省はこうした和歌山藩の徴兵制に関する情報について、同藩の兵制改革に参画し明治三年十二月以来兵部省出仕となっていた鳥尾小弥太を通じて入手・分析していたらしく、同人が陸奥宗光に宛てた書簡(30)をみても、「徴兵規則」施行に際して半ば公然と和歌山藩への協力依頼がなされていた事実が窺える。

七月下旬七百人程徴兵有之其節ハ弟引受世話仕候覚悟ニ御座候段爰許ニテ申上候通ニ御座候
然ル処役人微少甚困却致し居申候何卒爰許軍曹軍曹ハ御地ノ下司ニテ御座候相務リ候様之人物二十人程御貸し被下候様御頼候

また和歌山藩が藩兵（歩・砲・騎の三兵）を聯隊編制にしていたことも、前記「常備二聯隊」編制案に影響を与えたものと思われるが、同藩の「兵員三分之二は平時郷里に帰休せしめ戦時には二個大隊分出府三個大隊を以て連隊を編成する」(31)という計画に対して、兵部省案ではこうした戦時動員等を踏まえた具体的内容が示されていない。

そもそも「徴兵規則」では、府藩県に対して兵員の差出しを一回分下令しているにすぎず、服役についても四年間の在営が義務付けられているだけで、予備役・後備役等の規定を具備していなかった。さらにこの徴兵が制度的に反復継続されるのか否かという点には全く言及するところがなく、たとえ辛未徴兵それ自体が「試験的」(32)なものであっ

表2 徴兵規定の比較

	公布年月日	施行時期	兵員素材	年齢	服役期間	欠格事項	免役事項	除役納金
「徴兵規則」	明治三年十一月十三日	明治四年一月二十五日～二月一日 五畿内・山陰道・南海道 同年四月二十五日～五月一日 東海道・北陸道 同年八月二十五日～九月一日 西海道 同年十二月二十五日～五年一月一日 東山道・山陽道	各道府藩県士族卒庶人ニ不拘身体強壮ニシテ兵卒ノ仁ニ堪ヘキ者	二十ヨリ三十ヲ限	四年	医官ノ検査ヲ受ケ合格セサル者	一家ノ主人又ハ一子ニシテ老父母アル者 或ハ不具ノ父母アル者	
和歌山藩「兵賦略則」	明治三年一月二十九日 明治四年二月四日増補	毎年二月	管内ノ男子士農工商之無差別	二十歳ニ相成候者	交代戍兵 三年 予備兵 四年 補欠兵 四年 (明治四年二月十五日改正) 交代常備兵 三年 第一予備兵 三年 第二予備兵 三年	身材格段矮小ナル者且天性虚弱ナルカ或ハ宿痾アリテ兵役ニ不堪者	一家ノ主人タル者 独子独孫 父兄存スルトモ病気若クハ他之事故アリテ父兄ニ代リ家ヲ可治者 (明治四年二月四日増補) 兄弟悉ク戍兵之籍ニアル者ハ其中壹人ヲ免 父并弟有ノ者父六十五歳以上弟十六歳以下ノ者 兵役年限中父没シ主人トナル者 兄弟ノ内没シ独子トナル者	(明治四年二月三日達) 常備三年間 一年六十両宛 第一予備三年間 一年二十両宛 第二予備三年間 一年二十両宛
久居藩「兵賦略則」	明治三年十一月十五日	年々冬	士族卒農工商トモ男子 士族ハ当主二三男トモ服役壮兵	(壮兵) 十八歳乃至三十歳ヲ限 (常備) 十八歳ヨリ二十九歳暮迄	(壮兵) 服役六年 (卒庶人) 三年服役 四年目ヨリ帰家、二十九歳マテハ予備籍	身材格段短小ナルモノ、且天性虚弱ナルカ或ハ宿痾アリテ兵役ニ堪ヘサルモノ	一家ノ主人タル者 独子独孫ニテ老父母又ハ不具ノ父母アルモノ 父兄存スルトモ病気若クハ他ノ事故アリテ父兄ニ代リテ家ヲ治ヘキモノ 兄弟悉兵籍ニアルモノ其中ノ一人ヲ免 (註 兵役条項は庶人のみに適用される。)	兵役年限中軍資金出スヘシ

たにせよ、近代的な徴兵制としての要件を当初から欠如させていたことは否めないであろう。

なお「徴兵規則」発布直後の明治三年十一月十五日、久居《ひさい》藩においても「兵賦略則」[33]にもとづく藩内徴兵制の実施が布告され、「士族卒農工商トモ男子年齢十八歳ヨリ弐拾九歳暮迄、兵籍へ録シ番号ヲ追ヒ常備へ編入」するものとされた。表2にこれら三件の徴兵に関する規定を一覧とし、その内容を対照しておく。

(二) 徴兵実施の概況

さて「徴兵規則」にもとづく兵員募集は、まず第一次に指定された地域から着手されることとなり、五畿内・山陰道・南海道の府藩県がその実施対象となった。ちなみに第一次分に該当するのは、二府五二藩七県(明治四年一月現在)であり、これらの地方機関が同年一月二十五日から二月一日にかけての一週間に、大阪出張兵部省へ兵員差出しをおこなうものとされた。

各府藩県に課された差出し人員は、前記のように現石高で一万石につき五人の割合とされ、その算定にあたっては「二千石一人ノ割ニテ端石ハ取除」[34]という方法がとられていた。これらの徴兵については、管見の限りその内容を総括的に敷衍し得る資料が残されておらず、府県史料および村落単位の地方文書等を通じて概要を窺うことができるのみである。本章では、従来の研究成果および現在までに確認し得た資料を踏まえつつ、やや断片的なきらいはあるが、その徴募状況について検討しておきたい。

なおこの辛未徴兵は、「徴兵規則」が施行されて間もない明治四年二月二十九日、第二次分以降の該当府藩県に対する差出し期限の延期が通達され[35]、続いて同年五月二十三日の東海道府藩県に対する「追テ期限被仰出候迄差出方見合セ可申事[36]」との達を以て、事実上中止されるに至った。

このことから、「試験的に民間徴兵を第一に畿内丈けに辛うじて許されたから、直に着手実行した[37]」ものとか、「先ツ試ミニ之ヲ畿内五箇国ニ於テ実施シタルモ遂ニ予期ノ功ヲ収ムルコトヲ得スシテ寝メリ[38]」といった関係者の回想をもとに、「徴兵規則」の施行を畿内に限定する見方もあるが[39]、次に述べるような理由から、にわかに首肯できない一面がある。

すなわち「明治四年春」の段階で徴兵検査を受けた人員に関し、当時検査医官であった堀内北溟は「応徴到大阪兵部省者千二百人官医検之支体羸弱不申　放還更徴者三百余人[40]」と記しているが、この一、二〇〇人という人数は畿内五カ国の現石総計に対して明らかに多すぎ、山陰道・南海道の府藩県を含めたものと考えられる[41]。また資料の上からも、散在的ながら畿内以外の第一次分該当地域に辛未徴兵の記録が見出され、記録不備と差出し不履行の区別が判然としないながらも、その施行を跡付けることが可能である。以上の点を踏まえて、各府藩県における徴兵実施の概況をみていこう。

京都府においては、明治三年十一月二十三日、適格者を「大庄屋ヨリ来月十五日迄ニ可申出事[42]」が管内に布告され、「現石高六万八千石ノ比例ヲ以テ兵丁三拾四人[43]」を、明治四年二月十一日に差し出した。このうち徴兵検査に合格したのは二〇人で、同年四月三十日「補欠十四人ヲ再選[44]」して差し出し、一二人の合格者を得ている。二人の不合格者分については、兵部省徴兵方から「三選代人差出方ノ儀ハ追テ可相達事[45]」との通達があったが、結局前記三二人を以て差出しを終えたようである[46]。

大阪府については、徴兵差出しに関する具体的記録を見出せなかったが、その期限をすぎた明治四年二月八日、「望之ものハ、来ル十七日、検査之上可申付候間、其旨相心得、其前申出事[47]」という形で、志願者募集の布告がなされている。

続いて諸県についてみると、兵庫県では明治三年十一月二十八日に「村々ニ於而人躰篤と選挙致、来未正月十日迄ニ本人召連村役人共当県へ可罷出候事[48]」との布告をおこない、「翌四年三月四月間ヲ以[49]」て逐次大阪兵部省へ送り出した。これらの徴兵は三月十二日に二三人、翌十三日に一人、四月十九日に一七人という形で三次に分けて入営し、合計四一人に及んだが[50]、それらの「多くは貧農・日雇層からでた[51]」者であったらしい。

堺県においては、明治三年十一月末に管下の各村へ適格者の選出を下令し、「該当者を県庁に出頭させて検査を行ない、合格したものを兵部省へ差し出[52]」している。これら兵員の合計は五三人であったが、徴兵検査の結果三七人が合格し、明治四年二月七日に入営した[53]。次いで不合格者分一六人の再選代人が差し出され、このうち一三人が合格して、同年四月二十三日に入営しているが[54]、欠員となった三人の三選代人については記録がない。同県の徴兵も「徴兵出人足」などと称される農民の賦役によったものであり、人選に際しての「村方の消極的抵抗[55]」も随所に認められたという。

奈良県においても、明治四年三月二十七日と二十八日の二回にわたって徴兵差出しがおこなわれているが、「人員詳カナラス[56]」とあってその具体的内容は不明である。

五条県ではその全体にわたる記録はないが、管下の吉野郡から六人の農民が「徴兵人足」という形で差し出されたことが判明している[57]。

浜田県においては、日付は不明ながら、明治四年中に「現石四万九千二百余石」に対して、「本年分壮兵二十四人」の差出しがおこなわれた[58]。

このほか第一次に該当する県として、久美浜・生野の二県があるが、いずれも徴兵に関する記録を見出せなかった。

また明治四年三月、第二次に該当する甲府県が、既に施行延期が発せられていたにもかかわらず「現石高拾万千百五拾四石余」に対して「五拾人徴兵差出」をおこなっている。(59)

続いて諸藩についてみると、第一次該当分五二藩の現石高総計が一九六万二五五〇石余(60)であり、これに対する徴兵の定員は計算上九八一人となる。現在確認し得る府県からの徴兵人数は二〇三人であり、これを前記の徴兵受検者一、二〇〇人から差し引いてみると、諸藩からの徴兵定員ときわめて近似した数字となる。

こうした点から考えて、若干の定員割ないし差出し不履行があったにせよ、該当諸藩からの徴兵はかなり徹底しておこなわれたものと判断せざるを得ず、「少数の徴兵もじっさいにはほとんど『さし出』されず、うやむやのうちにやめてしまった(61)」などという推論には、同意できないものがある。

さて諸藩の徴兵差出しについては、目下その全体を敷衍することが困難な状況にあるが、以下判明し得た範囲で概観しておきたい。

園部藩は、現石高一万三五三〇石につき「定員七人(62)」を、明治四年一月二十七日に大阪兵部省へ差し出している。(63)徴兵検査の結果、このうち五人が合格して二月五日に入営、不合格者分については四月二十二日に再選代人二人が受検し、翌二十三日に入営した。

綾部藩では、七、一六〇石の現石につき「三人ヲ選調」の上、明治四年一月二十五日に送り出した。徴兵検査の結果二人が合格、再選代人一人を四月十六日に差し出し、入営させている。(64)ちなみに同藩の徴兵中、一人は士族、二人が卒であった。

山家藩は現石高四、三八九石につき「徴兵二人ヲ選調」して一月中に送り出し、二人とも「合格入営」した。(65)いずれも士族であった。

福知山藩においては、現石高一万三三三〇石につき、士族一人・卒三人・農一人・商一人の計六人が徴兵として差し出されている(66)。

篠山藩では、現石三万六三二〇石につき一六人の卒を明治四年一月に徴兵として差し出した。次いで同年三月、不合格者分の再選代人として、二人の士族を大阪へ送っている(67)。

舞鶴藩では、一万六七五〇石の現石につき七人を「徴兵トシテ差出」しているが(68)、その出身階層については不明である。

村岡藩は、三、七九〇石の現石につき、明治四年一月に二人の人員差出しをおこなっている(69)。記録中にはこのうち一人が「不合格ニ付帰藩」と記されているが、再選代人については言及していない。

淀藩では、明治四年三月になってからその管下に対して、「其郡村々次三男并弟之者、人躰見分有之候間、明後五日朝五ツ時参着ニ而、村々役人共壱人ツヽ附添一同出淀可致者也(70)」との布告を発し、選出された者について「右、徴兵之義ニ付今一応可致検査候間、来ル廿八日引連可罷出候事(71)」を下令した。ちなみに同藩の現石高は四万三七八〇石で、徴兵定員は二一人となるが、具体的な差出し状況については不明である。

小泉藩においては、現石高五、五九〇石につき徴兵三人を、明治四年一月二十四日に差し出している(72)。また、現石高一万二七〇〇石の高取藩には「四辛未年二月徴兵大坂鎮台(ママ)へ差出ス者六人(73)」との記録があり、櫛羅《くじら》藩にも現石高四、五五〇石につき「四辛未年徴兵大阪兵部省へ差出ス者弐人(74)」という記録がみえる。

尼崎藩では、現石高二万七六七〇石への定員一三人に対し、「三年一二月八日に一人、同一八日一人、四年正月二五日一人、同二六日五人(75)」の計八人を徴兵として差し出している。「いずれも改正禄高七石五斗以下の旧切米支給の下級武士であった(76)」という。

津和野藩は、現石三万七五三石につき、明治四年一月に「徴兵十二人」、四月五日に「徴兵五人」という形で、計一七人を入営させている。(77)

四国の諸藩についてみると、宇和島藩が現石高五万二四二〇石につき、「四年正月十四日徴兵二十六人ヲ大坂〔ママ〕鎮台ニ入営セシ(78)」めたという記録があり、大洲藩でも同年二月二十日に差出し人員の選定を管内に下令した布告(79)が見出されるが、その他の諸藩に関しては史料を確認できなかった。

一方、兵員差出しをおこなわなかった例として、松山藩の「四年十二月（中略）大坂〔ママ〕鎮台召集ノ兵モ尚ホ徴発セス同五年正月十七日新県ニ開申セリ(80)」との記録がある。

なお、御親兵への献兵をおこなった高知藩については、同様の立場にあった山口藩に対し「一万石五人宛ノ徴兵ハ差出ニ及バズトノ朝命(81)」が下っており、これと同じ措置がとられたものと推定される。

以上、各府藩県における徴兵実施状況について概観した訳であるが、比較的史料のまとまっている府県に対し、諸藩に関してはその一部を敷衍し得たにすぎない。今後、地方文書等の精査を通じて具体的史実を明らかにしていく必要があろう。

(三) 徴兵諸隊の編制

各府藩県から大阪兵部省へ差し出された人員は、到着順に徴兵方の検査を受け、合格者はそのまま入営、不合格者分は「再選代人」の差出しが地方機関に対し督促された。兵部省ではこれら徴兵の兵営に充てるため、明治三年十二月、大阪の西本願寺掛所を半強制的な形で借り上げ、「御対面所・御台所・御勘定之間・学仏場等(82)」の施設を使用す

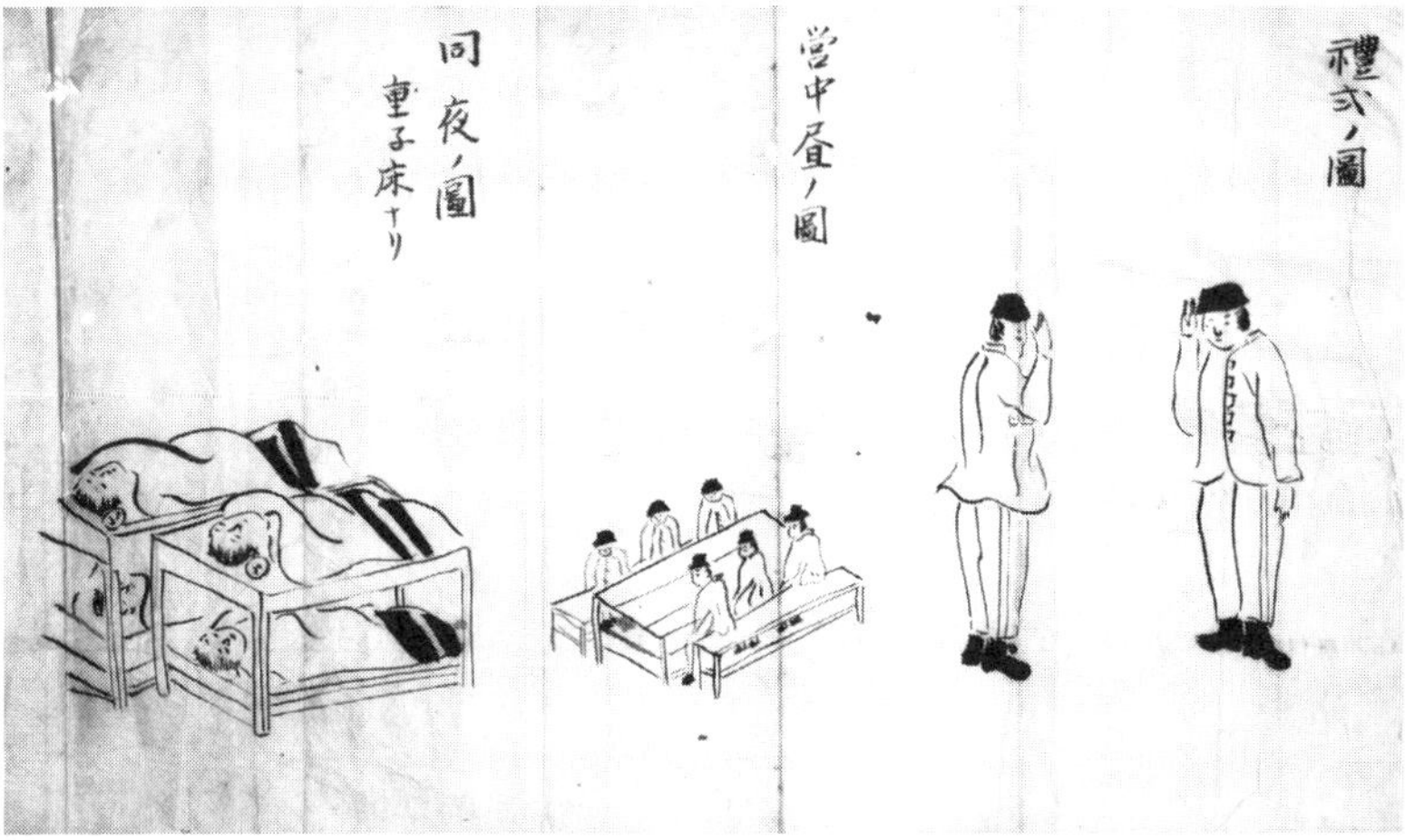

図５　兵営の様子（兵卒の描いた毛筆画）

ることとした。

辛未徴兵の召集は、前述の事例からみても全般に遅滞しがちであったことが窺われるが、「再選代人」に対する検査を含めて明治四年六月頃には完了したものと思われる。そしてこれらは「歩兵隊七百五十五人・騎兵隊百四十七人・砲兵隊二百五十五人・造築隊百九十二人・喇叭隊七十二人」に編制されて「大阪兵隊」と称されるに至った。(83)

さて、入営した徴兵には後刻発布される「読法」（明治五年一月公布）とほぼ同一の内容を持つ「掟」(84)が布令されており、兵員各個に交付された『兵隊手帳』の冒頭に掲載されているものをみると、「明治四辛未春正月　兵部省」(85)との末尾記載が確認できる。

さらに「舎内規則」「舎内稽古スル人之規則」(86)を設けて内務事項を規定すると共に、次に示すような一週間の課業日程も組まれていた。(87)

日曜日　舎内ニテ休ミ、昼後一字ヨリ四字十五分迄遊歩之事
月曜日　五字ヨリ起キ、五字十五分人員、五字三十分酒掃之事、六字朝飯、八字ヨリ十字迄稽古、十一字十五分武装人員、十二字昼飯、二字ヨリ四字迄稽古、六字夕飯、八字舎内ニ

テ人員、八字三十分臥寐之事、右之通七曜日孰モ同断
火曜日　同断
水曜日　昼迄稽古、昼後一字ヨリ四字三十分迄遊歩之事、
木曜日ハ前月曜日同断
金曜日　前同断
土曜日　昼迄稽古之事、昼後ヨリ内外共掃事、四字ヨリ清潔検察之事、一字ヨリ六字迄兵卒入湯ノ事

また、『陸軍省沿革史』中の「軍服ノ制度ヲ大阪訓練ノ兵ニ課シ、漸次諸藩ニ及ホスニ至レリ(88)」という記述から、明治三年十二月二十日に公布された「陸軍徽章(89)」の制式にもとづく軍帽・軍服が辛未徴兵に支給されていたことを窺わせる。

他方兵器についても、「明治三年徴兵令を定められ兵制一定するや、歩兵銃はエンピール銃に定められたり。……是より日本刀を廃し、歩兵は其の武装を一変し、銃剣を帯し、銃を携ふ(90)」とされ、懸案となっていた兵員の脱刀と小火器統一が試みられた形跡がある。

以上のような点からみて、在来の諸隊とは編制経緯の異なる辛未徴兵には、かなり思い切った近代化への試行がおこなわれていたようであり、召集中断という形で大幅な規模縮小を余儀なくされた後にあっても、これを将来の国民皆兵制実施に向けたテスト・ケースに位置付けようとした、当局者の意図を推察することができよう。

しかしその一方で、辛未徴兵には脱走者が多発し、兵員を管理・統制してゆく上で大きな問題となっていた。これについて現在確認されている事例をみると、「吉野郡の徴兵六人の中、病気の一人を除いた五人が、入営後半年もた

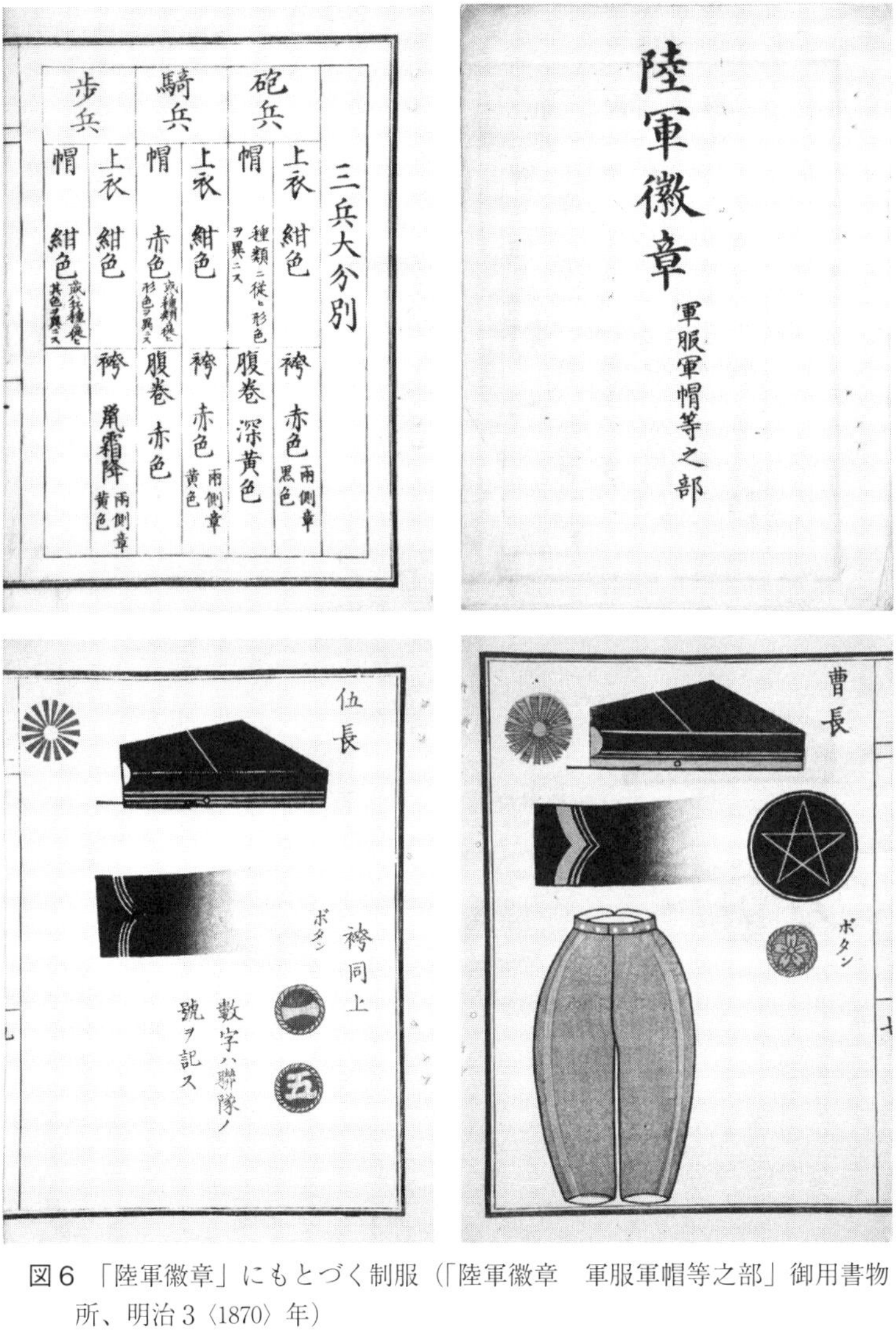

図６　「陸軍徽章」にもとづく制服（「陸軍徽章　軍服軍帽等之部」御用書物所、明治３〈1870〉年）

たぬ間に揃って脱走[91]」したといわれ、山家藩徴兵も二人のうち一人が「辛未七月廿二日遊歩先ニテ脱走今以行衛不相分[92]」という状況になっている。また堺県徴兵についても、入営五〇人のうち半数の二五人に脱走歴があり、この中の四人は複数回の脱走経歴を持つというありさまであった[93]。

さて廃藩置県直後の明治四年八月、教育中の辛未徴兵のうち、歩兵隊が「第四聯隊第一大隊」に改編されることになり[94]、続いて同年十月、「五番大隊」と改称されるに至った[95]。そして翌明治五（一八七二）年三月二十二日、「大阪歩兵五番大隊ヲ東京鎮台所管トシ兵学寮付ト為ス[96]」旨の下命があり、同年四月には東京へ招致されて[97]、「教導団守衛」の任に就いている[98]。

ちなみにこの五番大隊の人員は、明治五年十一月の時点で将校三二人・下士官七一人・兵卒六四六人の計七四九人[99]となっており、翌明治六（一八七三）年五月十四日、「徴兵令」の施行に伴って歩兵第一聯隊の創設をみるや、五番大隊はその第一大隊に編入され、同大隊の第一・二・三中隊に充当されるに至った[100]。なお、「徴兵令制定後もひきつづき大阪鎮台兵として服務していた[101]」とされるのは、歩兵隊以外の諸隊と思われるが、その編制状況などについては詳らかでない。

以上、「徴兵規則」にもとづく辛未徴兵の実施状況を概観したが、最後にこの試みが中断されるに至った背景に触れておきたい。そもそも辛未徴兵が、第一次分の兵員差出しを以て事実上の中止となった要因としては、兵員統率上の問題や兵営建設の遅延もさることながら、明治四年二月二十二日に布告をみた、「薩長土三藩兵ヲ以テ親兵ニ充ツ[102]」とする政府中央の決定を看過することができない。

大村死去後の兵部省に在って「徴兵規則」の実施を推進したのは、明治三年八月に兵部少輔に就任していた山県有朋であり、当時「既に兵学寮の教員に欧洲の徴兵規則を取調べさせ、成案も出来[103]」ていた大阪サイドの要請にもとづく形で、その施行に着手したものであった。しかし山県自身は、「我帝国国防ノ規模ヲ立ツルニハ、必スヤ挙国皆兵主義ニ由ラサルヘカラス」との認識を持ちつつも、その実現には「第一ニ帝国国内統一ノ大事業ヲ全クシ、第二ニ兵制改革ノ実効ヲ挙ケ」ることを必須の前提と考えており、必ずしも大村らの建軍構想を全面的に支持していたわけではなかった。(104)

加えてこの時期、「政府対諸藩の対立が激化し、国威発揚策が逆に諸藩の独自化と政府内各省の亀裂に帰結し、さらに政府強化策を推進させてきた政治集団自体が内部分裂を起こす(105)」という、維新政権にとっての危機的状況が現出し、もはや「藩制」を漸進的に止揚・統合していこうとする路線それ自体が、機能を喪失しつつあった。ここにおいて、当面する反政府勢力の制圧に向けた直轄軍の速成という要請を踏まえつつ、その基幹兵力を藩閥的雄藩に求めようとしたのが三藩御親兵の構想であった。

ちなみに山県は、御親兵編制に際して殊更に超藩的軍事力たらしめることの意義を強調しており、これが明治四年七月十四日に断行される廃藩置県へと向けた、維新政権の実力基盤となってゆく。かくて維新政権の建軍構想は、暫時実現の気運をみせた過渡的徴兵制から、雄藩軍事力の抽出という形に方針転換を果たすこととなるが、こうしたはざまにあって中断の余儀なきに至った辛未徴兵も、その召集兵員については決して「うやむや」にされてしまったわけではなかった。

「徴兵規則」を以て試行された直轄軍編制は、既記のように必ずしも近代的徴兵制へ直接リンクするものではなかったが、兵員の出身階層を武士層（封建的身分制度に立脚する既存の軍役負担者）に限定しないという形で、兵員素材そのものを藩権力の成員から分離し、同時に差出し母体となった諸藩の干渉を排除するという意味において、一定の成果をもたらしたものとみることができよう。

かくて辛未徴兵は、「四民平等ニ賦兵ヲ徴召セムトノ趣旨ヲ遂行スヘキ第一歩[106]」と意義付けられ、同時にその基幹を占める歩兵隊は、いみじくも「藩制」の残置という維新以来の旧套を脱した日本陸軍の中で、頭号部隊に位置付けられるものとなったのである。

註

(1) 内閣官房局編『法令全書　第一巻』（原書房、一九七四年）六頁。
(2) 福島正夫『地租改正』（吉川弘文館、一九六八年）五七頁。
(3) 「兵庫県知事建議」（内閣記録局編『法規分類大全45　兵制門（1）』原書房、一九七七年）一〇頁。これら諸隊に関する概括的論考としては、高橋茂夫「天皇軍隊の胎生（上・下）」（『軍事史学』第一巻第三・四号、一九六五年十一月・一九六六年二月）がある。
(4) 慶応四（一八六八）年閏四月二十日、「陸軍編成法」にもとづいて「高一万石ニ付兵員十人当分之内三人」の差出しが諸藩に下令され、「京畿ニ常備九門及ヒ畿内要衝之固」となる徴兵の編制が企図されたが、翌明治二（一八六九）年二月十日に至って「一先帰休」の通達がなされ、七番隊以外は全て解隊された。
(5) この徴兵の編制状況については不明の部分が多いが、その大要については、松島秀太郎「戊辰徴兵大隊　覚書」（『軍事史学』第二十三巻第二号、一九八七年九月）を参照のこと。
(6) 陸軍省編『陸軍沿革要覧』（陸軍省、一八九〇年）四五頁。
(7) 藤村道生「徴兵令の成立」（『歴史学研究』四二八号、一九七六年）一頁。
(8) 日本史籍協会編『大久保利通日記　下巻』（東京大学出版会、一九六七年）四六頁。
(9) 同右、四七頁。
(10) 曽我祐準『曽我祐準翁自叙伝』（同刊行会、一九三〇年）二〇三頁。
(11) 由井正臣ほか編『日本近代思想体系4　軍隊 兵士』（岩波書店、一九八九年）七〜八頁。以下引用は全て同書に拠る。
(12) 前掲『陸軍沿革要覧』二頁。
(13) 山県有朋著・松下芳男解説『陸軍省沿革史（明治文化叢書　第五）』（日本評論社、一九四二年）一二六頁。

(14) 前掲『法規分類大全45　兵制門（1）』二三頁。
(15) 前掲『陸軍沿革要覧』八九頁。
(16) 前掲『法規分類大全45　兵制門（1）』二四～二五頁。
(17) 同右、三二頁。
(18) 同右、三四頁。
(19) 千田稔『維新政権の直属軍隊』（開明書院、一九七八年）二五〇頁。
(20) 前掲『法規分類大全45　兵制門（1）』三五～三八頁。以下引用は全て同書に拠る。
(21) 前掲『維新政権の直属軍隊』一六八頁。
(22) 「太政類典　第一編　第百七巻　廿三　常備兵隊屯所費用ノ支弁方ヲ定ム」（国立公文書館蔵）。
(23) 『歩兵操典　生兵之部　一、二』（陸軍兵学寮、一八七一年）第一丁。同書は一八六九年の版フランス歩兵教練書を翻訳したものであり、「生兵・小隊・射法・撤兵・大隊」の五部構成となっている（国立公文書館蔵）。
(24) 前掲『法規分類大全45　兵制門（1）』二五頁。
(25) 上法快男『帝国陸軍編制総覧』（芙蓉書房、一九八七年）七頁。
(26) 松下芳男『増補版　徴兵令制定史』（五月書房、一九八一年）一一三頁。
(27) 由井正臣「明治初期の建軍構想」（前掲『日本近代思想体系4　軍隊 兵士』）四三六頁。
(28) 「維新前後兵制の及ぼせし感化」（『国民之友』第百九十号、一八九三年）七二三頁。
(29) 「和歌山県史前記五　和歌山藩史　制度　兵制」（国立公文書館蔵）。以下「兵賦略則」およびその増補事項の引用は、全て同資料に拠る。
(30) 鳥尾小弥太書簡　明治四年六月十三日（「陸奥宗光関係文書　第八冊」国立国会図書館憲政資料室蔵）。
(31) 堀内信編『南紀徳川史　第十三冊』（同刊行会、一九三二年）二五五頁。
(32) 前掲『曽我祐準翁自叙伝』二〇七頁。
(33) 三重県編『三重県史　資料編　近代Ⅰ　政治・行政Ⅰ』（三重県、一九八七年）一五一～一五三頁。
(34) 「島根県史料二十九　浜田県歴史附録　旧浜田県　制度部　兵制」（国立公文書館蔵）。
(35) 前掲『法規分類大全45　兵制門（1）』四五～四六頁。
(36) 同右、四六頁。

(37) 前掲『曽我祐準翁自叙伝』二〇七頁。
(38) 山県有朋「徴兵制度及自治制度確立ノ沿革」（国家学会編『明治憲政経済史論』有斐閣、一九一九年）四四頁。
(39) 飯島茂『日本選兵史』（開発社、一九四三年）三五七頁。
(40) 荷蘭坊篤英氏口授・緒方惟隼訳言・堀内北溟纂述『撰兵論』（陸軍文庫、一八七一年）序・第一丁（国立公文書館蔵）。
(41) この点については、高橋茂夫氏の前掲論文八五頁および、宮川秀一「徴兵令による最初の徴兵と臨時徴兵」（『歴史と神戸』第二十六巻第二号、一九八七年四月）六頁において既に指摘されているところでもある。
　また、辛未徴兵の兵員数については現在のところ正確に把握されていないが、後述する該当府藩県の現石高総計との関係から、これを一、二〇〇人とする原剛氏の見解に、より高い妥当性を見出すことができる〔原剛「政府直属の徴兵軍隊の建設と展開」（桑田悦編『近代日本戦争史　第一編』同台経済懇和会、一九九五年）四三頁参照〕。
(42) 「京都府史料三十八　制度部　兵制類」（国立公文書館蔵）。
(43) 同右。
(44) 同右。
(45) 同右。
(46) 京都府編『京都府誌　下』（京都府、一九一五年）二九四頁。
(47) 大坂府史編集室編『大阪府布令集　二』（大阪府、一九七一年）三一八頁。
(48) 伊丹市史編纂専門委員会編『伊丹市史　第五巻　史料編　二』（伊丹市、一九七〇年）六三七頁。
(49) 「兵庫県史料二十二　兵庫県史　兵制」（国立公文書館蔵）。
(50) 同右。
(51) 兵庫県史編集専門委員会編『兵庫県史　第五巻』（兵庫県、一九八〇年）九〇〇頁。
(52) 枚方市史編纂委員会編『枚方市史　第四巻』（枚方市、一九八〇年）三三頁。
(53) 「大阪府史料五十四　旧堺県　制度部　兵制」（国立公文書館蔵）。
(54) 同右。
(55) 小葉田淳編『堺市史続編　第一巻』（堺市役所、一九七一年）一二四六頁。
(56) 「奈良県史料三　奈良県史　制度部　兵制」（国立公文書館蔵）。
(57) 五条県吉野郡における徴兵の実施状況については、服部敬「大阪兵部省辛未徴兵の一考察」（『大阪の歴史』第二号、一九八〇年十二月）を参照のこと。
(58) 前掲「島根県史料二十九」。
(59) 「山梨県史料二十七　制度部　兵制」（国立公文書館蔵）。
(60) 「知藩事表」所載の現石高に拠る。東京大学史料編纂所蔵版『明治史要　附表』（東京大学出版会、一九六六年）「附録表」二四〜三五頁。
(61) 井上清『新版　日本の軍国主義Ⅰ』（現代評論社、一九七五年）一八一頁。
(62) 「京都府史料六十　府史附編　旧園部県立庁始末　兵制」（国立公文書館蔵）。
(63) 同右。
(64) 「京都府史料六十一　府史附編　旧綾部県立庁始末　兵制」（国立公文書館蔵）。
(65) 「京都府史料六十二　府史附編　旧山家県立庁始末　兵制」（同右）。
(66) 「兵庫県史料三十六　兵庫県史草稿　旧福知山藩県調書」（同右）。
(67) 兵部省へ差出候伺（「青山家文書二九二〇」青山歴史村史料館蔵）。
(68) 「兵庫県史料三十六　兵庫県史草稿　旧舞鶴藩事蹟」（国立公文書館蔵）。
(69) 「兵庫県史料五十　旧郁岡藩政蹟抜萃書　兵制」（同右）。
(70) 忠岡町史編さん委員会編『忠岡町史　第三巻　史料編Ⅱ』（忠岡町、一九八五年）三九八頁。
(71) 同右、三九九頁。
(72) 「奈良県史料九　小泉県史　軍役」（国立公文書館蔵）。
(73) 「奈良県史料十　高取県史　軍役」（同右）。
(74) 「奈良県史料十二　櫛羅県史　軍役」（同右）。
(75) 渡辺久雄編『尼崎市史　第三巻』（尼崎市役所、一九七〇年）一三〇頁。
(76) 同右。
(77) 「島根県史料三十　浜田県歴史附録　旧津和野藩　兵制」（国立公文書館蔵）。
(78) 「愛媛県史料四十一　国史第一稿　宇和島藩紀　兵制」（同右）。
(79) 愛媛県史編さん委員会『愛媛県史　資料編　幕末維新』（愛媛県、一九八七年）五五二頁。
(80) 「愛媛県史料四十一　国史第一稿　松山藩紀　兵制」（国立公文書館蔵）。

(81) 末松謙澄編『防長回天史　下巻』（柏書房、一九六七年）一七〇四頁。
(82) 新修大阪市史編纂委員会編『新修大阪市史　第五巻』（大阪市、一九九一年）七八〇頁。
(83) 大阪市役所編『明治大正　大阪市史　第一巻』（清文堂出版、一九六九年）五七〇頁。なおこの人数は、徴募された兵卒一、二〇〇人に士官・下士官を加えたものと考えられ、歩兵隊についてみると「五番大隊」に改編後の実数ともほぼ一致している。
(84) 「明治四年・坂戸照雄文書」（前掲『伊丹市史　第五巻』六四〇～六四二頁所収）。この「掟」の内容は、第一条の冒頭部分に小異があるほかは「読法」と全く同一である。すなわち「読法」で「兵隊ハ」とされている箇所が、「掟」では「今般被仰出候ハ」となっているだけである。
(85) この当時の『兵隊手帳』については、堺県徴兵・森本光治宛に交付されたものが現存しており、国書刊行会編『日本陸海軍八十年』（国書刊行会、一九七八年）二七頁にその写真が掲載されている。
(86) 前掲『伊丹市史　第五巻』六四二～六四三頁。
(87) 同右、六四一頁。
(88) 前掲『陸軍省沿革史』九五頁。
(89) これは「各藩常備兵編制法」に関する別紙という形で御用書物所から刊行されたものであり、「明治新政府最初の軍服規定」と位置付けられている（太田臨一郎『日本近代軍服史』雄山閣、一九七二年、一四四頁参照）。
(90) 工学会編『明治工業史　火兵・鉄鋼篇』（同発行所、一九二九年）五三頁。
(91) 前掲『大阪兵部省辛未徴兵の一考察』一五頁。
(92) 前掲「京都府史料六十二」。
(93) この問題については、「大阪府史料五十四」に拠りつつ、前掲「大阪兵部省辛未徴兵の一考察」の中で詳細に考察されている（同書、一五～一七頁）。
(94) 帝国連隊史刊行会編『歩兵第一連隊史』（同刊行会、一九一八年）一五頁。
(95) 同右、一五頁。なお同時期における諸大隊の編制経緯については、松島秀太郎「鎮台歩兵大隊の成立と歩み」（『軍事史学』第二十四巻第四号、一九八九年三月）に詳しい。
(96) 前掲『陸軍沿革要覧』四七頁。
(97) 「太政類典　外編　三七　兵制　大阪鎮台五番大隊ヲ東京ニ徴ス　五年四月十四日」（国立公文書館蔵）。
(98) 前掲『歩兵第一連隊史』一五頁。

(99) 前掲「鎮台歩兵大隊の成立と歩み」三二頁。
(100) 前掲『歩兵第一連隊史』一四頁。
(101) 前掲「徴兵令による最初の徴兵と臨時徴兵」六頁。
(102) 前掲『法規分類大全45　兵制門（1）』四三頁。
(103) 前掲『曽我祐準翁自叙伝』二〇七頁。
(104) 前掲「徴兵制度及自治制度確立ノ沿革」三七五頁。
(105) 宮地正人「維新政権論」（朝尾直弘ほか編『岩波講座日本通史　第16巻　近代I』岩波書店、一九九四年）一三七頁。
(106) 前掲「徴兵制度及自治制度確立ノ沿革」三八七頁。

Ⅱ・諸藩の兵制

東征に参加した津藩士

一、維新政府の対藩兵政策

慶応三（一八六七）年十二月九日の王政復古によって成立した維新政府は、翌慶応四（一八六八）年一月の戊辰戦争勃発を機に交戦団体としての国際的地位を獲得し(1)、全国政権への途を歩み始めた。

戊辰戦争のさなか、慶応四年閏四月二十一日に維新政府は「政体書」を発布し、府藩県三治制にもとづく政権構想を明示した。「政体書」の中では、「地方ヲ分テ府藩県ト為シ、府県ニ知事ヲ置キ、藩ハ姑ク其旧ニ仍ル(2)」とあり、封建的な個別領有制にもとづく藩の存在を、一国内における地方政治体と位置付けていた。

戊辰戦争の遂行にあたって、維新政府は諸藩の軍事力に依存するところが大きく、朝廷に対する恭順と忠誠を根拠とした形で、藩兵の動員を実施した。諸藩兵の動員にあたって、維新政府側では「調練の範を西洋式に採り、甲冑の着用を止め、軽便の戎服を用(3)」いるべき旨を指令したが、その指揮統御については「各藩皆な夫れ夫れの指揮役あり、之を統一して一定せる指揮命令の下に動かしむる如き……殆ど得て望む可からざる(4)」状況だった。

戊辰戦争の帰趨が明らかになると共に、東征軍として動員された諸藩兵は逐次国元へ帰還することとなった。この時兵庫県知事であった伊藤博文は、「北伐ノ兵ヲシテ改メテ朝廷ノ常備隊トシ総督軍監参謀以下皆至当ノ爵位ヲアタヘ之ニ兵士ヲ司サドラシメ(5)」るべきとする建議をおこなったが、維新政府の容れるところとはならなかった。

維新政府による対藩兵政策が具体化するのは、明治二（一八六九）年の版籍奉還以後のことである。版籍奉還とそれに続く「職員令」の発布により、藩を府県と並ぶ地方行政体と位置付ける、府藩県三治一致制の施行をみた。府藩県三治一致制の下では、藩の職制を府県に倣うとしたものの、旧藩主が知藩事となって自藩の行政を握り、各藩それぞれが藩兵を保持している点など、旧来の個別領有権の遺制が色濃く残っていた。維新政府の対藩兵政策は、こうした諸藩の軍事力を国家的位相で統轄しようとする試みとして実施された。

この頃、維新政府の内部では、国家という新たな枠組みを踏まえた軍事力の整備について、さまざまな議論が取り交わされていた。その論点は、藩兵主義か徴兵主義か、兵式統一をイギリス式・フランス式の何れに準拠しておこなうか、海軍・陸軍のどちらを優先的に整備するかという点に集約されるものだったが、薩・長両藩の藩閥的対立も絡んで容易に方針の統一化は進まなかった。

将来的な国軍建設への展望を踏まえて考えるならば、広く四民に兵員素材を求める徴兵主義、旧幕府の遺産を軍制・用兵思想・士官教育などの諸分野で継承できるフランス式採用、対内軍備すなわち陸軍の整備優先を説く長州側の主張に、より高い妥当性を見出すことができる。しかし、「朝藩体制」(6)という維新政府の立脚基盤を考える時、諸藩兵の存在を前提としない形での軍事力整備は、現実問題として不可能だった。

長州藩論の実質的指導者だった大村益次郎も、建軍構想をめぐる意見対立について、「成功ヲ急ギ遽ニ姑息ノ兵制ヲ建テ候時ハ、害アルトモ益勿ルベシ」と断じ、当面「朝廷ノ兵制（維新政府の直轄軍）」を計画的に整備することにより、「暫ヲ以テ一藩毎ニ必ズ朝廷ノ兵制ニ効ラヒ、遂ニ皇国兵制数年ノ後必ズ一般ナルベシ」との現実的な見方を示していた。(7)

明治二年十一月二十四日、維新政府の軍事行政機関である兵部省（同年七月八日設置）は、国家規模での軍事力整備に関する「前途之大綱」(8)を策定した。ここでは、士官養成（教育機関充実）の急務や、フランス式にもとづく陸軍兵式の統一といった、大村益次郎の建議が採用される一方で、既存の諸藩兵を草高一万石につき一〇〇人の割合で常備兵化し、国家の有事に備えるという現実的方針が盛り込まれていた。

維新政府による対藩兵政策は、こうした大綱を踏まえつつ、明治三（一八七〇）年の二月から十二月にかけて実施されることとなった。これにより一連の兵制改革を強いられた諸藩の側では、「家中の武士は本来全員が戦士である」という旧来のコンセプトに亀裂を生じ、「常備兵」となった藩兵の職能化が進んでゆく。

またこれと併行して、軍中央の士官養成機関である大阪兵学寮への生徒差出しや、政府直轄軍を新規編制するための辛未徴兵差出しが、石高割という形で諸藩に課せられ、「朝藩体制」を足掛りとする全国軍制化も試みられた。

明治三年に維新政府が施行した一連の対藩兵政策は、軍中央が主導する兵制改革を通じて、それまで諸藩ごとに雑然とした状況にあった藩兵の編制や指揮機構を、国家的規模で統一化しようとするものだった。これはすなわち、石高に応じた兵力規模を定め、兵員資格を士族と卒族に限定し、兵式統一や階級制度の整備を実施すること等により、各藩兵を統一的な基準で再編することを目指す内容であったということができる。

明治三年二月二十日、維新政府は「常備編隊規則」(9)を公布し、諸藩に対する兵制改革の実施を指令した。その要点は、基幹兵力となる歩兵を草高一万石につき一小隊（定員六〇人）の割合で編制すること、兵士の資格を十八歳から三十七歳までの士族・卒族に限定すること等であり、兵式については「先ツ是迄相用来候式ニテ不苦」としていた。さらに歩兵と砲兵の編制基準が示されており、そのうち歩兵についてみると、「六十名ヲ以テ一小隊トス、五中隊ヲ以テ一小隊トス」とされていた。

この布告は、以後の各藩における「常備兵」編制の基準となったものだが、一小隊六〇人とする歩兵の編制方式については、当初から「方今ノ銃隊ニ而ハ不適当」との指摘があり、「兵法ニ不案内之人当座ノ利巧ニ而献言セシナル

図7　常備兵の編制方式

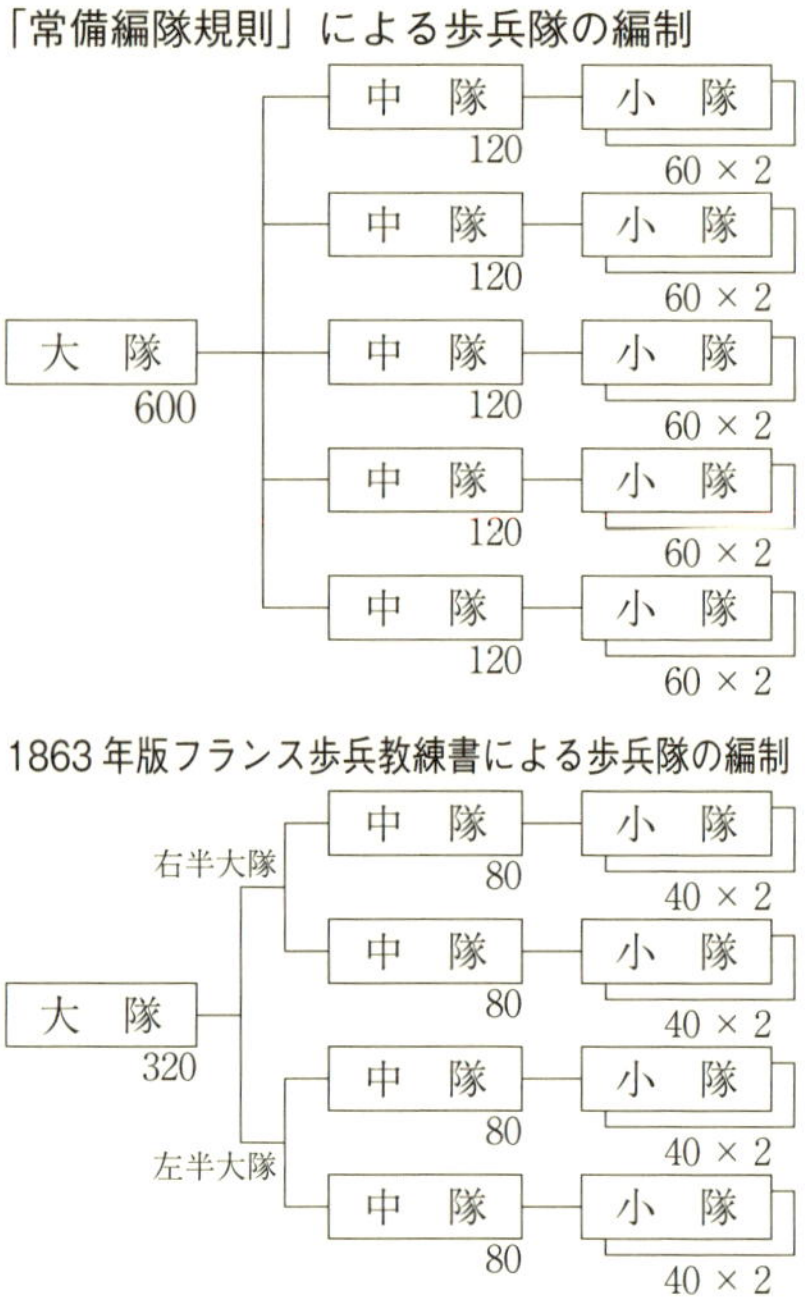

ベシ」という形で批判されていた。[10]「常備編隊規則」で示された歩兵の編制基準は、前装施条銃段階のフランス式（一八六三年版フランス歩兵教練書[11]）を踏まえたものと思われるが、一小隊を構成する定数をみると、フランス式では四〇人となっていて、兵部省の示した六〇人とは隔りがあった。

　思うにこの定数は、用兵上の条件というよりも、「常備兵」の編制規模を定めるにあたって、既存の藩兵をどの程度削減し得るかという政治的判断により決定されたものと考えられる。諸藩の常備兵数を草高一万石につき一〇〇人と試算していた「兵部省前途之大綱」でも「此百人ハ現在ニ付テ言フ、精ノ精ヲ選ハ百ニ充サルヘシ[12]」との認識を示しており、これに「慶安軍役令」などの前例を加味して策定された定数が、草高一万石につき六〇人という数字だったのであろう。

　次いで明治三年九月十日には「藩制」が布告され、諸藩の石高を現石で表示することと共に、その九パーセントを海陸軍資に充てることが定められた。その内訳は、海軍資（四・五パーセント）を政府に上納、陸軍資（四・五パーセント）を以て常備兵の経費に充てるというものだった。[13]

　また九月二十九日には、各藩の常備兵を現石で一万石につき六〇人とする指令が発せられ[14]、大幅な兵員削減がおこなわれることになった。草高をもとに諸藩兵の総数を算出すると、計算上一〇万三三五〇人であるが、現石をもとに

表3　諸藩草高よりみた集成兵力の算定

区　分	藩　数	草　高（石）	小隊数（累計）	兵員数（人）
大　藩	8	5,154,000	513	30,780
中　藩	39	8,827,744	690	41,400
小　藩	235	4,760,568	519.5	31,170
計	282	18,742,312	1722.5	103,350

＊大藩：40 万石以上、中藩：10 万石以上 40 万石未満、小藩：10 万石未満。
＊＊藩数は「常備編隊規則」布告時（明治 3 年 2 月 20 日）のもの。

表4　諸藩現石高よりみた集成兵力の算定

区　分	藩　数	現　石（石）	小隊数（累計）	兵員数（人）
大　藩	15	3,905,114	382	22,920
中　藩	27	2,133,031	201	12,060
小藩（1 万石以上）	111	2,484,673	194	11,640
小藩（1 万石未満）	120	659,139	65	3,900
計	273	9,181,957	842	50,520

＊大藩：15 万石以上、中藩：5 万石以上 15 万石未満、小藩：5 万石未満。
＊＊藩数は「藩制」布告時（明治 3 年 9 月 10 日）のもの。

した計算では五万五二〇人となり、ほぼ半減する。当時の日本の国力に応じた兵力は、「平時ニ於テ四万ノ兵員ヲ養成シ、戦時ニ於テハ増シテ七万ノ兵ヲ得ル[15]」という水準で考えられており、諸藩の常備兵を五万人程度の規模に抑制することは妥当な数字でもあった。

明治三年十月二日、維新政府は海軍をイギリス式、陸軍をフランス式とする兵式統一の布告を発し、「藩々ニ於テ陸軍ハ仏蘭西式ヲ目的トシ漸ヲ以テ編制相改候[16]」ことを下令した。諸藩にとっての陸軍の兵式とは、基幹兵力となる歩兵の編制や練成をフランスの教本に準じておこなうという狭義の内容にとどまるもので、陸軍兵学寮訳・刊の『官版　歩兵程式』がその準縄とされた[17]。これは、一八六三年版のフランス歩兵教練書[18]を邦訳したもので、前装施条銃段階の戦術に対応する内容のテキストだった。

明治三年閏十月二十日、維新政府は兵部省を通じ、諸藩に対して「大中小藩高ニ応シ」た形での陸軍生徒差出しを下令した。差し出される生徒の人数は、大藩九人、中藩六人、小藩三人という割合で、その期限は同年十二月十五日から二十五日までとされた[19]。これは、諸藩の士官教育を大阪の陸軍兵学寮が統轄しようとするもので、換言すれば、軍中央が養成した士官がそれぞれの藩に戻って自藩の常備兵を指揮するという図式により、諸藩の軍事力を国家の統制下に組み込んでゆくことを目指したものであった。

明治三年十二月二十二日、「各藩常備兵編制法」が公布され、先に発せられた「常備編隊規則」の細則としてこれを敷衍するものとなった。その要点は、概ね次のような内容である[20]。

① 各藩常備兵（歩兵）は大隊編制を基準とするが、現石一〇万石未満で兵力がその規模に達しない藩は、石高に応じ中隊もしくは小隊を編制する。

② 三中隊以上の常備兵を有する藩は、大隊に準ずるものとし、大隊長とその副官を任命できる。

③ 歩兵二大隊につき、砲兵一隊を編制する。ただし歩兵がこの規模に達しない藩（現石二〇万五石未満）は、砲兵隊の編制を任意とする。

④ 石高の端分に相当する兵力は、予備兵としても、兵員廃止としてもよい。

⑤ 各藩常備兵の階級制度を、全国的に統一する。個々の階級は、朝廷官位との相等関係を持つ。

⑥ 各藩常備兵は、別冊の「陸軍徽章　軍服軍帽等之部[21]」にもとづいて調製した、階級章付きの制服を着用する。

明治三年末の時点で存在していた藩数は二七三藩だったが、大隊規模の歩兵を有するのは三二藩（うち一〇藩は三中隊でこれに準ずるもの）、中隊規模が六五藩、小隊ないし半隊規模の兵力しか持たない藩が一七六藩という状況であった。一方砲兵については、大藩にとどまらず中小藩の多くが保有しており、幕末以来諸藩の中で西洋流砲術が盛行していた様子も窺われる。

階級制度の確立は、従来「兵士必ずしも鄙からず、士官と云ひ、下士と云ひ、兵士と云ふも、只現位置の名称[22]」と捉える傾向の強かった藩兵組織の中に、職分にもとづく命令服従関係を貫徹させるための、大きなきっかけとなった。また、朝廷官位との関係を持った階級制度により、諸藩の軍事組織を維新政府の職階の中に組み込むという意味を持つことになった。

表5　階級制度

上等士官	少　佐	藩庁から奏聞した上で任用	（正六位）
	大　尉	藩庁が任用し届出	（正七位）
	中　尉		（従七位）
	少　尉		（正八位）
下等士官	曹　長	少佐が任用し届出	（従八位）
	権曹長		（正九位）
	軍　曹		（従九位）
兵　卒	伍　長	同　上	（大初位）
	一等兵卒	（士卒）	（大初位）
	二等兵卒	（卒）	（小初位）

「陸軍徽章」は、「明治維新政府最初の軍服規定[23]」とされるものだが、政府が軍服を官給するのではなく、各藩それぞれでこの規定をもとに調製せよという内容だった。当時諸藩には、「各藩内指定の御用商人・仕立屋と謂へる者が相当存在して居た」といわれ、開港場から購入した洋服の型紙をもとに、「手縫とて大小和製の針を用い、手加減によってこれを縫い上げてゐた[24]」とされる。

維新政府によって進められた、諸藩兵の常備兵化にもとづく全国軍制構想は、明治三年を通して実施された一連の兵制改革を経て、逐次その体制を整えつつあった。これは、要するに、諸藩が保有する軍事力を維新政府に間接隷属させ、「各地方緩急応変ノ守備[25]」に充てようとするものだった。それはまた、「防勢消極[26]」を基調とした当時の対内的軍戦備を支える、現実的要素でもあった。

しかし諸藩の常備兵は、その構成素材を士族と卒族に限定していたことからもわかるように、封建的な身分関係を組織体質の中に残しており、近代軍への置換が困難だった。こうした問題点について、福知山藩の記録は次のように述べている[27]。こうした状況は、程度の差こそあれ、全国のほとんどの藩でも同様だった。

雖然隊伍之編制ハ未全ク旧括ヲ廃スルコト能ワス　士分ハ卒ト伍ヲ同スルヲ賎シミ士族ノ隊ヲ銃士隊ト称シ　卒族ヲ以テ編スルモノヲ銃卒隊ト号ス　銃士隊ヲ指揮スル者ヲ戦士頭ト云　銃卒隊ヲ指揮スル者ヲ者頭ト云フ　戦士頭ハ家老ノ次ニ位シ　者頭ハ側用人ノ次ニ位ス　故ニ隊伍中自ラ偏重偏軽アリテ互ニ相容レズ　銃士ハ銃卒ヲ軽侮シ銃卒ハ銃士ヲ蔑視シ　号令常ニ一ナラズ風紀モ亦従テ不整　軍政ニ預ル者頗其措置ニ苦ムト雖ドモ　未全ク其弊ヲ改革スルニ不及シテ遂ニ廃藩ニ至レリ

また、諸藩からの兵員差出しをもとに試みられた直轄部隊編制も、構成素材を士族・卒族に求めた「陸軍編制法」では、「兵士ハ何レ各藩ヨリ御徴可被為遊其長モ兵士モ合集ニテ人情難団結(28)」との批判に示されるような問題が内在していた。すなわち、兵士それぞれの自藩に対する帰属意識が、命令服従関係や部隊としての団結心を形成する上で、大きな障害となったのである。

この問題は「士族卒庶人に不拘」という形で、兵員素材から身分制を極力排除しようとした「徴兵規則」においてようやく止揚されるに至り、これにもとづいて編制された辛未徴兵は、のちの徴兵軍隊のプロトタイプとなっていった。

これら一連の対藩兵政策を経て、諸藩軍事力の改革は、逐次政府中央が主導する方向へと向かいつつあったが、明治四年七月十四日に廃藩置県の詔が発せられたことで、その流れを大きく変える結果となった。

廃藩置県により、諸藩の知藩事はその職を解かれて東京に移住することになったが、旧藩を改置したばかりの県行政については、「旧藩大参事以下ニ命シテ、仮ニ事務ヲ管理セシメ」[29]た。同時に旧藩の常備兵についても、「追而全国地方警備之御処分改テ被仰出候迄ハ先従前之通ニ差置」[30]とされ、「旧藩県兵」という形で暫時存続の方針が示された。しかし同年八月十八日には、「元大中藩之常備兵ハ其県下へ一小隊ツ、備置へキ事」[31]として、県兵隊の実質的解隊が指示されるに至った。ただ「元小藩ニテモ地方ノ形勢ニ依リ県下へ多少ノ兵隊備置候儀モ可有之事」[32]として、解兵にあたっての幾分かの猶予が示されていた。

いわゆる旧藩県兵の全面的解隊が下令されるのは、明治四年十一月に府県改置がおこなわれて以後のことであり、兵部省は次のような指令を発している。[33]

其県兵隊常備予備トモ来ル十二月廿五日限リ解隊原籍可復候尤地方出張ノ分ハ追テ帰県ノ上同様可取計此旨相達候也

辛未十一月廿二日　　兵部省

さて諸藩の常備兵は、廃藩置県後の旧藩県兵への改置を経て、鎮台兵に充当された者を除き、明治四年末までに全て解隊されるに至った。鎮台兵となった旧藩の常備兵は「壮兵」と呼ばれ、建軍期の日本陸軍の中で、「自ラ兵役ヲ望ミ出シ者ニシテ服役数年ヲ帯ヒ普ク武技ニ熟練シ一団精兵トナリ頗ル其便宜ヲ得ル」[34]ものと位置付けられていた。ちなみに「徴兵令」の施行後も「壮兵」は日本陸軍の中に残り、これが完全に徴兵と入れ替わるのは、明治十六（一八八三）年以降のこととなった。

註

（1）石井孝『明治維新の国際的環境』（吉川弘文館、一九六六年）七八二頁。
（2）東京大学史料編纂所蔵版『明治史要』（東京大学出版会、一九六六年）五四頁。
（3）鳥取藩史編纂所編『鳥取藩史　第三巻』（鳥取県、一九七〇年）二三四頁。
（4）山県有朋『越の山風』（東京書房、一九三九年）一三一〜一三三頁。
（5）「兵庫県知事建議　元年十月十七日」（内閣記録局編『法規分類大全45　兵制門（1）』原書房、一九七七年）一一頁。
（6）福島正夫『地租改正』（吉川弘文館、一九六八年）五七頁。
（7）「朝廷之兵制　永敏愚案」（由井正臣ほか編『日本近代思想体系4　軍隊 兵士』岩波書店、一九八九年）八頁。
（8）「兵部省前途之大綱」（前掲『法規分類大全45　兵制門（1）』）二三〜二四頁。
（9）「兵部省達　三年二月二十日　各藩」（同右）二四〜二五頁。
（10）伊地知正治「兵制愚考」（立教大学日本史研究室編『大久保利通関係文書一』吉川弘文館、一九六五年）八四頁。
（11）田辺良輔訳『仏蘭西歩兵程式　生兵教練之部』（養素田辺氏蔵梓、一八六九年）によれば、戦術単位としての一大隊は、四中隊から成り、戦闘単位である中隊は、二小隊で編制される（同書、一丁）。
（12）「兵部省前途之大綱」（前掲『法規分類大全45　兵制門（1）』）二三頁。
（13）「太政官日誌　明治三年第三十八号」（橋本博編『改訂維新日誌　第二巻』名著刊行会、一九六六年）一二五頁。
（14）「各藩へ達」（前掲『法規分類大全45　兵制門（1）』）三三頁。
（15）山県有朋「徴兵制度及自治制度確立の沿革」（国家学会編『明治憲政経済史論』国家学会、一九一九年）三九五頁。
（16）「布告」（前掲『法規分類大全45　兵制門（1）』）三三頁。
（17）陸軍兵学寮訳『官版　歩兵程式』（陸軍兵学寮、一八六九〜一八七〇年）。操練・小隊・大隊・撤兵の五冊構成。
（18）原書名は、***Règlement du 17 juin 1863 sur l'exercice et les manœuvres de l'Infanterie*** である。
（19）「諸藩へ達」（前掲『法規分類大全45　兵制門（1）』）三四頁。
（20）「兵部省へ達」（同右）四〇〜四三頁。
（21）「太政官日誌　明治三年第六十四号」の別冊として、色刷木版の仮綴本という体裁で頒布された。

(22) 島内登志衛編『谷干城遺稿　上』(靖献社、一九一一年)二三五頁。
(23) 太田臨一郎『日本近代軍服史』(雄山閣、一九七二年)一四四頁。
(24) 大阪洋服商同業組合編『日本洋服沿革史』(大阪洋服商同業組合、一九三〇年)五三・五九頁。
(25) 「府藩県へ達」(前掲『法規分類大全45　兵制門(1)』)三五頁。
(26) 松下芳男『明治の軍隊』(至文堂、一九六三年)一三頁。
(27) 「朝暉神社文書　軍務」(福知山市史編さん委員会編『福知山市史　史料編二』福知山市役所、一九八〇年)九八頁。
(28) 「新太久馬意見書」(早稲田大学社会学研究所編『中御門家文書　下巻』同研究所、一九六五年)一三頁。
(29) 前掲『明治史要』二五一頁。
(30) 「廃藩ノ令出ツルモ藩兵ノ設備ハ姑ク旧ニ依ル」(前掲『法規分類大全45　兵制門(1)』)四七頁。
(31) 東京大学史料編纂所蔵版『明治史要　附表』(東京大学出版会、一九六六年)「附録表」八〇頁。
(32) 同右。
(33) 「京都府史料　六十　府史附編　旧園部県立庁始末」(国立公文書館蔵)。
(34) 「徴兵令」緒言(指原安三編・吉野作造校『明治政史　上巻』日本評論社、一九二八年)一七一頁。

二、水戸藩の兵制

慶応元（一八六五）年に天狗党の騒乱を鎮圧して以降、水戸藩の藩政は諸生党が握っていた。慶応三（一八六七）年の大政奉還から王政復古に至る政局の激変を背景に、維新政権の下で水戸藩政の正統となったのは、京都本圀寺詰の水戸藩士約三〇〇人であった。

この本圀寺党は、もともと尊王攘夷論に共鳴する者が多く、国元の諸生党とは対立的立場にあったが、幕末の京都では徳川慶喜の私兵同様に動いて来た(1)という経緯があり、討幕・佐幕何れの勢力からもその去就を疑われていた。慶応四（一八六八）年一月十四日、在京の本圀寺党藩士は、こうした状況を打開すべく「藩政回復の為め一同東帰」を有栖川宮と徳川慶勝へ請願し、併せて三条実美に「除奸反正の勅書」下賜を上陳した(2)。

朝廷は一月十九日、「速ニ鈴木石見市川三左衛門始奸人共加厳罰忠邪之弁ヲ明シ藩屏之任ヲ不失様処置可致」旨の勅書を徳川慶篤宛に下賜し、在京藩士の東帰を許した(3)。家老鈴木重義以下三〇〇余人の本圀寺党は、翌二十日に京都を出発。二月十日に江戸へ到着すると、鈴木重義らは直ちに西の丸へ登城して徳川慶篤に勅書を手渡し、藩政改革の朝命を上申した(4)。

水戸藩主徳川慶篤は、鈴木石見・市川三左衛門・佐藤図書・朝比奈弥太郎・大森弥三衛門に「五奸均しく割腹(5)」を命ずる一方で、「一時随従致候輩ハ勿論譬党与之者タリ共以後屹度改心致候ハヾ既往之義ハ御咎無之夫々御採用可被

遊候」とし、「一統其旨奉承知各職務相守リ謹慎ニ可罷在」ことを下令した。(6)

この命が水戸に達せられると、国元では「奸徒必死トナリ之ヲ抗拒シ遷延日ヲ渉リ容易ナラサル形勢」へと立ち至り、三月八日には、藩主自らが「御帰国ノ上勅意ヲ御奉行一藩ヲ御鎮定サレ候外有之間敷」状況となった。(7)かくて三月十二日、鈴木重義は士衆数百人を率いて「一戦ニ及ベキ覚悟シテ兵器等ヲ準備シ」、江戸を発った。(8)

鈴木ら一行が水戸に到着したのは三月十六日だったが、この時諸生党五〇〇人余は既に水戸城下から会津へ向けて脱走していた。翌十七日には、江戸を発した藩主徳川慶篤が就藩し、それを機に「除奸反正」を名分に掲げた藩政改革が緒に就くこととなった。(9)

（一）戊辰戦争期の兵制

この時点で急務とされたのは、諸生党追討に向けた藩内の軍事体制を構築することであり、「方今宇内之形勢変遷致候ニ付而ハ御軍制之儀時世ニ適当実用ニ照候義御急務之筋ニ付」という観点から、中士以下の家臣団を次のように再編する旨の令達が発せられた。(10)

一　大番一ト組組頭壱人外三拾人高当分之内五組ニ被　仰付候
一　御馬廻リ弐組ニ被遊一ト組組頭壱人外三拾人高ニ被　仰付候
一　小従(ママ)人右同断被　仰付候
一　御徒　右同断被　仰付候

一　御持同心当分之内三組御先手同心組数是迄之通リ壱ト組小頭壱人外三拾弐人高被　仰付候
一　御留守居同心当分之内五組人高是迄之通リ被　仰付候
一　御備筒同心保護隊同心御広ニ相成候

次いで三月二十日には、鈴木重義を陣将とする追討軍一、〇〇〇余人が、水戸を発して奥州を目指した。本隊に先行して野村鼎実・長谷川允迪の両名は、会津若松へ入ったが、諸生党の所在を探知することはできなかった。かくて白河に滞陣していた追討軍は、「一とまず引揚げ踪跡を詳かになし上更に出陣然るべしと決し」て帰途に就くことになった。途中徳川慶篤危篤の報に接して行程を急ぎ、四月十一日に水戸へ帰陣したが、既に慶篤は四月六日に死去していた。(11)この後、水戸藩では、国元へ戻った藩兵の近代化、洋式化に着手し、再度の追討に備えた。次に示すような陣中装束の洋装化という令達もその一環である。(12)

諸向へ
戎装御改正之儀被　仰出候ニ付御調練之節も一同戎装と相心得可申候当分神勢館其外ニおゐて壱組進退等小調練之節も戎装勝手次第ニ候条其旨可被相心得候

これは、維新政府が諸藩へ東征参加を促すにあたって下達した「銃隊砲隊の外、用捨致し候」ことや「無用の衣類・雑具等持参用捨致し候」旨の指令を受けて、(13)実施されたものと思われる。ちなみにそれまでの水戸藩兵は「出張之節一統立付伊賀袴」で、背に「半月御印」を付けた陣羽織を着用し、陣笠をかぶるという和風の出で立ちだった。(14)

慶応四年七月、水戸藩では「奸徒追討」のため越後に向けて藩兵を出動させた。まず同月九日、武田金次郎の率いる先鋒隊三四〇人が征途に就き、次いで二十八日には七〇〇人（士分二五〇人、同心二五〇人、足軽二〇〇人）から成る追討軍が水戸を発した。その編成は次のようなものであった。[15]

陣将	山口徳之進	先鋒隊長	武田金次郎
衝撃隊長	岡田留蔵	軍監	服部久大夫
軍監	村田長三郎	先鋒隊長	川村松太郎
先鋒隊長	久方彦介	行人	里見直之進
行人	谷勇次郎	軍司	長谷川作十郎
遊撃隊長	小池千太郎	新募隊長	鳥居沖之助
遊軍隊長	酒泉金三郎		

越後に入った水戸藩兵は三条に至り、会津征討越後口総督（仁和寺宮嘉彰親王）の指揮下に加えられた。その後遊撃隊（一〇〇人余）は八十里越、新募・遊軍両隊を率いる本隊（約四〇〇人）は津川口を経て会津若松を目指した。また衝撃隊（二〇〇人）は、荘内口へ進み、別行動をとっていた先鋒隊は三条で仁和寺宮の警護にあたった。[16]

会津藩が降伏すると、総督府は若松城下へ入った水戸藩兵に「松平肥後父子並当地警衛」[17]を命じた。また庄内藩の降伏により、衝撃隊は鶴岡城下に進軍し、同地に滞陣した。この時追討軍に、諸生党が水戸へ進攻する旨の情報が入った。会津若松・鶴岡・三条に在った各隊は、それぞれ追撃のため水戸へ向かった。

九月二十九日、諸生党約三〇〇人は旧幕兵や会津・長岡藩の残兵と共に水戸城下に来襲し、弘道館に入った(18)。水戸藩では、家中の藩士を総動員して城中の守備に就かせると共に、援兵として松岡藩から三〇〇人(19)・宍戸藩から四〇人(20)・守山藩から一小隊(21)を招集した。

城下における戦闘は、十月一日から二日にかけて、城中と弘道館で対峙した両軍の攻防という形でおこなわれた(22)。二日間にわたる戦闘で大きな損害を受けた諸生党側は、「二日の夜明け、まだ暗いうちに弘道館をすてて落ちのびた(23)」とされる。この戦闘を体験した水戸藩士の一人落合秀一は、次のような参戦記を残している(24)。

明治元戊辰冬十月朔脱奸乱入汝以徒士久保町口固守烏賊猛烈侵入遂蹂躙外郭敵味方悉混淆幾不相弁汝知不可為交綏而入　城時賊長清水某潜兵直入史館要撃老兵我聞之同意之士以数人横撃之賊益疲　数隊撃平之又乱入於弘道館血戦累日殺傷相当々是時我　官将択勝兵繞出賊後夾撃大破之禽殺賊魁悉逐支党斬獲頗多賊等皆披靡遂大敗積逃去

諸生党が城下から逃亡すると、水戸藩では執政三木之経を陣将に追討軍を編成し、「純真隊」と命名した。同隊は、一～三番に至る歩兵隊に砲隊を附属させたもので、一番隊長の尼子扇之介が指揮を執り、兵数は五〇〇人余であった(25)。また東京の藩邸からも「有合之人数三百人程(26)」が、執政興津所左衛門を陣将に下総へ派遣された。

さて、水戸を脱した諸生党ら一行は、玉造から舟で霞ヶ浦を南下し、藩領を抜けて下総へ向かった。このうち長岡藩兵と旧幕軍兵士ら八九人は(27)、十月五日に銚子で高崎藩に投降したが、諸生党はこれを拒んで八日市場方面へ進んだ。追討軍が八日市場宿の諸生党に追いついたのは十月六日であり、「夫より中台村に至り大戦に相成松山に於て顔首二十六打取仕(28)」という形で、諸生党を壊滅させた。

自藩の領内において諸生党を迎撃するにあたって、水戸藩が動員した兵力は一、七六八人に及び、戦死者一〇八人と戦傷者一四一人を出した(29)。これに対して維新政府は、「藩兵死傷者に賜与」という名目で、水戸藩に金一〇〇両を給している(30)。ここにおいて水戸藩は、朝廷に対して除奸と藩治回復を徳川慶篤の名義で上奏した(31)。

臣慶篤先般先代譴責之奸人鈴木石見市川三左衛門初処置方之儀厚御沙汰ヲ蒙リ恐悚之至奉拝膺夫々処置振申付候得共其以前三左衛門初多人数国元致脱走候始末其砌一応奏聞仕尚右三左衛門等過日城下江侵入候節家臣共死力ヲ尽連日攻撃仕斬獲数多有之奸賊共大抵誅戮ヲ加方今国内粗鎮定之姿ニ立至リ候段畢竟聖朝御威命之所致ニ而天恩優渥真ニ不堪感激拝謝之至ニ奉存候依而ハ早速登京之上前段復命之儀奏聞可仕之処病中ニ付家臣鈴木縫殿為差登此段為奉言上候誠惶誠恐頓首謹言

水戸中納言
慶　篤　花押

十月

（二）徳川昭武の襲封と兵制改革

慶応四年四月六日に藩主徳川慶篤が没したのち、水戸藩では「喪を秘して(32)」藩政の回復に努めた。一方、フランスのパリへ留学中であった徳川昭武に朝廷から帰国の召命が発せられ、明治元（一八六八）年十一月三日に日本へ帰着した。

十一月五日、水戸藩は徳川慶篤名儀で「民部大輔事養子為仕度」[33]旨を朝廷に嘆願し、同月十八日にこれが許可された。次いで慶篤の隠居と昭武への家督相続に関する嘆願も、十一月二十五日付で許可され[34]、昭武は藩主に就任した。

他方、維新政府は同年十一月二十三日徳川昭武に対し、箱館征討を命ずる次のような指令を発している[35]。

徳川中納言

此度、脱艦追討之儀、徳川新三位中将へ被仰付候処、幼若之儀ニモ有之、慶喜自分出張仕度段願之次第モ候得共、御沙汰ニ難被及ニ付、養子民部大輔へ出張被、仰付候間、速ニ奏功奉安　宸襟候様、尽力可致旨　御沙汰候事。

行　政　官

藩主への就任と同時に水戸へ赴いた徳川昭武は、家中の軍制整備を急務としつつも、当面「喪に在るを以て未だ出軍せざりし」[36]状況にあった。しかし十二月に入って箱館への出兵命令が発せられたのを受け[37]、同月二十三日には急遽家中に出軍の準備を命じた[38]。続いて同月二十七日、次のような布達が発せられ[39]、出兵準備と一体的に軍制改革を実施してゆく方針が明示された。

諸向江

此度御軍制非常之御改革被遊候ニ付軍事惣裁とメ御家老へ被仰付軍務筋都而為御任ニ相成候ニ付以後御軍制之儀軍事局ゟ御達ニ相成条諸伺等都而同所へ申出候様可被致候

明治元年十二月二十八日、水戸藩では「政務軍事会計三処御取立」(40)を布達し、明治二（一八六九）年一月には、諸役の改正が実施された。このうち「軍事局」についてみると、総督の下、幹事・局長・器械奉行・局長添役・厩監・軍事役によって構成され、従前の御調練司をその管下に収めるものであった(41)。

また一月十六日、兵制改革に関する次のような布達が発せられ(42)、従来の武職の名称を全廃して全ての士卒を洋式銃隊に組み込んでゆく方針が打ち出された。

諸向へ

此度御軍制非常御改革被遊御書院番大御番初諸同心ニ至ルマテ壱組四十四人高ニ被遊諸士以上之儀ハ不残衝撃隊諸士以下被召出以上之分ハ同別隊諸同心之儀ハ不残軽鋭隊ト相改夫々番号相立隊長副長被仰付候尤御書院番初諸役席之儀ハ是迄之通リ御居置被遊兵隊之儀ハ惣而前文之通相心得以後諸願諸届其外総而隊長副長ニ而取扱候様可被致候右ニ付御書院番所大御番所諸御門番ニ至迄夫々御改ニ相成候条其旨相心得支配々々迄可被相達候事

これらの銃隊はそれぞれ身分別の編制となっており、衝撃隊・衝撃別隊は士分、軽鋭隊は卒、軽鋭別隊は領内で取り立てた農民から構成されていた(43)。また各隊は四四人から成る通し番号の付いた「組」を基本単位として編制されたが、これは前装施条銃段階のオランダ式における一小隊に相当し、「二十二伍の執銃兵を以て二列火線」を形成するものであった(44)。その他水戸藩では、洋式の野戦砲を装備した砲隊を編制していた。

この間、一月十日には徳川昭武に対し「最早出張ニ不及旨」(45)が達せられたが、水戸藩では藩兵の出動を請願した。その願意を容れた維新政府は、一月二十五日、次のような達を以て同藩兵の箱館出兵を下令した(46)。

徳川小将

其方箱館出張之儀、最早不及旨、過日被　仰出候処、願之趣モ有之ニ付、更ニ精兵二百人、海路出張被　仰出候条、尽力奏功可有之旨、御沙汰候事

正月　　　　　　　　　　行政官

箱館に出兵した水戸藩兵は、軍監村田長三郎の下、軽鋭隊二隊・軽鋭別隊一隊の歩兵三小隊と砲隊を戦兵とし、それに小監察・軍事方・器械方・医師・会計などの諸員が随行するという編制をとっており、人数は二一九人[48]だった。[47]その後兵力を二分し、箱館を目指した。軽鋭隊二隊を主力とする部隊は、東京・青森を経て海路蝦夷地に向かい、四月十六日、江刺へ上陸した。その後兵力を二分し、箱館を目指した。軽鋭隊二隊を主力とする部隊は、松前・木古内方面から進み、四月二十九日、矢不来で旧幕軍と激戦になった。また軽鋭別隊一隊を主力とする部隊は本道を進み、五月十一日、二股口・赤川・神山において、旧幕軍と交戦した。[49]

五月十八日、榎本武揚以下の旧幕軍が降伏し、箱館は平定された。青森口総督府清水谷公考は、五月二十四日、水戸藩兵に感状を下した。[50]箱館出兵により、水戸藩では戦死者七人・陣没者一人・戦傷者二一人を出した。[51]水戸藩兵に「帰国休兵」の命が下されたのは、同年六月のことであり、その後九月十四日になって徳川昭武へ、三、五〇〇石の賞典禄が下賜された。[52]

明治二年一月二十日、薩・長・土・肥四藩の藩主が、連署上表して版籍奉還を朝廷に願い出たのを機に、各藩もこれに倣って同様の上表をおこなった。水戸藩では、同年三月に版籍奉還を上奏し、六月十七日、徳川昭武へ「水戸藩

知事被　仰付候事」との沙汰が下されている。[53]次いで六月二十五日、維新政府は藩の「諸務変革」を下令し、併せて十月中にこれを録上するよう命じた。この中で藩の保有する軍事力についても、「藩士兵卒員数取調可申出事」[54]を命じ、まずその規模を掌握することに努めた。

続いて七月八日には「職員令」が発せられ、知藩事の職務について、「掌知藩内社祠。戸口名籍。字養士民。布教化。敦風俗。収租税。督賦役。判賞刑。知僧尼名籍。兼管藩兵」[55]と明示された。水戸藩では七月十四日、前出の「諸務変革」に関する維新政府の指令に対し、疑問点を弁官へ問い合わせた。このうち藩兵の項目についてみると、「万石以上ニ兵隊人員何程備置可然哉」との伺に対し、「追テ一定ノ御規則可被　仰出候間先ツ是迄ノ通可相心事」という回答がなされている。[56]

版籍奉還後の府藩県三治一致制の下で、藩は府県と並ぶ地方行政体に位置付けられ、維新政府が「藩治」そのものに一定の統制を加えることが可能となった。しかし藩兵に対する統制策は、政府中央の方針が「諸務変革」を布達した段階で明確化されていなかった。維新政府の対藩兵政策は、明治二年十一月二十四日付の「兵部省前途之大綱」を踏まえて具体化され、後述する明治三年の「常備兵」編制に向けた兵制改革指令を通じ、実施されることとなる。

さて、水戸藩における藩政改革は、明治二年八月、職制の改編や、旧来の役格禄制を廃止して新たに班席等級を設けることなどを通じ、朝命を奉じて「万端簡易之御制度ニ被遊」という形で着手された。[57]まず八月四日、藩の政事堂から職名の改称が布達されると共に、藩政改革にあたっての「庶務取扱掛」が任命された。[58]ちなみに「軍事掛」は、酒泉彦次郎と藤田太三郎の両名であった。

次いで八月十日、衝撃隊の番隊組替えがおこなわれ、同隊は一～五番と拾壱～拾六番の一一小隊から構成されるものとなった。また同日、親衛隊が廃止され、一～四番隊から成る遊撃隊へと改編されている。[59]

さらに八月二十九日には、「等職相当表」に対応する形で、藩治に携わる職員と藩兵の職金が定められた。このうち、藩の軍制事務を担当する「軍事寮」と、藩兵そのものを構成する「海陸軍（註：実質は陸軍のみ）」について、表6（九六頁）に示した。[60]

この兵制改革を経て、水戸藩兵は歩兵六大隊と砲兵二隊の編制となった。各歩兵大隊の構成は次のようなものであった。[61]

第一大隊
衝撃隊（三番・十四番）
遊撃隊（二番）
軽鋭隊（三番・八番・十番・十一番・二十五番・三十三番）
軽鋭別隊（三番）
第二大隊
衝撃隊（十一番・十五番）
遊撃隊（三番）
軽鋭隊（七番・九番・十二番・二十六番）
軽鋭別隊（一番・三番・六番）
第三大隊
衝撃隊（二番・十二番）

衝撃別隊（一番・二番）
遊撃隊（四番）
軽鋭隊（五番・六番・十三番・十四番）
軽鋭別隊（五番）

第四大隊
衝撃隊（四番・十三番）
衝撃別隊（三番）
遊撃隊（一番）
軽鋭隊（四番・十五番・十六番・十七番・十九番・二十番）

第五大隊
衝撃隊（五番・十六番）
軽鋭隊（二十一番・二十三番・二十四番・三十一番・三十二番）
軽鋭別隊（四番）

第六大隊
衝撃隊（一番・十九番）
衝撃別隊（四番）
軽鋭隊（一番・二番・二十二番・三十番・三十四番）

表６　水戸藩兵の等級と職金

	軍事寮	器械署	厩牧署	海陸軍
第一等				
第二等	都督（600両）			
第三等				大隊長（350両）
第四等	権少参事（250両）			半大隊長（230両）
第五等				衝撃隊長 遊撃隊長（200両）
第六等				衝撃別隊長 大砲隊長（140両） 軽鋭隊長 軽鋭別隊長（130両） 四番衝撃別隊長 一番・二番・三十番 軽鋭隊長（110両）
第七等	管務（100両）			衝撃隊副長 遊撃隊副長（40両）
第八等		監事（50両）	監事（50両）	衝撃別隊副長（40両） 衝撃隊（30両） 一番～十番
第九等	兵曹（33両）			大炮隊副長（35両） 軽鋭隊副長 軽鋭別隊副長（40両） 衝撃隊（18両） 十一番以下
第十等上			主乗（15両）	衝撃別隊（9両）
第十等下		主薄（13両）	主薄（13両）	衝撃別隊（9両）
等　外	筆生（9両）	属吏（8両）	属吏（8両）	軽鋭隊卒（7両） 三十番・三十三番（5両） 一番・二番（4両） 三十番（3両） 軽鋭別隊卒（3両）

御附金

- 遊撃隊士（10両）
- 衝撃隊・遊撃隊・左右嚮導、同半隊嚮導（10両）
- 一番遊撃隊嚮導（2両2分）
- 衝撃別隊左右嚮導、同半隊同断（3両）
  但四番嚮導（1両2分）
- 軽鋭隊左右嚮導、 同半隊同断（1両2分）
  但一番・二番・三十番嚮導（2分）
- 同別隊同断、同断（3分）
  但士枠でこの立場を勤める者（2両2分）

オランダ式の大隊は、四中隊（八小隊）に散兵一中隊（二小隊）を加えた一〇小隊から構成される。[62] 水戸藩では、一〇小隊編制の第一～第四大隊が本隊（二レジメントに相当）、八小隊編制（散兵中隊を欠く）の第五～第六大隊が予備隊であったと思われる。兵員数は、兵士九七二人、兵卒砲手二、七七八人、大隊長以下諸隊長以上六五人の、計三、八一五人であった。[63] また水戸藩の所有兵器についてみると、前装施条銃（Voorlader Getrokken Geweer）二、四五六挺、後装式スナイドル銃（Snider Rifle）五二六挺、スタール騎銃（Starr Carbine）四八挺、四斤砲（Getrokken Kanon Van 4K.G.）一三門、携帯臼砲（Hand Mortier）一二門などが録上されている。[64]

また水戸藩は、明治二年十一月の東京府による「府兵」設立に際し、藩兵の差出しをおこなった。これは、「兵部省ゟ差送り相成候諸藩兵士を以府兵之姿ニ組立」[65]たものであり、市中を六大区に区分した上で、その中の小区ごとに各藩の担当を定めていた。水戸藩兵は、第三大区の三区と第五大区の七区を持場として、[66]市中取締にあたった。府兵の総兵数は二、一〇五人で、[67]各小区には一小隊程度の兵力が配備されていた計算となる。水戸藩の担当は二小区であることから、二小隊を東京に送ったものと考えられよう。ちなみに東京府兵は、明治四（一八七一）年の廃藩置県後に解隊された。

（三）水戸藩常備兵の編制

明治三年、維新政府は一連の対藩兵政策を通じ、版籍奉還後の府藩県三治一致制を背景とする、諸藩軍事力の統制に着手した。これは、石高に応じた兵力規模や兵式・指揮組織などを統一化し、諸藩兵を国家的規模で再編しようとするものだった。

これは要するに、既存の諸藩兵を「常備兵」に改編して維新政府に間接隷属させ、「各地方緩急応変ノ守備[68]」に充てようとするものであった。それはまた、直轄軍事力の編制規模が限定的だった維新政府にとって、対内的軍備[69]という当面の優先課題を補完する、現実的な要素でもあった。

明治三年二月二十日、維新政府の中央軍政機関である兵部省は、「常備編隊規則」を布達して、諸藩に兵制改革の実施を下令した。これを受けた水戸藩では、三月十日に至って藩内へ回達し、追々藩兵の改革に着手する旨を予告した[70]。

今般兵制之儀ニ付兵部省ゟ別紙ノ通被　仰出候ニ付而ハ於本藩モ　朝意ヲ奉体シ追々御改制之儀相達候事許モ可有之候条其段兼而相心得候様可致候右之趣支配々々ニモ可相達事

二月廿日　　諸向江

兵部省江月番藩御呼出ニ而御渡之御書付并別紙壱通之写

兵制ハ天下一途ニ無之而ハ不相叶ハ勿論之儀ニ付先般兵学寮被設置近々各藩ヘモ入寮被差許一定之制式ニ相帰候様御運ヒ相成候得共即今常備之処編隊員数別紙之通御規則被相定候此段相達候事

各藩

二月　　兵部省

定

歩兵隊

六十名ヲ以テ一小隊トス二小隊ヲ以テ一中隊トス五中隊ヲ以テ一大隊トス則十小隊

但嚮導以上諸有司右定員之外タリ

砲兵隊　野戦山用

砲二門ヲ以テ一分隊トス三分隊ヲ以テ一隊トス則砲六門

兵士年齢ハ十八歳ヨリ三十七歳迄タルヘキ事

但是迄隊士中卅七才已上ト雖モ人ニヨリ強壮之者ハ格別之事

練兵式之儀ハ先ツ是迄相用来候式ニ而不苦候事

このうち基幹兵力となる歩兵の編制基準は、草高一万石につき一小隊の割合とされ、兵員資格も士族と卒族に限定されていた(71)。次いで兵部省は「砲兵歩兵編制式(72)」を発布し、各藩常備兵の編制に関する細則を指令した。

水戸藩では明治三年六月に至って兵制改革に着手した。その際、「今般兵部省御達ニ基キ別紙相当表并ニ編制式之通兵制御改正ニ相成候条其旨相心得候」と共に、「従前之隊号都而御廃止向後小隊ニ御改奇偶順序ヲ以一中隊ニ御組立ニ相成候事」が布達された(73)。

草高三五万石の水戸藩では、常備兵の編制規模を単純計算すると、歩兵が三五小隊（三大隊半で兵員数二、一〇〇人）・砲兵が一隊と二分隊（砲一〇門で兵員数二一〇人余）となる(74)。しかし実際には、「歩兵第一大隊第二大隊并ニ砲兵一隊ヲ常備兵第三大隊第四大隊ヲ予備兵ト御定ニ相成候事(75)」との基本方針にもとづき、同年七月に次のような編制になった(76)。

常備兵（第一・第二大隊）

大隊長　　下副官　　兵士（八等・九等）

中隊長　裨官　兵士（十等上・下）
副官　嚮導　兵卒
小隊長　楽手長　楽手
旗手　土工卒
運輸卒

第三大隊
大隊長　嚮導　兵士（八等・九等）
中隊長　楽手長　兵士（十等上・下）
旗手　兵卒

第四大隊
大隊長　嚮導　兵士（八等・九等）
中隊長　兵士（十等上・下）
小隊長　兵卒

砲兵
隊長　下副官　砲卒

副官　裨官　楽手
分隊長　土工卒
運輸卒

遊撃隊
隊長　裨官　隊士
中隊長　嚮導
小隊長

土工隊
隊長　隊卒

運輸隊
隊長　隊卒

士官・下士官を除いた水戸藩兵の兵員数については推定の域を出ないが、第一から第四に至る歩兵大隊が各六〇〇人、砲兵一〇四人、遊撃隊が一七六人、土工隊・運輸隊が各六〇人の計二、八〇〇人前後と考えられる。[77]これは、明治二年段階における兵士・兵卒・砲兵の合計三、七五〇人[78]に比較すると、相当規模で兵員の削減が進められたことを示している。

おそらく、農兵から成る軽鋭別隊の全面解隊や年齢による兵員資格の制限、個々の兵員の適性審査等を通じ、一千人近くにも及ぶ人員削減を強行したのであろう。それでも、草高に対応する兵員数の規定からみると、五〇〇人程多めであり、兵数削減の難しさが窺われる。

また兵式についてみると、水戸藩は明治三年四月十七日に東京駒場野で実施された天覧調練へ、オランダ式の歩兵三小隊を参加させている[79]。前出「常備編隊規則」にもとづく兵制改革では、「練兵式之儀ハ先ツ是迄相用来候式ニ而不苦」としており、同年六~七月の時点で水戸藩兵は、引き続き前装施条銃段階のオランダ式を練兵の準縄としていたと考えられる。

明治三年九月十日、維新政府は「藩制」を施行し、現石にもとづいて「知事、参事以下ノ職員、海陸軍資庁費及ヒ知事士卒（士卒二等ノ外、別ニ等級ヲ立ルヲ許サス。）ノ家禄ヲ定メ[80]」ることとなった。これにより水戸藩では、「藩高五万七千七百弐拾九石五斗二升四合」の現石に対し、海陸軍資が「五千百九拾五石六斗五升七合一勺六才」、官禄并士族家禄が「弐万六千弐百八拾壱石壱斗五升五勺」とされ[81]、この中から藩兵組織に関する諸経費が支出された。

海陸軍資は、現石の九パーセントを占めるもので、「其半ヲ海軍資トシテ官ニ納メ半ヲ陸軍資ニ可充事[82]」とされており、後者の陸軍資が藩の常備兵費となった。また、士官以下兵卒に至る藩兵の給与は、家禄を併せた官禄の形で定められていた。

次いで同月二十九日には、「現米一万石ニ付士官ヲ除ク之外兵員六十人ヲ以テ先ツ常備ト被相定候事[83]」が下令された。これにより水戸藩常備兵の編制規準は、それまでの草高三五万石から現石五万七七三〇石となり[84]、再度の大幅な兵員削除を強いられることとなった。

水戸藩の現石高は、草高のわずか一六・五パーセントであり、常備兵の編制規模についてみれば、六分の一程度に縮小することを余儀なくされた。現石にもとづく常備兵編制にあたっては、一万石未満の石高に対応する規準として、「七八千石ナレハ一小隊(85)」とされており、これに従えば水戸藩の常備兵は歩兵六小隊（三中隊で兵員数三六〇人）に砲兵を加えた編制となる。

明治三年十一月に施行された水戸藩の「禄制定則(86)」をみると、常備兵を構成する武官の職は次のようになっている。

中隊長	裨官	歩兵
小隊長	嚮導	砲兵
分隊長		楽手
		土工卒
		運輸卒

なお、この時点でも遊撃隊は残置されており、「御附金」として隊士には十両・嚮導には一五両が支給されていた(87)。砲兵については、後述する「各藩常備兵編制法」でも、「砲兵ノ備否便宜ニ可任事(88)」とされており、従前の編制規模が保たれていたと考えられる。

この間、明治三年十月二日には兵式統一の布告が発せられ、「藩々ニ於テ陸軍ハ仏蘭西式ヲ目的トシ漸ヲ以テ編制相改候(89)」ことが下令された。同年十一月に改編された水戸藩常備兵も、この指令に従ってフランス式へと兵式を転換したものと思われる。

ここにいうフランス式とは、前装施条銃段階の一八六三年版フランス歩兵操典にもとづく教練法を指し、陸軍兵学寮の翻訳した『官版　歩兵程式』[90]がそのテキストとして用いられた。この操典に示された軽歩兵とは、「非常健脚な者を集めて置いて、さうして急場の所を彼方此方と防ぐに用ゐる」[91]兵種であり、身長や体力といった条件が兵員の適性を左右した。水戸藩でも、こうした身体的条件にもとづく適否を掲げて、藩兵の大幅削減を進めたであろうことは想像に難くない。

明治三年十二月二十二日には「各藩常備兵編制法」が布達され、既出「常備編隊規則」の細則を示すものとなった。ここで注目されるのは、各藩常備兵の階級制度を統一し、「陸軍徽章」[92]にもとづく軍服を制定したことであろう。水戸藩がこの布達にどのように対応したのかについては、現在のところ敷衍できる史料が見出されていない。ちなみに水戸藩常備兵の武官の職名は、次のように改められたものと考えられる。

大　尉　　曹　長　　伍　長
中　尉　　軍　曹　　一等兵卒
少　尉　　　　　　　二等兵卒

＊一等兵卒は銃手・砲手・喇叭手、二等兵卒は築造兵・馭者などから構成される。

(四)　廃藩置県後の水戸藩兵

明治四年七月十四日、「藩ヲ廃シ県ヲ被置候事」[93]が詔書の形で下命された。これにより、水戸藩知事であった徳川昭武は「免本官」[94]となり、在京を命じられた。他方、新たに改置をみた「県」の行政については、「追テ　御沙汰候迄大参事以下是迄通事務取扱可致事」[95]とされ、旧藩庁の官員がそのまま執務を継続した。

改置された直後の水戸県の官員は、明治三年におこなわれた「藩制」改革時の人事を、そのまま引き継いだものであった。[96]同時に旧藩の常備兵についても、「追而全国地方警備之御処分改テ被仰出候迄ハ先従前之通ニ差置」[97]ものとされ、水戸藩兵は水戸県兵として暫時存続することとなった。水戸県の「軍事係」も、旧藩以来の権少参事酒泉直・藤田任以下、少属四人、権少属二人、史生四人から構成され、県兵に関する事務を取り扱った。

明治四年八月十八日、「元大中藩之常備兵ハ其県下へ一小隊ツ、備置へキ事」[98]として、各県兵を実質的に解隊してゆく方針が打ち出された。次いで八月二十日には、東京・大阪・鎮西・東北の四鎮台が設置され、「従前所管之常備兵総テ解隊之上全国一途之兵制御改正可相成」[99]ことが明示された。さらに同月二十二日、「鎮台本分営ノ常備兵ハ元藩下ノ常備兵ヲ召集シテ充之へキ事」[100]が下令され、九月二十九日に公布をみた「鎮台本分営権義概則」では、鎮台兵の編制について「元藩兵召集之上彼是無ク徐々混合結隊スヘシ」[101]とした。

水戸県では、同年十月二十三日に県兵の召集下令を受け、二小隊（一六〇人）を東京鎮台に差し出している。[102]これら旧水戸県兵は、当初九番大隊に配属され、[103]その後歩兵第一聯隊と第二聯隊へ配置されていった。また近衛兵となった者もかなりあり、近衛歩兵第一聯隊には三〇人、近衛歩兵第二聯隊には四一人が入営している。[104]

こうした旧藩常備兵出身の兵士は「壮兵」と呼ばれた。彼らは「自ラ兵役ヲ望ミ出シ者ニシテ服役数年ヲ帯ヒ普ク武技ニ熟練シ一団精兵トナリ頗ル其便宜ヲ得ル」[105]ものと位置付けられた存在で、徴兵制が安定するまでは、日本陸軍を構成する有力な兵員素材となっていた。

他方、「壮兵」に充当されなかった水戸県兵は、前出の布告に従う形で、逐次解隊していった。水戸県の官員をみても、この頃には「軍事係」は廃止されており、「元軍事方」として職員一人と使丁二人（共に官員とは見做されない下級官史）が残るのみである。(106) おそらく県兵の解隊およびその残務整理をおこなう部局として機能していたのであろう。

明治四年十一月十三日、「関東七国及ヒ伊豆ノ府県ヲ廃シ(107)」新たな府県が設置された。これにより水戸県は廃止され、笠間・下妻・松岡・下館・宍戸の各県と統合されて茨城県となった。(108) しかし、茨城県に土地人民を引き渡して引継事務が完了するのは、翌明治五（一八七二）年二月で、それまでは旧水戸県の支配が続いていたという。(109) こうした事情は各県とも大同小異で、二月八日に政府中央が「新任地方官ヲ戒メテ、諸県廃置ノ旨趣ヲ体シ、旧習ヲ革除セシ(110)」めたとの記事がある。

この間、明治四年十二月には各県に残る旧藩常備兵について、「兵隊之称号可相廃候事(111)」が達せられた。ここにおいて、旧藩兵の流れを汲む地方的軍事力は、ほぼ完全に解消されることになる。

註

（1）水戸市史編さん委員会編『水戸市史　中巻（五）』（水戸市役所、一九九〇年）七一五頁。
（2）水戸徳川家編『水戸藩史料　下編』（吉川弘文館、一九七〇年）一〇九八～一一〇〇頁。
（3）「藩政改正ノ勅命」（同右）一一〇二頁。
（4）「長谷川允迪の筆記」（同右）一一一五～一一二四頁。
（5）同右、一一二七頁。
（6）「藩政改革ノ令」（前掲『水戸藩史料　下編』）一一二五頁。
（7）「川瀬教文の東下日抄」（同右）一一三一頁。
（8）同右。
（9）前掲『水戸藩史料　下編』一一三四頁。
（10）「御用状」（旧水戸藩士落合家文書、著者蔵。以下、落合家文書と表記。）。

(11) 前掲「長谷川允迪の筆記」一一三五～一一三八頁。
(12) 前掲「御用状」。
(13) 鳥取藩士編纂所編『鳥取藩士　第三巻』(鳥取県、一九七〇年)二三四頁。
(14) 前掲「御用状」。
(15) 「徳川昭武家記」(茨城県史編さん幕末維新史部会編『茨城県史料　維新編』茨城県、一九六九年)二四～二五頁。
(16) 前掲『水戸藩史料　下編』一一六一～一一六八頁。
(17) 太政官編『復古記　第十四冊』(内外書籍、一九三〇年)二九四頁。
(18) 太政官編『復古記　第八冊』(同右)二七七頁。
(19) 「各藩戦功録」(国立公文書館蔵)。
(20) 同右。
(21) 「松平喜徳家記」(前掲『茨城県史料　維新編』)四九頁。
(22) 交戦経緯については、坂井四郎兵衛『天保明治　水戸見聞実記』(茨城知新堂、一八九四年)および、前掲『水戸藩史料　下編』一一五一～一一八九頁を参照のこと。
(23) 山川菊栄『覚書　幕末の水戸藩』(岩波書店、一九七四年)三四九頁。
(24) 「明治元戊辰冬十月朔脱賊襲来ニ付汝記戦役中之事業并月日」(落合家文書)。
(25) 前掲『水戸市史　中巻(五)』八〇一頁。
(26) 前掲「徳川昭武家記」二六頁。
(27) 「松山戦争(大川すみ江書写本)」(百年祭執行協賛会編『松山戦争集録』同協賛会、一九六七年)一五頁。
(28) 「奸賊討取討死控中日記及び討取連名附地図」(同右)二〇頁。
(29) 前掲「各藩戦功録」。
(30) 「戊辰戦功賞典表」(東京大学史料編纂所蔵版『明治史要　附表』東京大学出版会、一九六六年)「附録表」二三頁。
(31) 前掲『水戸藩史料　下編』一一八〇～一一八一頁。
(32) 同右、一一四〇頁。
(33) 前掲「徳川昭武家記」二八頁。
(34) 同右、二九頁。

(35) 前掲『復古記　第十四冊』四四五頁。
(36) 前掲『水戸藩史料　下編』一一九二頁。
(37) 前掲『復古記　第十四冊』四四九頁。
(38) 前掲『水戸藩史料　下編』一一九二頁。
(39) 「達書」(落合家文書)。
(40) 同右。
(41) 同右。
(42) 同右。
(43) 前掲『水戸市史　中巻(五)』八二八～八二九頁。
(44) 本間寿助訳『歩操新式生兵教練』(求実館、一八六四年)「歩兵ノ区別及編制」二丁。なお、明治三(一八七〇)年の駒場野調練に関する記録でも、水戸藩の兵式は「蘭式」とある。
(45) 前掲『復古記　第十四冊』四六六頁。
(46) 同右、四六七頁。
(47) 前掲『水戸藩史料　下編』一〇九五頁。
(48) 「戊辰己巳征討兵員並死傷表」(前掲『明治史要　附表』)「附録表」四七頁。
(49) 戦闘経緯については、前掲『水戸藩史料　下編』一一九五～一一九九頁を参照。
(50) 同右、一二〇〇頁。
(51) 前掲「戊辰己巳征討兵員並死傷表」四七頁。
(52) 「己巳箱館戦功賞典表」(前掲『明治史要　附表』)「附録表」四四頁。
(53) 「公文禄　版籍奉還之部」(前掲『茨城県史料　維新編』)二八三頁。
(54) 「巳六月廿五日於東京御渡ニ相成候書付」(落合家文書)。
(55) 『職員令』(御用書物所、一八六九年)二三丁。
(56) 「藩治改革ニ付件々伺」(前掲『茨城県史料　維新編』)二九二頁。
(57) 前掲『水戸藩史料　下編』一二一七～一二一八頁。
(58) 「明治二歳己巳仲秋至明治三午　御達留」(茨城県立歴史館蔵)。

(59) 同右。
(60) 「等職相当表」および「士族子弟従前御合力扶持」(落合家文書)にもとづいて作成。
(61) 「水戸藩士卒隊長姓名録」(茨城県立歴史館蔵)。前掲『水戸市史　中巻(五)』では同史料を明治二(一八六九)年一月のものとしているが(八二六～八二八頁)、八月十日に編成替えとなった五番(太田誠衛門隊)と十六番(肥田其太郎隊)が記載されていることから、版籍奉還後の藩政改革時のものと考えられる。
(62) 前掲「歩兵ノ区別及編制」二丁。
(63) 日本史籍協会編『藩制一覧　二』(東京大学出版会、一九六七年)四四三頁。
(64) 南坊平造「明治維新全国諸藩の銃砲戦力」(『軍事史学』第十三巻第一号、一九七七年六月)八六・九五頁。
(65) 東京都編『市中取締沿革』(東京都、一九五四年)一九二頁。
(66) 『市中御取締御場所附』(整版一枚刷、無刊記)。
(67) 前掲『市中取締沿革』一九七頁。
(68) 「府藩県へ達」(内閣記録局編『法規分類大全45　兵制門(1)』原書房、一九七七年)三五頁。
(69) この問題については、松下芳男「明治初期の対内的軍制」(『軍事史学』第七巻第三号、一九七一年十二月)を参照のこと。
(70) 「三月十日御達」(落合家文書)。
(71) 「兵部省達」(前掲『法規分類大全45　兵制門(1)』二五頁。
(72) 「歩兵砲兵編制式」の発令日は明確でない。篠山藩では明治三年三月(「東京見聞書」青山歴史村史料館蔵)、久保田藩では同年五月にこの文書を入手している(秋田県編『秋田県史　資料　明治編上』秋田県、一九六〇年、三二四頁)。
(73) 「御達留　明治二歳己巳仲穐至明治三年午」(茨城県立歴史館蔵)。
(74) 同右所収の「編制式」にもとづいて算出。
(75) 同右。
(76) 同右。
(77) 遊撃隊士については、旧編制のままとされているので、四隊一七六人。土工と運輸の二隊は、隊長の職金が小隊長とほぼ同額であることから、各隊六〇人(小隊規模)と推定した。
(78) 前掲『藩制一覧　二』四四三頁。
(79) 「駒場野聯隊大練記」(防衛研究所図書館蔵)。

(80) 東京大学史料編纂所蔵版『明治史要』（東京大学出版会、一九六六年）二一〇頁。
(81) 「徳川昭武家記」（国立公文書館蔵）
(82) 指原安三輯『明治政史　上巻』九〇頁。
(83) 前掲『法規分類大全45　兵制門（1）』三三頁。
(84) 「知藩事表」（前掲『明治史要　附表』）「附録表」二五頁。
(85) 「太政類典　第一編　第百八巻　六十五　各藩ノ常備兵員ヲ定ム」（国立公文書館蔵）。
(86) 前掲「御達留」。
(87) 同右。
(88) 前掲『法規分類大全45　兵制門（1）』四二頁。
(89) 同右、三二頁。
(90) 陸軍兵学寮訳『官版　歩兵程式』（陸軍兵学寮、一八六九～七〇年）。
(91) 田島応親「幕府以降軍制革遷の事実」（史談会編『史談会速記録　合本25』原書房、一九七七年）五二〇頁。
(92) 「陸軍徽章　軍服軍帽等之部」（御用書物所、一八七〇年）。
(93) 内閣官報局編『法令全書　第四巻』（原書房、一九七四年）二八四頁。
(94) 「公文録　水戸藩之部」（前掲『茨城県史料　維新編』）三一一頁。
(95) 前掲『法令全書　第四巻』二八四頁。
(96) 「茨城県史料十三　旧藩県官員履歴　水戸藩県」（茨城県立歴史館史料部編『内閣文庫蔵茨城県史　下』茨城県立歴史館、一九九九年）一五三～一六〇頁。
(97) 「廃藩ノ令出ツルモ藩兵ノ設備ハ姑ク旧ニ依ル」（前掲『法規分類大全45　兵制（1）』）四七頁。
(98) 前掲『明治史要　附表』「附録表」八〇頁。
(99) 前掲『法令全書　第四巻』七五七頁。
(100) 内閣記録局編『法規分類大全47　兵制門（3）』（原書房、一九七七年）二五六頁。
(101) 前掲『法令全書　第四巻』七七一頁。
(102) 「公文録　明治八年六月陸軍省伺附録上・下　諸兵隊人員調査簿」（国立公文書館蔵）。
(103) 松島秀太郎「鎮台歩兵大隊の成立と歩み」（『軍事史学』第二十四巻第四号、一九八九年三月）二四頁。

(104)　前掲「公文録　明治八年六月陸軍省伺附録上・下　諸兵隊人員調査簿」。
(105)　「徴兵令」緒言（指原安三輯『明治政史　第三冊』冨山房、一八九二年）五二一頁。
(106)　「水戸県官員」（落合家文書）。
(107)　前掲『明治史要』二六八頁。
(108)　大蔵省編『改置府県概表』（北畠茂兵衛、一八七二年）四丁。
(109)　前掲『水戸市史　中巻（五）』九六六頁。
(110)　前掲『明治史要』二八三頁。
(111)　前掲『法令全書　第四巻』八七五頁。

三、松代藩の兵制

信州松代藩は、草高一〇万石を公称する外様大名であり、幕末維新の動乱期には真田幸民（信濃守）が藩主ないし知藩事の地位にあった。同藩では、天保年間（一八二〇～四四）からオランダ式の西洋砲術を導入しており、ペリー来航後には幕命を受けて江戸に藩兵を送り、品川の六番台場や横浜の本牧で警備にあたった。王政復古とそれに続いて起こった戊辰戦争に臨んで、松代藩は勤王の立場を表明し、北越・奥羽方面の戦いに「官軍」として参戦した。同藩はこの内戦に三千人以上の藩兵を出征させたが、出兵数・戦死傷者数共信濃一一藩の中で群を抜いて多く、その軍功に対して三万石の賞典禄が下賜されている。

戊辰戦争における松代藩の功績は、全般に高く評価されているが、これは元治・慶応年間（一八六四～六八）に同藩がおこなった兵制改革を通じ、藩兵の装備や訓練の近代化が進んでいたことによるものでもあった。この時期、松代藩ではイギリス式の兵制を採用していたが、明治二（一八六九）年になってフランス式へと改められ、以後廃藩に至るまでフランス式兵制を継続した。

同藩がフランス式を採用するきっかけとなったのは、慶応四（一八六八）年に旧幕臣武田斐三郎を招いて、士官養成のための学校を開設したことであった。同校は「兵制士官学校」と呼ばれ、松代藩の藩校「文武学校（のち学政更張により「松代藩学校」と改称）」内に置かれた。この「兵制士官学校」は、明治三（一八七〇）年の藩札騒動を機に武田が東京へ戻ったことで、一時閉校を余儀なくされたが、程なく「兵学寮」という形で再開されている。
その後、明治四（一八七一）年の廃藩置県を経て、旧藩校が「松代県学校」として暫時存続した際にも、士官養成のための教育機関は「兵学所」として残ったが、同年十二月、松代県が長野県に統合されるに及んで、松代県兵と共に廃止となった。
本章では、明治初期における維新政府の対藩兵政策を踏まえつつ、同時期の松代藩にみる兵制改革の流れについて考察する。

（一）出兵と軍役

王政復古によって成立した維新政府は、鳥羽・伏見の戦いに始まる戊辰戦争を通じ、逐次その威令が及ぶ地域を拡大しつつ、全国政権としての体制を整えていった。この間、旧幕臣および佐幕的諸藩に対する軍事行動を主導したのは、維新政府のシンパ的存在である西南雄藩だったが、内戦の正当性を保持する上でも、恭順した諸藩からの支援・協力は不可欠であった。

維新政府が「朝敵征討」という名分を掲げて本格的な軍事行動に移るのは、慶応四年二月以降のことである。この年の二月九日、有栖川宮熾仁親王が東征大総督に就任して、東海道・東山道・北陸道三道の先鋒総督兼鎮撫使を統率することとなり[1]、同月十五日には天皇から錦旗と節刀を賜って京都を進発した[2]。

こうした政情の中、松代藩では藩論を勤王に統一し、いち早く東征軍への恭順姿勢を明らかにした。そして二月二十日には、藩主真田幸民が東山道先鋒総督府からの招請を受けて「下諏訪御本陣」へ赴き、他の信濃五藩と共に「下諏訪、高崎二駅間」において、「駅々官軍通行之節、兵食取計、宿々警衛、人馬継立世話向」をおこなうよう下命されている。(3)

次いで二月二十九日、松代藩は「甲州口官軍嚮導」と共に「甲府城守兵」を命ぜられた。(4) 同藩では、重臣大熊衛士が「兵隊六百十八人　内長官十二人　持夫百七十八人　合七百九十六人」を率いて甲府に出兵し、(5) 途中人員の異動はあったが、この年の十月二十六日まで「甲府城番」を勤めている。(6)

さらに四月二十五日、古屋佐久左衛門の率いる旧幕軍歩兵四〇〇人程が飯山藩の城下に進攻すると、松代藩は同藩からの援軍要請を受けて、藩兵を出動させた。(7) 飯山方面の戦闘に参戦した松代藩兵は、一～八番小隊、五～八番狙撃隊、遊撃・神勇・遊軍・奇兵・散兵の諸隊、大砲隊、無双砲隊などであり、河原左京がこれらを統括して、(8) 旧幕軍の征討にあたった。この時の松代藩の軍事行動については、それまで「東山道先鋒総督府の命に依り、孰れも出兵せるも、其の去就は明かでなかった」とされる信州諸藩が「概ね勤王の一途に定ま」る契機になったものと評されている。(9)

なお、戊辰戦争期の松代藩は、後述するように前装施条銃段階のイギリス式兵制を採用していたが、戦役に臨んで「御定制在所備置ノ兵員五百人ヨリ出征兵数殆加倍ノ多ニ至」(10) る状況となり、藩兵組織に関しても戦時編制をとって、「銃士一小隊と銃手一小隊とを合して一結隊となし、之れに戦砲一分隊を輔翼せしめ軍役軍監を鑒附せり。而して数結隊を合して一大隊となし、隊長一名之を総括し副長、参謀、軍使、軍監を附属せしめた」(11) といわれる。

さらに松代藩は、北越方面にも藩兵を出動させ、「北陸道鎮撫総督兼会津征討総督（四月十九日改置）」ないし「会津征討越後口総督（五月十九日改置・十一月四日罷）」の指揮下で、(12) 激戦となった長岡への進攻に参加した。北越方面の戦闘は、閏四月から七月まで続き、八月に入ってようやく平定をみた。この間、松代藩では三四人（士一二人・卒一六人・軍夫五人・不詳一人）の戦死者を出しており、(13) その過半を占める一九人が、七月二十四日から二十九日にかけて戦われた、長岡城攻防戦の犠牲者だった。

北越平定後、新政府側の攻勢は不振となり、越後口から会津藩領へ進攻しようとする構想は、奥羽越列藩同盟側の激しい抵抗を受けて行き詰まった。ここにおいて「冬期に入る前に、若松城に到達する見込みは絶望的」[14]と考えられるようになったが、白河口からの会津進攻が成功したことにより、戦況に変化が生じた。すなわち、城下に敵を迎えた会津藩が、封境に展開していた藩兵を急遽撤収する方針をとったため、越後口の新政府軍はこれを追撃する形で会津領に迫り、九月十日、若松へ到達したのである。

松代藩兵も同日城下に入り、若松城を見下す小田山へ「米利堅ライフル砲二門、竝四斤半施条砲一門」を運び上げた。同藩の記録には、「十二日、城ノ東南隅山上へ砲台築造、薩州、肥州、大村藩大砲ト共ニ、城内へ致打放候」と記されている[15]。なお、会津方面における松代藩の戦死者は一七人（士三人、卒八人、軍夫三人、不詳三人）であった[16]。

さて、「戊辰戦争のなかで量的にも質的にも最大」[17]規模となった奥羽方面の戦いは、九月二十二日の若松城開城を以て大勢が決し、同方面に出征していた松代藩兵も十月二十九日に凱旋した。戊辰戦争に従軍した松代藩の兵数は「三千二百七十一人」に及び、戦死者は五二人、戦傷者は八三人を数えた[18]。こと出兵数についてみると、同藩の士族・準士族・卒族の男子総数「五、一三二人」[19]中の六三・七パーセントを占める計算となり、そこから年少者や老人等を除いた人数を考えれば、総動員に近い状況だったことが窺われる。ちなみに松代藩の藩主真田幸民には、明治二年六月二日、戊辰戦争の功績によって賞典禄三万石が下賜されている[20]。

他方、維新政府は慶応四年閏四月二十日に「陸軍編制法」を布達し、諸藩から草高一万石につき兵員一〇人（当分の間三人）と経費三〇〇両を徴して、「京畿ニ常備九門及ヒ畿内要衝之固」とする方針を示した[21]。さらに同月二十四日、軍務官は諸藩に対し、徴兵は三年の任期で「満十七八歳より三十五歳此迄強壮ノ者」を選定すべきこと、「当分ノ内小銃并要員蒲団」を持参することといった細則と共に、その差出し期限を同年五月一日（在京の兵員がない藩は七月中）とすることを指令した[22]。

これを受けた松代藩では、草高一〇万石に応ずる兵員の選定を開始したが、戊辰戦争への出兵による人員不足に加えて、藩士の間では「東北辛苦ノ戦場ヲ去テ西南平穏ノ輦下ニ赴クヲ怯トシ徴兵ヲ辞シテ出兵ヲ願フ[23]」風潮が強く、人選は困難を極めた。同藩は徴兵の募集にあたり、「定限三年無怠勤メ帰ラハ戦功ニ准シテ重ク可賞二三男ニテ応徴スル者帰ハ役給ヲ其儘永世ニシテ別ニ一家ヲ成スヲ可許[24]」といった優待条件を示し、ようやく三〇人の定員を確保した。

松代藩の徴兵は、七月二十七日に京都に到着し、軍務官から「錦章及戎服を賜」わると共に「陸軍局法度」の申渡しを受け、第二十五番隊に編入された[25]。ここにいう「錦章」とは、戊辰戦争に際して太政官代から下賜された「紅錦片の肩章[26]」である。これはもともと朝廷の指揮下に在る「官軍」の合印として、東征に従軍する士兵へ配布されたものだった。京都警備のために諸藩兵を集成する形で編制された「戊辰徴兵」もまた、朝廷の直轄部隊という意味合いで、この「錦章」を佩用したのであろう。

また「陸軍局法度」とは、折から新規編制をみた「戊辰徴兵」を対象に、この年の五月三日に発布されたものであり、次のような五箇条から構成されていた。

陸軍局法度[27]

一　皇国一致　御国威相立候儀至要之事ニ候条士風ヲ不失礼儀ヲ守リ親交可致事

一　長官之指揮堅ク可相守事

一　何時出兵可被　仰付モ難計候間速ニ出陣相調候様心掛勿論之事
一　猥ニ酒ヲ呑ムヘカラサル事
一　一六休日ニ付外出不苦事
　　但暮六ツ時限リ帰局可致事
右之条々堅ク可相守候若相背候者於有之ハ主人〳〵へ引渡厳重可被　仰付者也

さて、これらの徴兵は戊辰戦争後、改めて七箇大隊に再編され、引き続き京都に駐屯していたが、諸藩の間には「兵士ハ何レ各藩ヨリ御徴可被為遊其長モ兵士モ合集ニテ人情難団結[28]」とか「諸国ヨリ未参者無之前廃止ニ相成度[29]」といった反対論もくすぶっており、明治二年二月十日には、「即今東北平定ニ付更ニ兵制御詮議振モ被為在候間一先帰休[30]」との布達が発せられて、解隊が決定した。

かくて松代藩の徴兵も国元へ引き揚げることとなったが、徴募に応じた兵士達は「三年満限重賞ノ約モ（空）シク僅六月ニシテ還ヲ以テ大ニ失望セリ[31]」という結末を迎えたとされている。

（二）　兵制改革の推移

幕末期の松代藩では、興津流・長沼流・甲州流・山鹿流などの和流兵法が用いられていたが、天保年間（一八三〇～四四）に至って「士卒数十名に和蘭調練式を習はしめ[32]」たのに続き、嘉永五（一八五二）年に開設をみた藩校「文武舎（のちの文武学校）」でも、稽古所の中に金児忠兵衛を指南役とする高島流砲術が取り入れられた[33]。

折柄、ペリー来航に触発される形で徳川幕府の江戸湾防衛強化が実施され、松代藩も安政元（一八五四）年以降、藩兵を江戸に送って品川の六番台場や横浜の本牧で警備にあたった[34]。ちなみに品川台場は、オランダの築城書にもとづいて幕府が建設した洋式砲台であり、松代藩の配置された六番台場についてみると、その備砲二〇門は全てオランダ式の洋式火砲であった[35]。

松代藩では、文久年間（一八六一～六四）までオランダ式の高島流と和流の諸兵学とが併存する状況だったが、元治・慶応期（一八六四～六八）に入って藩兵の組織を「英式ニ改メ[36]」、在来の和流を廃して「士卒を悉皆銃隊に編制[37]」した。同時期幕府陸軍では、横浜に駐屯するイギリス軍に伝習を申し入れ、神奈川奉行所の定番役と下番がその訓練を受けていた[38]。江戸湾警備に派遣されていた松代藩兵は、文久・元治年間（一八六一～六五）に横浜近郊の本牧警衛を担当しており、この「英式伝習」に関する情報を入手しやすい立場にあった。戊辰戦争期、イギリス式の編制・装備を以て軍事的先進性を誇った佐賀藩や薩摩藩とほぼ時を同じくして、松代藩がイギリス式兵制を導入し得たのは、こうした背景によるものであろう。

松代藩が練兵に用いたのは、前装施条銃段階の一八六二年版イギリス歩兵教練書であり、文武学校の蔵書中にも『歩兵練法』や『歩兵練法号令詞』といった翻訳教本が見出される[39]。このうち前者は、赤松小三郎訳『英国歩兵練法』（下曽根稽古場蔵版、慶応元年）で、*Field Exercise and Evolutions of Infantry* (1862) を翻訳したもの、後者は同書中から号令を抜粋した、平元良蔵編『英国歩兵練法号令詞』（無刊記）である。

また同藩では、明治二年のフランス式採用までの間に、後装単発銃段階の一八六七年版イギリス歩兵教練書を取り上げようとする動きがあったらしく、兵制士官学校設立に際しても「仏式兵制はもうふるい、薩長等では仏式を英式に改めている[40]」といった意見が出されている。これは、当時邦訳されていたフランス式教本が前装施条銃段階の内容だったことによるもので、新政府の要路でも、兵式統一問題をはさんで同様の論争がおこなわれていた。なお藩校の蔵書には、橋爪貫一訳『英国歩操新式』（刊所不記、明治元年）、本間資孝訳『英式大隊諸図詳解』（刊所不記、明治二年）など、一八六七年版のイギリス式教本にかかわる邦訳書も認められる。

松代藩がイギリス式で編制した平時兵力については、「御定制在所備置ノ兵員五百人」[41]といった記録もあるが、具体的な編制内容は詳らかでない。参考までに当時のイギリス式教本による編制基準を示せば、歩兵一小隊が「十八伍ヨリ二十伍」[42]すなわち三六～四〇人で構成され、戦術単位となる大隊は、八～一〇小隊を以て編制される規定だった[43]。一方砲兵については、カノン砲および榴弾砲一二門と臼砲四門を装備する「英式山野砲二隊」のほか、カノン砲および榴弾砲一八門に臼砲六門を有する「仏式拿破倫《ナポレオン》翁山野礮三隊」が編制されており[44]、火砲も野戦砲を中心に一一種五三門を保有していた[45]。

明治二年六月の版籍奉還によって松代藩主真田幸民は知藩事となり、同時に職制改革が進められて、この年の十二月には「松代藩職制」の布達をみた。これに伴って兵制改革も実施され、「仏式十五小隊」[46]の歩兵が編制された。

他方、維新政府は翌明治三年二月二十日に「常備編隊規則」[47]を布達し、諸藩兵の編制を全国的に統一する方針を示した。その要点は、各藩常備兵の任用資格を「十八歳ヨリ三十七歳迄」の士族・卒族に限定すること、草高一万石につき歩兵一小隊（六〇人）を備えること等であり、松代藩では、この布達を受けて常備兵を再編し、同年四月の時点で「士二小隊（兵員百二十人）」と「卒十一小隊（兵員六百六十人）」から成るフランス式歩兵一三小隊（役員一三〇人）に改めた[48]。また砲兵についてはこの時「法式編制中」との状況であり、騎兵は「常備無御座候」と上申されている[49]。

当初松代藩のフランス式歩兵は、前装施条銃段階の装備と編制にもとづいて訓練されており、その規範となった教本は、後述する『法国歩兵演範』であった。

明治三年八月一日、松代藩は新政府の直轄部隊や他藩兵にさきがけて、後装単発銃段階のフランス式歩兵教練書を採用し、「士分稽古之方法国千八百六十九年式御用ヒ相成」[50]ことを藩内に通達した。この教本は、同年五月に同藩の藩校から刊行された『法国新式歩兵演範』であり、当時「武田斐、仏国操典全部（註：実際は未完）ヲ翻訳刊行シ、始メテ市井ニ発売セラレルアリ、仏式教練漸次各藩ニ普及サル、ノ端ヲ啓ケリ」[51]として、新政府側の注目するところとなった。

新教本の採用に伴って、歩兵調練の重点は、隊形運動に比重を置く従来のオーダーミックス[52]（Ordre mixte）から、散兵の個別射撃を重視する散開戦闘法に移行したが[53]、松代藩では藩兵の調練にあたって、「当時銃器は皆開底銃を使用せしむる筈であったけれども、不足の為めに止むなく中短ミニエール銃を補充として使用し、兵学寮（註：後述する同藩の士官学校）の生徒にのみ開底銃を用ひしめた」[54]という。

ここにいう開底銃とは、フランス軍制式の一八六六年式小銃[55]（Le fusil Chassopot mode`le 1866）であったと思われ、松代藩が同銃を一定数を装備していたことは、「シャスポ銃五十挺拝借之義伺」[56]などの文書が残されていることからも知られる。ちなみに明治三年の時点で松代藩が保有していた「元込銃」は二五〇挺とされるが、その全てがシャスポー銃だったか否かは判然としない。他方「ミニエール銃」の保有数は一、四二五挺を数え、依然前装施条銃が装備の主力となっていた様子も窺われる[57]。

明治三年九月二十九日、維新政府が布告した「藩制」にもとづいて、諸藩の石高を現石で表示することとなり、常備兵についてもこれを基準に定員縮小の方向となった。また十月二日には兵式統一が布告され、「先ツ藩々ニ於テ陸軍ハ仏蘭西式ヲ目的トシ漸ヲ以テ編制相改候」[58]ことが下令された。さらに十二月二十二日には「常備兵編制法」が発せられ、兵制整備に向けた細則と共に、統一的な階級制度が各藩の常備兵にも施行されることとなった[59]。

維新政府によるこれら一連の対藩兵政策を受けて、松代藩ではさらなる兵制改革をおこない、翌明治四年に入って「常備兵四小隊予備隊六小隊[60]」への編制替えが実施された。また、近代的な階級制度も導入され、常備兵一中隊（二小隊で編制）の構成人員は表7のようになった[61]。

なお、常備兵の兵力規模を規定する石高について、従来「中藩」として草高一〇万石を公称[62]していた松代藩では、「藩制」の施行によって「現石高三万七千百五十石[63]」へと編制基準が変わり、大幅な兵数削減を強いられることになった。同藩が、四小隊（合計三〇八人）の常備兵に対して、六小隊（合計四五六人）に及ぶ予備兵を有しているのは、この間に生じた石高の差異に相当する兵員を、一挙に削減できなかったという実情を示すものと思われる。

明治四年七月十四日、廃藩置県の詔が発せられ、松代藩は松代県へと改置された。これに伴って旧藩知事は職を解かれ、東京への移住を命ぜられたが、旧藩を改置した県の行政については、「旧藩大参事以下ニ命シテ、仮ニ事務ヲ管理セシメ、大事ハ朝裁ヲ取ル[64]」こととされた。

表7　松代藩常備歩兵一中隊の構成

区分			
上等士官	大尉（一人）	中尉（一人）	少尉（二人） 権少尉（二人）
下等士官	権曹長（二人）	一等軍曹（二人） 二等軍曹（二人） 三等軍曹（二人） 四等軍曹（二人） 給養軍曹（二人）	
兵卒	伍長（一六人）	隊士もしくは隊卒（一二〇人）	旗手 喇叭手（八人）

また旧藩の常備兵に関しては、「追而全国地方警備之御処分改テ被仰出候迄ハ先従前之通ニ差置[65]」ことが下令され、いわゆる「旧藩県兵」として暫時存続することとなった。松代県兵の組織は、当初旧藩常備兵の組織をそのまま継承

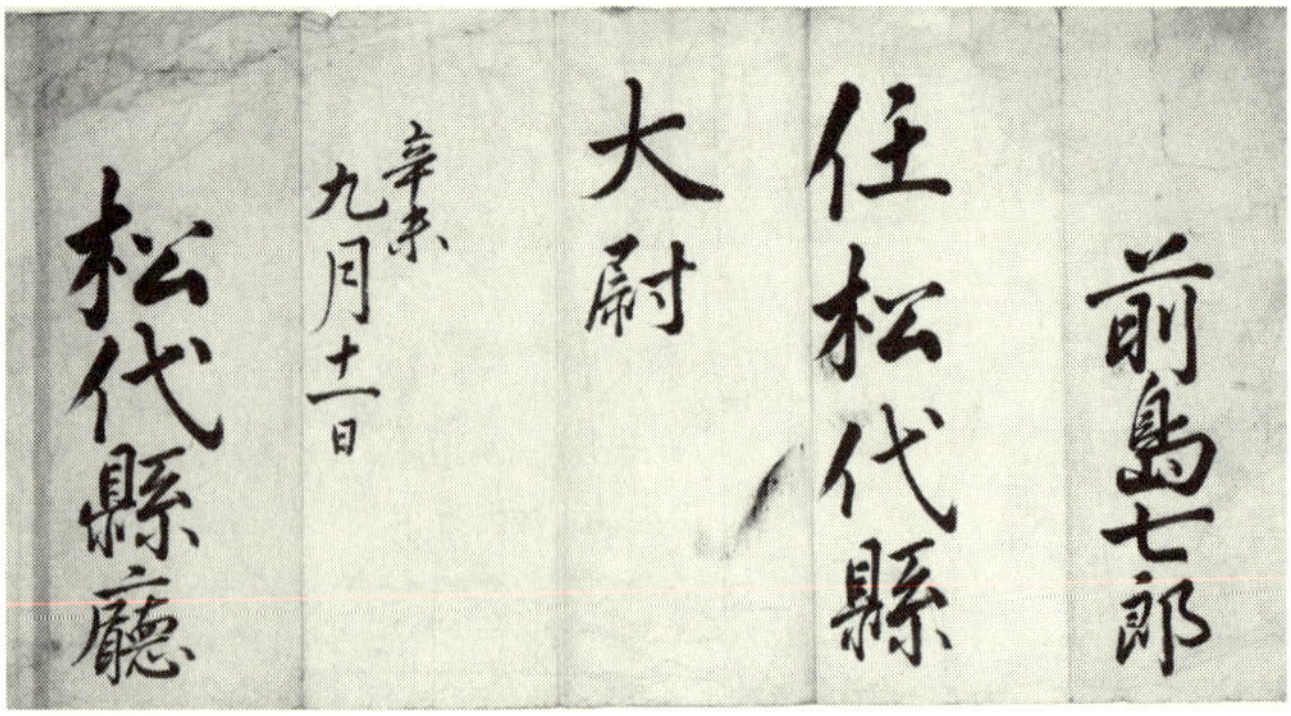

図８　松代県兵の任命状

した模様で、その調練表をみると「常備兵隊四小隊、予備兵隊六小隊、砲隊[66]」となっている。

しかし八月十八日には「四鎮台制」が施行され、それに伴って「元大中藩之常備兵ハ其県下へ一小隊ツヽ備置へキ事」や、「元小藩ニテモ地方ノ形勢ニ依リ県下へ多少ノ兵隊備置候儀モ可有之事」が下令された[67]。かくて「元小藩」に属する松代県では、県兵隊の解隊を命ぜられる形となったが、この年の十二月に長野県に統合されるまでの間解兵を実施せず、県兵を残置し続けた。

(三)　藩校と士官教育

松代藩の藩校「文武学校」は、嘉永五（一八五二）年に仮開業した「文武舎」を経て、安政二（一八五五）年に開校をみたものである。さらに同藩では「士族ハ必文武学校へ入学セシメ[68]」るという方針をとり、「心得違ノ族於有之ハ夫々御咎被仰付[69]」ものとした。

次いで文久三（一八六三）年一月二十一日、「十五歳ヨリ三十五歳迄之面々急度罷出可致修業」ことを重ねて布達する一方で、「当今不容易御時節」であることを背景に、「差向剣槍砲術取分厚御引立」の方針を明示した[70]。特に砲術については、「従公辺被仰出候趣」を踏まえ、「西洋大砲小砲散兵法修業」に比重が置かれるものとなった。

さて、松代藩がその藩校の中に、士官養成を目的とした教育機関の設立を計画するのは、明治元年のことである。松代藩では、当時「暴徒の指目を避け(71)」て同藩に寓居していた武田斐三郎を教頭に雇い入れ、この年の十月に「兵制士官学校」を設立した(72)。武田斐三郎は伊与大洲藩の出身で、慶応年間（一八六五～六八）旧幕府に武官として奉職し、明治維新期には静岡藩に籍を置いていた(73)。このため松代側では、「静岡藩へ掛合ひ松代藩への御貸人といふこと(74)」で雇入れをおこなっており、その待遇は「御客分の御取扱(75)」とされた。

兵制士官学校は「文武学校内別区画」に設置され、当初の職員は教頭一員・助教および助教並五員という構成だった(76)。生徒については、「文武学校に通学している者の中から将来士官になるような優秀な少年を藩が選抜」して入校させ、その数は七二人に及んだといわれる(77)。この中には他藩からの入学者も含まれており、上田藩士林栄春・小林恭三郎・西山正吾・川辺昌らの氏名が見出される(78)。

同校における主な学科は「洋学」であったが、後述する「松代県学校」の上申からその内容をみると、「仏国兵学ヲ宗トシ地理歴史格物究理化学算数等之諸科ヲ兼脩シ遂ニ英蘭諸外国ニ及候目的ニ有之(79)」とされており、近代的な実学を幅広く包括したものであったことが窺われる。

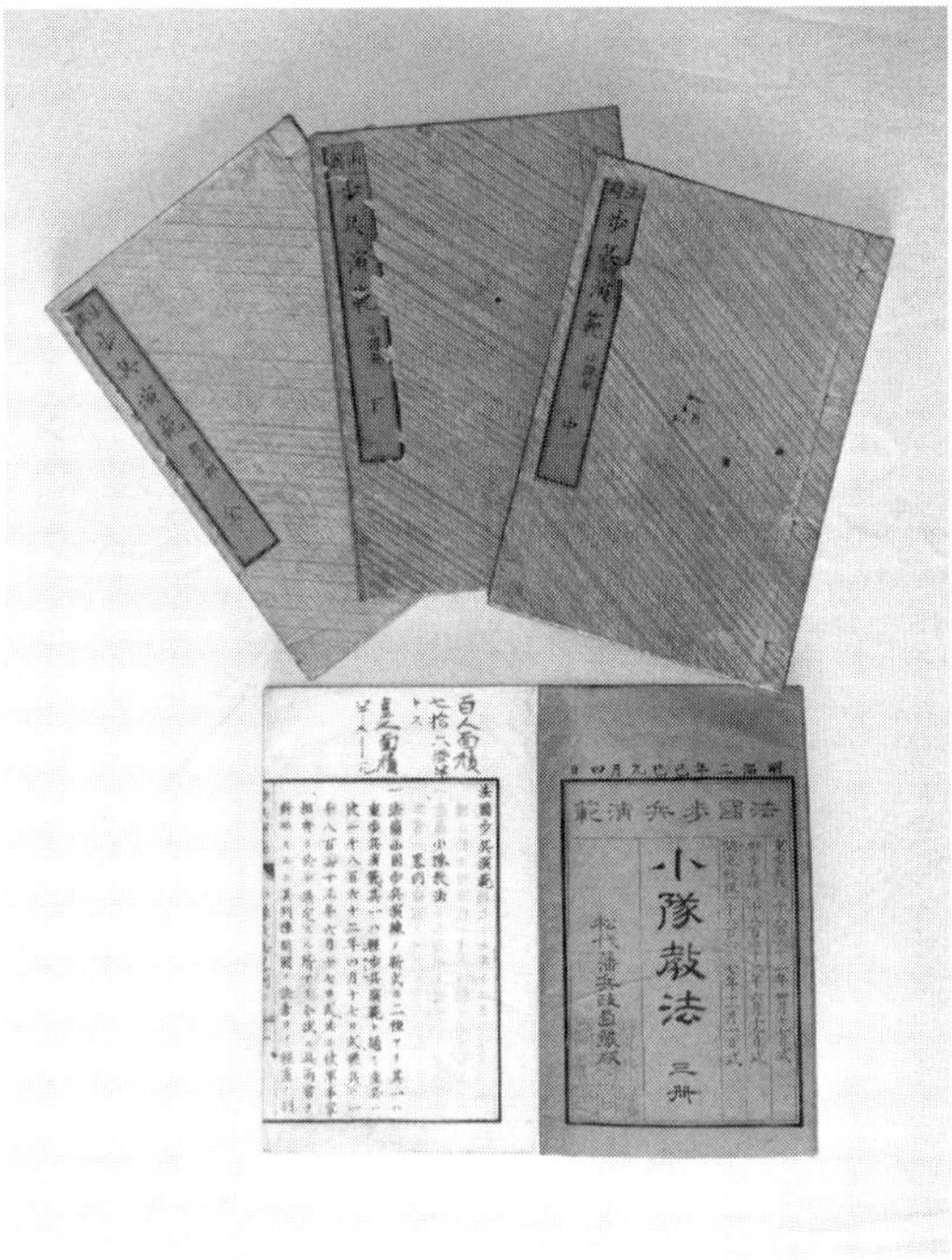

図９　『法国歩兵演範』（松代藩兵政局、明治2〈1869〉年）

また松代藩では、明治二年九月にフランスの歩兵教練書を藩版の形で邦訳・刊行しており、それは次のようなものであった。

・松代藩学政局訳『法国歩兵演範　小隊教法　三冊』（松代藩兵政局蔵版、明治二年己巳九月四日）。

・松代藩学政局訳『法国歩兵演範　散兵教法　全』（松代藩兵政局蔵版、明治二年己巳九月四日）。

これらの教本は、前装施条銃段階の一八六二年版（重歩兵用）を主としながら、一八六三年版（軽歩兵用）と、後装単発銃段階の一八六七年版を加味して訳出されたものであり、[80]同年実施をみた「仏式採用」[81]に際しては、藩兵の訓練指針ともなった。なお、藩版の教本には、基礎訓練用の「生兵教法」が含まれていないが、それは既にこの部分の邦訳が、林正十郎訳『法蘭西歩兵操練書　一八六二年式』（松園塾蔵版、慶応二年寅歳九月）という形で刊行されていたからであろう。また「大隊教法」も未刊に終わったようであり、こちらは松代藩が兵制改革にあたって「仏式歩兵三大隊を編制せんと欲し」ながら、「終に三大隊を編制することが出来なかった」[82]こととと無関係ではないと思われる。

明治三年一月、松代藩では藩校の学政「御更張」が計画され、「文武学校」は「松代藩学校」へと改編されることとなった。同校では「准十等以上」の士族を対象に、八歳からの就学を義務付け、「三十歳迄者吏員を除くの外一統入学文武之道可致修業者」とした。[83]また軍事教育にかかわる職員についてみると、旧制では士官教育に専従する「兵制士官学校助教・同並」と、藩士一般からの就学者への指導を兼務する「砲術二等教授」とに区分されていたが、新制ではこれらを「兵学」という形に統合し、次のような構成となった。[84]

兵学二等教授		一人
同	司補	四人

同　一等教授　　　　　七人
同　二等助教　　　　　三人
演兵世話方　　　　　一五人

課業日程は、一月十一日始業・十二月二十日終業とされ、休日についても「一六ノ日七節、御祭礼四日、祭礼両日、七月十三日ヨリ十六日迄」と定められていた。このうち演兵は「三・五・八・十ノ日」におこなわれ、各月の実施回数は一二回の予定であった[85]。

この間、武田斐三郎はフランスの新式歩兵教練書を訳出し、藩校から藩版として刊行している。

・武田斐成章甫訳『法国新式歩兵演範　銃兵齎法　二冊』（松代藩学校蔵版、明治三年庚午五月官許）
・武田斐成章甫訳『法国新式歩兵演範　小隊齎法　二冊』（松代藩学校蔵版、明治三年庚午五月官許）

この教本は、後装単発銃段階の一八六九年版歩兵教練書、***Règlement du 16 mars 1869 sur l'manœuvres de l'Infanterie*** を邦訳したものであり[86]、新政府や他藩に先駆けての刊行となった。さらに藩校では、『大隊齎法』の刊行も予定していたようであり、その原書『六十九年式　大隊・聯隊演練書』が同年七月に購入され[87]、訳稿についても「大隊三之巻十一丁ヨリ二十二丁マデ板下出来候付申上[88]」との段階に進んでいた。しかしこの年の十一月に発生した午札騒動で武田斐三郎の住居が焼き打ちに遭い、「これが為めに亡父の書き物も大分無くなって仕舞ひました[89]」ということから、訳稿を焼失して未刊に終わったものと思われる。その他『法国歩兵程式図』二巻も、藩版として刊行されたといわれるが[90]、現存の教本については未見である。

さて、松代藩の兵制士官学校は「松代騒動の余波をうけて、その翌月（註：明治三年十二月）廃校となった[91]」といわれ、教頭であった武田斐三郎もこれと時を同じくして東京へ戻った。しかし同藩では、騒動の鎮定後程なくして士官教育を再開し、「武田成章既に本校を去ったけれども、その教育を受けて修得せる者が教官の位置に就[92]」く形で、藩校内に「兵学寮」を開設した。

明治三年末、松代藩は「兵学寮定則[93]」を布告して「時事を非議し或ハ他寮を凌侮し総而粗傲之挙動を行ふへからす」とか、「将士之学ハ学と術とを兼脩し読兵演兵偏廃すへからす」といった将校生徒としての心得を示し、翌明治四年初頭には課業を開始したといわれる。しかしわずか半年後の七月十四日、廃藩置県によって松代藩が松代県へと改置されたのに伴い、母体である藩学校と共に閉校を余儀なくされた。

廃藩置県後、新設県の行政が旧藩の職員に暫時委任されたという事情もあって、松代県では旧藩学校を「松代県学校」として再開することを図った。そして同年八月、改めて教授以下の職員を任命し、就学者に対しても「九月一日より開校候に付従前の通り各罷で可致修業候[94]」ことを布達した。就学については、八歳から三十歳までの同県士族にこれを義務付け、「学校規則[95]」に従って文武の兼修を指令した。

凡士族子弟八歳ニシテ文学ニ入十四歳以上文武ヲ兼習シ十七歳以上一科専門修業ヲ願者ハ可許之　十八歳以上兵隊ニ入ル者武術専ニスルト雖モ文学モ亦無怠修業シ出隊之後治官有用之一ト為ン事ヲ可志　在官ヲ除ク外三十歳未満ノ者ハ廃学スルコトヲ不聴事

また、「文武ハ天下之公道也　士族独リ私スルヲ不得　凡四民之業異ナレトモ学ニ入ルモノハ有志者也　士族之ヲ軽視スルヲ許サス[96]」との布令を発して、卒や平民の子弟についても、就学を希望する者に門を開いた。

同校における士官教育は、「兵学所（洋学校）」でおこなわれ、生徒数は七〇人[97]であった。また「兵学所定則[98]」も布達されているが、その内容は前出「兵学寮定則」と全く同じであり、就学生の人数も「兵制士官学校」開校当時からみて、大きな異同は認められない。こうした点から考えて、松代藩の士官養成校は、創設以来ほぼ一貫した流れで運営されていたことが窺われる。ただし存在期間が三年余と短かい上、途中二度にわたる課業の中断もあり、結果的に卒業者は出なかったものと思われる。

他方、藩士一般からの就学者で、「演兵」すなわちフランス式調練を修業する者は四四五人に及び、喇叭の教習を受ける五二人と共に[99]、松代県兵隊の要員候補となった。

なお、県学校において軍事教育を担当する職員は、そのほとんどが旧藩校からの引き継ぎであり、表8のような人員構成となっていた。

表8　松代藩における軍事教育担当職の変遷

文武学校	松代藩学校	松代県学校
山寺丙太郎 兵制士官学校助教並 立田　秀平 佐久間忠幾久 砲術二等教授 金児忠兵衛 中俣　一平 砲術二等教授試補 蟻川　功	蟻川　功 金児　弥高 中俣　俊平 宮下　力 同一等助教 山寺丙太郎 牧野　良平 佐久間忠幾久 金井清八郎 池邨謹之助 立田　秀英 宮沢　彦治 同二等助教 禰津常之助 依田謙次郎 高久圭次郎 演兵世話方　（一五人）	同　助教 山越新八郎 金井清八郎 宮沢　彦治 池邨謹之助 同権助教 禰津常之助 依田謙次郎 高久圭次郎 兵学助教文学助教兼勤 山寺丙太郎 喇叭助教 松井　総吾 鈴木　一重 兵学助　（一五人） 兵学所番卒　（五人）

廃藩置県を経て改置をみた松代県は、旧松代藩の職制を存続させる形で行政機能を維持したが、わずか四カ月後の十一月二十日には、長野県に統合される形で

廃県となった。これに伴って「松代県兵隊」は十二月二十二日に解隊され、同時に旧県の所有兵器も東京鎮台第二分営（上田）へ移管となり、兵部省に「還納」されることとなった[100]。

また「松代藩学校」は十二月二十八日に廃校となり、「武芸に係る物はことごく兵部省の管轄に帰して破毀売却せられた[101]」という。ここにおいて、松代藩が武田斐三郎という人物を介しつつ、旧幕府陸軍の遺産を間接的に継承する形でおこなった、近代的士官学校開設の試みは終焉を迎えることになった。

同時期、それぞれの藩内で独自の士官養成を計画していた諸藩には、静岡藩（沼津兵学校）、和歌山藩（兵学寮）、大聖寺藩（兵学舎）、新発田藩（兵学寮）、岡山藩（兵学館）、松江藩（兵学校）、名古屋藩（兵学校）、高知藩（幼年学校）、福山藩（兵学校）、福井藩（兵学校）などがあったが、何れも本稿で述べた松代藩の場合と同様に、廃藩置県を機として廃校を余儀なくされた。

他方、維新政府の側でも大阪に「陸軍兵学寮」を開設し、明治三年閏十月二十日、各藩に対して「大中小藩高ニ応[102]」じた生徒差出しを命じたが、これに応じて入校した生徒は合計二六五人[103]にとどまり、政府中央による士官教育の統括という試みも、結果的に「朝藩体制[104]」下では軌道に乗らなかった。

さて、明治初期に松代藩がおこなった兵制改革は、後装単発銃段階のフランス式教本（一八六九年版）をいち早く採用した点に、その特徴を見出すことができる。明治三年、維新政府による兵式統一の実施が日程に上がった時点で、大多数の諸藩が練兵の準縄としていた教本は、オランダ・イギリス・フランス各国の前装施条銃段階の歩兵教練書であり、実際「陸軍ハ仏蘭西式ヲ斟酌御編制相成候[105]」ことが布令された折に基準となったのも、このうちのフランス式教本（一八六二年版）を邦訳した『官版　歩兵程式』（陸軍兵学寮、明治二〜三年）だった。

ちなみに建軍期の日本陸軍が、後装単発銃段階のフランス式教本（一八六九年版）にもとづく『歩兵操典』（陸軍兵学寮、明治四年）を採用するのは、明治五（一八七二）年に『歩兵操典』第一次改正[106]を実施してからのことであり、これは松代藩が明治三年に刊行した『法国新式歩兵演範』と同一の原書を邦訳したものであった。

註

（1）維新史料編纂会『維新史　第五巻』（文部省、一九四一年）一七一頁。
（2）陸軍省編『明治天皇御伝記史料　明治軍事史（上巻）』（原書房、一九六六年）六頁。
（3）太政官編『復古記　第十一冊』（内外書籍、一九三〇年）二一六～二一七頁。
（4）同右、二四六頁。
（5）同右、三二五頁。
（6）太政官編『復古記　第十冊』（内外書籍、一九二九年）九〇七頁。
（7）前掲『復古記　第十一冊』五四七頁。
（8）同右、五五〇～五五一頁。
（9）前掲『維新史　第五巻』二七六頁。
（10）「長野県史料　十一　旧松代藩兵制」（国立公文書館蔵）。
（11）大平喜間多『松代町史　上巻』（松代町役場、一九二九年）六六六～六六七頁。
（12）戊辰戦争時の臨時征討官については、「歴年武官表」（内閣記録局編『明治職官沿革表附録歴年官等表・歴年武官表並俸給表』内閣記録局、一八八八年）を参照。
（13）明田鉄男編『幕末維新全殉難者名鑑　三』（新人物往来社、一九八六年）三四四～三四七頁。
（14）金子常規『兵乱の維新史1』（原書房、一九八〇年）一七九頁。
（15）太政官編『復古記　第十三冊』（内外書籍、一九三〇年）二二九頁。
（16）前掲『幕末維新全殉難者名鑑　三』三四七～三四九頁。
（17）佐々木克『戊辰戦争――敗者の明治維新――』（中央公論社、中公新書、一九七七年）二一九頁。
（18）「各藩戦功録」（国立公文書館蔵）。

(19) 日本史籍協会編『藩政一覧　一』（東京大学出版会、一九六七年）三八四～三八五頁。
(20) 「戊辰戦功賞典表」（東京大学史料編纂所蔵版『明治史要　附表』東京大学出版会、一九六六年）「附録表」一六頁。
(21) 内閣記録局編『法規分類大全45　兵制門（1）』（原書房、一九七七年）五頁。
(22) 同右、五～六頁。
(23) 前掲「長野県史料　十一　旧松代藩兵制」。
(24) 同右。
(25) 同右。
(26) 大村益次郎先生伝記刊行会編『大村益次郎』（肇書房、一九四四年）六四九頁。
(27) 内閣官報局編『法令全書　第一巻』（原書房、一九七四年）一五四～一五五頁。
(28) 「新太久馬意見書」（早稲田大学社会科学研究所編『中御門家文書　下巻』同研究所、一九六五年）一三頁。
(29) 「大竹勝太郎意見書」（同右）二六頁。
(30) 前掲『法規分類大全45　兵制門（1）』一五頁。
(31) 前掲「長野県史料　十一　旧松代藩兵制」。
(32) 前掲『松代町史　上巻』六六六頁。
(33) 文部省編『日本教育史資料　二』（臨川書店、一九六九年）四九四頁。
(34) 原剛『日本海防史の研究』（名著出版、一九九六年）一三四・一三九頁。なお松代藩の江戸湾警備は、慶応四（一八六八）年まで続いた。
(35) 勝安房編『陸軍歴史　上巻』巻十（陸軍省、一八八九年）九三頁によると、六番台場の備砲は次のようなものであった。
・八拾ポンドボムカノン（BomKanon van 80tt.）　一門
・銑三拾六ポンドカノン（Ijzer Kanon van 36tt.）　一門
・貳拾四ポンドカノン（Kanon van 24tt.）　四門
・拾貳ポンドカノン（Kanon van 12tt.）　六門
・六ポンドカノン（Ligte Kanon van 6tt.）　六門
・十五ドイムランゲホウィッツル（Lange houwiter van 15dm.）　二門
(36) 前掲「長野県史料　十一　旧松代藩兵制」。

(37) 前掲『松代町史　上巻』六六六頁。
(38) 拙稿「建軍をめぐる日英関係」（平間洋一ほか編『日英交流史3　軍事』東京大学出版会、二〇〇一年）二五〜二六頁。
(39) 大平喜間多「松代藩兵制士官学校」（『松代藩学校沿革史』松代小学校、一九五三年）四六頁。
(40) 同右、四三頁。
(41) 前掲「長野県史料　十一　旧松代藩兵制」。
(42) 『小隊号令詞　全』（無刊記）二丁。
(43) 赤松小三郎訳『重訂　英国歩兵練法　第一編』（薩摩藩蔵版、慶応三年）六丁。
(44) 前掲『松代町史　上巻』六六八頁
(45) 「明治三年四月　松代藩現石高并人口・常備兵員取調書上」（長野県編『長野県史　近代史料編　第一巻　政治・行政　維新』長野県史刊行会、一九八〇年）六四七頁。その種別は次の通りである。

・二十九寸天礮（Mortier van 29dm.）	一門
・二十寸天礮（Mortier van 20dm.）	二門
・十三寸天礮（Coehorn mortier van 13dm.）	二門
・十二寸天礮（Hand mortier van 12dm.）	九門
・十五寸人礮（Houwitser van 15dm.）	一門
・十二寸人礮（Houwitser van 12dm.）	七門
・三斤地礮（Ligte Kanon van 3tt.）	一〇門
・六斤地礮（Ligte Kanon van 6tt.）	一門
・重船用礮（Dahlgrens Boat Howitzer）	三門
・米利堅式施条礮（Parott Field Rifle?）	五門
・四斤施条礮（Getrokken Kanon van 4K.G.）	一二門

(46) 前掲「長野県史料　十一　旧松代藩兵制」。
(47) 前掲『法規分類大全45　兵制門（1）』二四〜二五頁。
(48) 日本史籍協会編『幕制一覧　二』（東京大学出版会、一九六七年）三九四頁。
(49) 前掲「明治三年四月　松代藩現石高并人口・常備兵員取調書上」六四七頁。

(50)「松代藩学校沿革取調べ」（長野県教育史刊行会編『長野県教育史　第七巻　史料編一』同会刊、一九七二年）一一七頁。
(51)「陸軍教育史　明治別記第一巻稿」（防衛研究所図書館蔵）。
(52) オーダーミックスは「衝撃力・火力・機動力を組み合わせた、最も効果的な戦闘隊形」とされ、前装施条銃時代に盛行した。Steven Ross, *From Fintlock to Rifle : Infantry Tactics, 1740-1866* (London : Associated University Presses, 1979), p.159.
(53) 散開戦闘法については、『戦術の変遷Ⅰ（歩兵の観点からみた戦術の変遷）』（陸上幕僚監部、一九七五年）四一～四五頁を参照。
(54) 前掲『松代町史　上巻』六七二頁。
(55) シャスポー銃は口径一一粍（最大射程一、二〇〇米）で、槓桿式の装弾機構を持つ後装単発銃である。Frank Ddmarta, *Le Fusil d'Infanterie Francais* (Tour-du-Pin: Editions du Portail, 1983), pp.210-218.
ちなみに同銃は、還納兵器の中に約三千挺含まれており、幕末維新期に輸入が積極化しつつあったことを窺わせる（陸軍省調製『兵器沿革史　第一輯』陸軍省、一九一三年、六一頁）。
(56)「兵制士官学校関係古文書目録」（『松代学校沿革史　第二編』松代小学校、一九六五年）三一一頁。
(57) 前掲「明治三年四月　松代藩現石高并人口・常備兵員取調書　上」六四七頁。
(58) 前掲『法規分類大全45　兵制門（1）』三三一頁。
(59) 同右、四〇～四二頁。
(60) 前掲「長野県史料　十一　旧松代藩兵制」。
(61) 同右。
(62)『官版　知藩事鑑』（御用書物師、一八六九年）。
(63) 前掲『明治史要　附表』「附録表」三三頁。
(64) 東京大学史料編纂所蔵版『明治史要』（東京大学出版会、一九六六年）二五一頁。
(65)「廃藩ノ令出ツルモ藩兵ノ設備ハ姑ク旧ニ依ル」（前掲『法規分類大全45　兵制門（1）』）四七頁。
(66)「旧松代県兵隊調練表」（前掲『長野県教育史　第七巻　史料編一』）七六～七七頁。
(67) 前掲『明治史要　附表』「附録表」一八〇頁。
(68) 前掲『日本教育史資料　二』五〇三頁。なお卒については「必入学ヲ要セス」としながらも、「入学ヲ請願スル輩ハ許可セシナリ」との方針であった。
(69) 同右、四九六頁。

(70) 同右、四九七～四九八頁。
(71) 川口嘉「陸軍砲兵大佐武田成章君の伝」(『同方会報告』第十三号、一八九九年二月)一〇頁。
(72) 前掲「松代藩学校沿革取調べ」一一三頁。
(73) 武田斐三郎については、白山友正「武田斐三郎小伝」(『軍事史学』第八巻第三号、一九七二年十二月)を参照。
(74) 武田英一「武田成章君国事に尽力せられし事蹟」(『史談会速記録　十二』原書房、一九七二年)三三二頁。
(75) 前掲「松代藩兵制士官学校」三九頁。
(76) 前掲「松代藩学校沿革取調べ」一一三・一二六・一三四頁。
(77) 前掲「松代藩兵制士官学校」四四頁。
(78) 松下芳男「松代藩の兵制士官学校」(『歴史日本』第三巻第二号、一九四四年二月)四〇頁。
(79) 「松代藩・県学校諸費および従来の方法取調べ」(前掲『長野県教育史　第七巻』)七六頁。
(80) 松代藩学政局訳『法国歩兵演範　小隊教法　上』(松代藩兵政局蔵版、明治二年己巳九月四日)「略例」一～二丁。なお一八六三年版(軽歩兵用)の訳本については、旧幕府が刊行した、大鳥圭介訳『仏蘭西歩兵程式　教練之部　巻之一・二』(陸軍所、慶応三年)と、維新後にその訳稿を引き継ぐ形で刊行された、田辺良輔訳『仏蘭西軽歩兵程式』(養素田辺氏蔵版、明治二年)がよく知られている。
(81) 前掲「長野県史料　十一　旧松代藩兵制」。
(82) 前掲『松代町史　上巻』六六八頁。
(83) 前掲「松代藩学校沿革取調べ」一一五頁。
(84) 同右、一三四頁。なお職制の改正は、明治三(一八七〇)年二月から六月にかけて逐次実施され、八月に入って演兵世話方が置かれた。
(85) 同右、一一五～一一六頁。
(86) 武田斐成章甫訳『法国新式歩兵演範　銃兵釁法　上』(松代藩学校蔵版、明治三年庚午五月官許)「略例」。
(87) 「明治三年七月　松代藩兵学助教兵書買上願」(前掲『長野県史　近代史料編　第一巻』)六五九頁。
(88) 前掲「兵制士官学校関係古文書目録」三一三頁。
(89) 前掲「武田成章君国事に尽力せられし事蹟」三三四頁。
(90) 前掲「松代藩兵制士官学校」四五頁。なお、矢島玄亮編『藩版一覧稿』(東北大学附属図書館、一九六六年)には、「歩兵

程式操練之部、松代藩学制局、明治3」の書名がみえる（同書、六四頁）。
(91) 前掲『長野県史　通史編　第七巻・近代一』八四頁。
(92) 前掲「松代藩の兵制士官学校」四一頁。
(93) 前掲「松代藩学校沿革取調べ」一一七頁。
(94) 前掲「松代藩兵制士官学校」四八頁。
(95)「旧松代県学校規則」（前掲『長野県教育史　第七巻』）七七頁。
(96)「小規則」（同右）七八頁。
(97)「学校表および上申」（同右）七四頁。
(98)「兵学所　即洋学校　定則」（同右）七八頁。
(99) 前掲「学校表および上申」七四頁。
(100) 前掲『松代町史　上巻』六七三頁。
(101) 前掲「松代藩兵制士官学校」四九頁。
(102) 前掲『法規分類大全45　兵制門（1）』三四頁。
(103) 陸軍省編『陸軍沿革要覧』（陸軍省、一八九〇年）八九頁。
(104) 福島正夫『地租改正』（吉川弘文館、一九六八年）五七頁。
(105) 前掲『法規分類大全45　兵制門（1）』三二頁。なお、この時期に「兵式」といわれたものの内実は、基幹兵力となる歩兵の編制や訓練が、どの国の邦訳教本に準拠しているのかを示すものであった。
(106) 前掲「陸軍教育史　明治別記第一巻稿」。

四、丹波諸藩の兵制

丹波国に本領を持つ藩は何れも小藩で、草高一〇万石（現石五万石）以上の中藩・大藩はなく、最大が篠山藩の草高六万石（現石三万六三二〇石）、最小が山家《やまが》藩の草高一万八二石（現石四、三八九石）であった。こうした点において、丹波諸藩の動向を敷衍してみることは、維新政府の対藩兵政策が地方小藩の間でどのように受け止められていたのかを検証するための、ケーススタディという意味を持つものとなろう。

王政復古から戊辰戦争の開戦初期における対応についてみると、佐幕派と目されていた亀山藩や篠山藩から、いち早く勤王へと藩論をまとめた柏原藩まで、その立場には一定の幅があった。しかし、全体に大勢順応の傾向もあり、山陰道鎮撫使の来着を機に、丹波の七藩全てが維新政府へ恭順した。戊辰戦争時、維新政府側のいわゆる「官軍」という立場で出兵したのは、柏原藩と福知山藩の二藩で、そのうち実際の戦場へ向かったのは福知山藩だけだった。その一方で丹波諸藩は、「陸軍編制法」にもとづく徴兵や、京都兵備のための戍兵として、維新政府への兵員差出しをおこなった。それで次に、前章で述べた維新政府の対藩兵政策を受けて、丹波諸藩が実施した兵制改革の推移をみてゆきたい。

（一）丹波諸藩の兵制改革

(1) 篠山藩

篠山藩は、草高六万石を公称する旧譜代の小藩で、維新後青山忠敏（左京太夫）が知藩事となった。同藩が洋式兵制を採用するのは慶応年間（一八六五～六八）に入ってからであり、第一～第五隊より成る「士隊」と、「守城隊」一隊を編制した(1)。それぞれの「士隊」には、小隊長・半隊長・分隊長各一人と録備役二人が就き、編制規模は次のようなものであった。

第一隊　六四人（うち役員五人）
第二隊　六四人（　同　右　）
第三隊　六四人（　同　右　）
第四隊　六四人（　同　右　）
第五隊　五六人（　同　右　）

「守城隊」は、役員の就かない九三人の編制で、こちらは予備隊であったと思われる。兵式については詳らかでないが、年代的な条件等を考えると、前装施条銃段階のオランダ式（一八六一年式）と推定することができる。

明治二（一八六九）年三月十九日、篠山藩では兵制をイギリス式に変更し、「銃隊等役名御改」が布告された(2)。藩兵の編制内容についての詳細は明らかでないが、歩兵は「五等士隊・近習隊・徒士隊・六等士隊・上等卒隊・中等卒隊・扈従隊・吏卒隊」に区分されるほか、「砲隊・楽隊・輜従隊」も有し、兵員数は「五百五十弐人」[3]となっていた。兵式の内容は、前装施条銃段階のイギリス式（一八六二年式）であったと思われる。

明治三（一八七〇）年におこなわれた一連の兵制改革を通じ、篠山藩の常備兵は、現石三万六三二〇石に対応する形で大幅に削減され、次のような編制となった[4]。

一　当今常備歩兵　　三小隊
　　人員　百九拾弐名
　　内　喇叭卒　拾弐名
　三等士官　九名
　下等士官　拾八名
　伍長　廿五名
　　内　喇叭伍長　壱名
一　兵式　　阪府陸軍歩兵程式ニ相準候

ここにいう「兵式」は、軍中央の指導の下に統一された、前装施条銃段階のフランス式（一八六二年式）である。
また、篠山藩が装備していた小銃は次のようなもので[5]、全て前装銃だった。

一　二帯銃　三百七挺
一　三帯銃　三百四十挺
一　瑞西銃　九拾三挺
一　蘭　銃　七拾弐挺

これらのうちの「二帯銃」と「三帯銃」は、イギリス製のエンフィールド銃（P1860Enfield Short Rifle, P1853 Enfield Rifle Musket）と推定され、慶応年間（一八六五～六八）の洋式銃隊編制に合わせて調達されたものと思われる。また「瑞西銃」とは、当時スイッツル銃と呼ばれた、スイス製ライフル銃（M1851 Federal Rifle）であろう。さらに「蘭銃」とあるのは、ゲベールの名で知られたオランダ式の前装滑腔銃（Oorlogs geweer）と思われるが、「此分薬包用意無之候」とあり、明治三年時点では既に予備銃の扱いとなっていた。

他方砲兵については、一九門の西洋式火砲を保有していたにもかかわらず、[6]明治三年の兵制改革を通じて解隊した。また、楽隊や輜重隊も、兵数削減を実施する過程で解隊したものと思われる。

明治四（一八七一）年の廃藩置県を経て、篠山藩の常備兵三小隊は、篠山県兵となった。その後篠山県が豊岡県へ改置されて廃県となったのに伴い、明治四年十一月九日に篠山県兵も廃止された。[7]

(2) 柏原藩

草高二万石の柏原藩は、織田信親（出雲守）を知藩事とする、旧外様の小藩である。戊辰戦争に際しては藩論を勤王に統一し、[8]藩兵一二〇人を出兵させて、[9]山陰道鎮撫使に随行した。柏原藩が洋式兵制を採用したのは、慶応三（一八六七）年五月のことであり、従来の山鹿流を廃してオランダ式に改めた[10]。この時一五〇挺の「施線銃」を購入しており、兵式は前装施条銃段階のオランダ歩兵教練書（一八六一年版）に準じたものだったことが知られる。

慶応四年五月二十五日、柏原藩は藩政を刷新し、軍事局を設けて藩兵の統轄をおこなった。その際、干城隊・折衝隊・山風隊および巨砲隊を編制し、「上下無勤」の者をことごとく編入した[11]。これら諸隊の指導には、京都から招いた大島貞恭があたり、「戦袍の類を廃し、束髪および洋服を許す[12]」といった形で洋式化を急いだ。

兵式は引き続きオランダ式で[13]、兵数は「兵士五十人、兵卒五十六人[14]」の計一〇六人であった。もともと柏原藩の軍事的動員力は、軽卒を合わせても二〇〇人未満とされており[15]、近代化のための諸条件を加味すると、藩兵一〇〇人余というのが、石高相当の戦力だったとみることができる。

明治三年七月六日、「常備編隊規則」に沿った形で、「今度六拾人小隊被仰出候ニ付干城隊相廃シ候[16]」ことが決定した。次いで十月二十八日、「藩制」による現石高相当への常備兵数改定を受けて、「隊制変更」が日程に上り、折衝隊が廃止された[17]。かくて柏原藩の常備兵は、現石九、一九〇石に応じた歩兵一小隊と砲隊一隊に縮小されることとなった[18]。

明治四年五月、柏原藩は廃藩置県を俟たずして、藩常備兵をことごとく解隊した[19]。これは、明治三年十月十二日に兵部省が現石高一万石未満の藩に対し、藩兵を解隊して陸軍資を政府へ上納することを勧告したことを受けて[20]、実施に至ったものと思われる。

（3）福知山藩

福知山藩は、草高三万二千石の旧譜代藩で、維新後朽木為綱（近衛守）が知藩事となった。戊辰戦争では、藩兵六〇人が会津征討越後口総督の下で出兵した。そして北越・庄内方面の戦闘へ参加し、戦死者二人、戦傷者一人という損害を出した。(21)

福知山藩では、安政年間（一八五四〜六〇）にオランダ式兵制を一部導入して、在来の山鹿流兵法と併用した。その後元治元（一八六四）年の禁門の変を機に、オランダ式にもとづく本格的な兵制改革をおこなった。(22) 年代的な条件からみて、前者の兵式は前装滑腔銃段階のもの（一八五五年版）、後者は前装施条銃段階のもの（一八六一年版）に準拠する内容であったと考えられる。慶応年間（一八六五〜六八）に入ると、兵制をイギリス式に改め、(23) 藩兵を次のような編制とした。(24) この時のイギリス式は、前装施条銃段階のもの（一八六二年版）であり、版籍奉還後もその編制が継続された。

兵士　九拾四人
兵卒　百三拾四人
　内
壱番小隊　銃卒四拾人
　士官押伍共　六人
弐番小隊　銃卒四拾人
　同　六人
三番小隊　銃卒四拾人
　同　六人

四番小隊　銃士四拾人
　　　　同　　六人
砲隊　砲士弐拾六人
　　士官　弐人
鼓隊　鼓手拾四人
　　鼓長伍長共弐人
〆弐百弐拾八人

明治三年の福知山藩における兵制改革については、その経緯が詳らかでないが、最終的には現石一万三三三〇石に対応する形で、「二小隊百二十人」[25]へと常備兵を削減した。これらの常備兵は、廃藩置県後に福知山県兵となり、同県が豊岡県に改置された明治四年十一月に解隊されたものと思われる。

(4) 園部藩

園部藩は、草高二万六七一一石の旧外様藩で、知藩事は小出英尚（伊勢守）だった。戊辰戦争時には維新政府側に恭順し、出兵はしなかったものの、後述するような種々の軍役を果たした。

慶応年間にオランダ式兵制を採用した園部藩の藩兵は、歩兵一大隊（士族小隊二、卒族小隊六）と砲隊から構成され、その兵員数は「中等戦士三十六人、下等戦士四十二人、鼓手十二人、上卒銃手四十人、中卒銃手百廿六人、下卒銃手八十四人」の計三二六人であった。[26]

明治三年の兵制改革を通じ、園部藩は常備兵を一中隊（二小隊で編制、兵員数は一〇一人）に削減した。また、兵制をフランス式に改め、岡山藩の水原建人を招いて「仏郎西操練式ヲ伝習」[27]した。この時のフランス式の内容は、前装施条銃段階のもの（一八六二年版）であった。

園部藩の現石高は一万三五三〇石だったが、「藩制」の施行後も二小隊の常備兵を削減することはなかった。園部藩の常備兵は、廃藩置県によって園部県兵となり、同県が京都府へ改置された後、明治四年十二月二十日に解隊となった。[28]

この時、旧園部藩が録上した還納兵器は、「短雷銃（二帯型エンフィールド銃）」二〇〇挺のほか、「四斤半」野戦砲四門、「十二寸」ホウイッツル砲二門、「手天砲」すなわちハンドモルチール一門、「自在砲」と呼ばれたダライバス一門であった。[29]

(5) 綾部藩

九鬼隆備（大隅守）を知藩事とする綾部藩は、草高一万九五〇〇石の旧外様大名で、戊辰戦争においてはいち早く新政府への恭順姿勢をとった。明治二年の時点で、綾部藩は一〇〇人の兵員（司令一二人、砲兵一四人、歩兵七四人）を有していた。[30]兵制はイギリス式であり、[31]歩兵は二小隊の編制になっていたものと考えられる。

明治三年の兵制改革を経て、綾部藩の常備兵は、現石高六、四四四石に対応する形で、兵員四〇人から成る一小隊に縮小された。廃藩置県後は、暫時綾部県兵として残ったが、明治四年九月二十日に解隊した。[32]綾部藩の所有兵器は、「二帯ミニヘール」銃七〇挺、四斤砲二門、和流の百目筒一門であった。[33]

(6) 山家藩

草高一万八二石の山家藩は、旧外様の小藩で、谷衛滋（大膳亮）が知藩事となっていた。戊辰戦争に際しては、当初「猟師・人足まで招集して、藩をあげて非常体制をととのえた」[34]といわれるが、結果的には新政府へ恭順した。

山家藩の藩兵は、オランダ式で編制されていたが[35]、その具体的内容については明らかでない。同藩の還納兵器の数をみると、「ニ帯ミニヘール」銃三五挺、仏郎西ボート砲一門があり[36]、これから考えると、歩兵一小隊と砲兵一隊程度の編制規模であったと思われる。

明治三年の兵制改革を経て、山家藩の常備兵は、現石高四、三八九石に対応した、二六人から成る一半隊に削減された。これは一藩の兵力としてはあまりに僅少であり、廃藩置県直後の明治四年八月、ことごとく解隊した[37]。

(7) 亀山（亀岡）藩

亀山藩は草高五万石の旧譜代藩で、松平信正（図書頭）が知藩事であった。明治二年の版籍奉還後、同名の藩が伊勢にも存在するため、亀岡藩と改称されることとなった。戊辰戦争に際して同藩は佐幕派と目され、その去就が新政府の警戒するところとなったが、山陰道鎮撫使の進軍に対し、恭順の姿勢をとった。

亀岡藩の藩兵については、その詳細を示す史料を欠くが、明治二年時点で「歩卒五百三十五人」[38]を有していたことを確認できる。兵制はイギリス式で[39]、概ね一大隊程度の兵力だった。

明治三年の兵制改革により、亀岡藩の常備兵はフランス式の編制に改められると共に、現石高二万八三八〇石に応じた、「兵隊百五十六人、役員四十三人、予備卒七十九人」[40]という規模に縮小された。「常備編隊規則」の規定によれば、これは二小隊半と予備隊の編制で、実質二中隊以上の兵数を有していたことになる。この兵力は、現石高四万石に相当する規模で、亀岡藩では「藩制」施行後に至っても、兵員削減を進められなかった状況が窺われる。なお、廃藩置県後の常備兵解隊に至る経緯は、周辺諸藩とほぼ同様だったと思われる。

（二）　諸軍役と兵員差出し

維新政府は、諸藩兵に対する統制策を推進する一方で、直轄軍（国軍）の編制に向けた試みを逐次実行に移していった。戊辰戦争を通じて維新政府の管下に入った諸部隊のうち、「十津川、浪士、歩兵三種の兵隊[41]」が、建軍期の直轄部隊として位置付けられたが、その一方で諸藩からの兵員差出しに依拠する、新規の直轄部隊編制もおこなわれた。

本章では、（1）戊辰徴兵、（2）京都警衛兵、（3）陸軍兵学寮生徒、（4）辛未徴兵について、丹波諸藩の兵員差出し状況をみてゆきたい。

（1）　戊辰徴兵

慶応四年閏四月二十日、維新政府は「陸軍編制法[42]」を発布し、京畿常備兵を編制するため、諸藩に対して草高一万石につき一〇人（当分の間三人）の兵員と、経費三〇〇両の差出しを命じた。次いで同月二十四日、徴兵の選定を「満十七八歳ヨリ三十五歳此迄強壮ノ者」とすること、任期を三年とすること、「小銃并要員蒲団」を持参すること等の条件を示し、兵員差出しの期限を同年五月一日（在京兵士のない藩は七月中）と定めた[43]。

丹波諸藩のうち、この徴兵に応じたことを史料の上で確認できるのは、柏原・福知山・亀岡・山家・綾部の五藩である。何れの藩も京都からの距離がそう遠くないため、概ね差出し期限に間に合わせて兵員を派遣したようである。

慶応四年五月一日に編制をみたのは第一～第六番隊で、綾部藩の徴兵以外はこれらの隊に組み入れられている(44)。

各隊は諸藩の徴兵を集成する形で編制され、最大の第一番隊（薩摩・佐土原の二藩）が二三九人、最小の第五番隊（宮津・杵築・高鍋・福知山・岡田・庭瀬・狭山の七藩）が五九人と、構成人数にかなりの開きがあった。また、一隊の中にオランダ式とイギリス式が混在（例えば第六番隊）するなど、編制当初は兵式についても不整一だった。

柏原藩の徴兵は、第四番隊に組み入れられた(45)。差し出された人数は、草高二万石について六人であったと推定される。福知山藩では、草高三万二〇〇〇石につき九人の徴兵差出しをおこなった(46)。これらの兵員は第五番隊に編入されている。亀岡藩は、徴兵一五人を草高五万石に応じて差し出し(47)、第六番隊の兵員となった。山家藩の徴兵も第六番隊に入った(48)。人数は、草高一万八二石について三人だったと推定される。綾部藩でも、草高一万九五〇〇石に応じた「徴兵六人ヲ京都ニ調発(49)」している。ただし何番隊に組み入れられたのかは不明である。

さて、これらの徴兵隊はその後七箇大隊に再編されたが、明治二年二月十日、「即今東北平定ニ付更ニ兵制御詮議振モ被為在候間一先帰休(50)」との指令が発せられ、解隊されることとなった。

(2) 京都警衛兵

「陸軍編制法」にもとづく戊辰徴兵隊の解隊が決定した直後、軍務官は「再幸《さいこう》留守ノ衛兵」という名目で、諸藩に藩兵隊の京都派遣を命じた。この衛兵は、三八藩から差し出された計二、四二五人で構成され、イギリス式四大隊とオランダ式二大隊の編制となっていた(51)。丹波諸藩では、七藩全てが藩兵隊を京都に送っている。

亀岡藩では、一〇〇人の兵員を差し出し(52)、イギリス式大隊中の二小隊を構成した。篠山藩も二小隊分の兵員一〇〇人を派遣し、イギリス式大隊に組み込まれた(53)。綾部藩は、明治二年三月七日に二五人から成る藩兵隊を京都へ送り出した。[54]同藩兵はイギリス式大隊中の一小隊となった。園部藩では、一小隊五〇人の藩兵を派遣し、オランダ式大隊に組み込まれた。[55]柏原藩は二五人の藩兵を差し出し、同じくオランダ式大隊中の一小隊となった。[56]山家藩も藩兵二五人を京都に送っており、[57]一小隊としてオランダ式大隊に組み込まれている。

福知山藩は、「精兵五十人」の派遣を下命され、次のような編制の一小隊（指揮官を含めて五四人）を差し出した。[58]

参謀軍事	佐原　将曹
銃卒長	古川真一郎
礮士長	古賀友之輔
軍　監	小串　汀
半隊長	山中松之助
医　師	上田　泰順
礮士兵	拾人
兵　卒	三拾三人
鼓　手	三人
玉薬方監卒	貳人
惣兵員	五四人

この再幸留守警衛兵は、戊辰徴兵のような維新政府直轄部隊ではなく、あくまで藩兵隊を集成する形で、京畿常備

兵の役割を肩代わりしたものであった。一小隊の構成人数は、二五ないし五〇人と不規則だが、必ず一藩ごとに小隊を編制させている。これは、諸藩から差し出された小人数の兵士を合集させた戊辰徴兵の編制が、指揮統御の面で問題を生じたことへの自省によるものであろう。

（3）陸軍兵学寮生徒

陸軍兵学寮とは、陸軍士官を養成するための教育機関として、明治三年に維新政府が大阪へ設置・開校したものである。諸藩に対する生徒差出しの指令が発せられるのは、同年閏十月二十日のことであり、現石高に応じた人数割当は、大藩九人・中藩六人・小藩三人（一万石未満の小藩については追って沙汰する）となっていた。[59]しかし実際に諸藩が差出した生徒は、合計二六五人（十二月二十九日一三三人、翌明治四〈一八七一〉年一～三月までに一三二人が入校）にとどまり、[60]当初予定されていた人数（七五〇人程度）を大きく下回っていた。

丹波諸藩の中で、陸軍兵学寮への生徒差出しをおこなったことが確認できるのは、篠山藩と園部藩の二藩だけである。前述のように実際の入校者数は、予定人数の三割程度であり、差出しをおこなわなかった藩の方が多いというのが実情だった。

篠山藩では、明治三年十二月に三人の士族青年が、兵学寮の青年学寮へ入校した。史料には池田七之助・佐治房之助・羽入幹之丞の名がみえるが、年齢は不明である。[61]園部藩では、三人の生徒差出しが二回にわたっておこなわれた。最初の一人は人見良蔵（二十三歳）で、明治三年十二月二十九日に入校した。次いで翌明治四年一月二十七日、稲本雄也（二十歳）と山下専一郎（二十三歳）の二人が派遣されている。[62]

陸軍兵学寮に入校した生徒は、廃藩置県によって出身藩が消滅した後も、同校に残って課業を継続するものが多くあり、彼らは建軍期の日本陸軍において士官へと育っていった。

（4）辛未徴兵

辛未徴兵とは、明治三年十一月十三日に発布された「徴兵規則」にもとづき、府藩県から一万石につき五人の割合で「士族卒庶人ニ不拘身体強壮ニシテ兵卒ノ任ニ堪ヘキ者」を召集し、維新政府の直轄部隊としたものである。徴兵の召集は、明治四年のうちに四次にわたって全国で実施される予定だったが、結果的に第一次施行対象地域（五畿内・山陰道・南海道）でおこなわれただけに終わった。(63)

第一次の施行対象となったのは、二府五二藩七県で、丹波諸藩についてみると、篠山・福知山・園部・綾部・山家の五藩に、徴兵差出しの記録が見出される。徴兵の差出し期限は、明治四年一月二十五日から二月一日までとされたが、徴兵検査の結果不合格となった分については、後日代人を再選して差し出すことになっていた。

篠山藩では、明治四年一月に一六人の徴兵を大阪へ差し出しているが、この時の兵員は全て卒だった。次いで同年三月にも二人の徴兵を送り出しており、この両名は何れも士族で、おそらく初回の不合格者に対する再選代人と思われる。(64)

福知山藩では、士族一人・卒三人・農一人・商一人の計六人から成る徴兵を、明治四年一月に大阪へ差し出している。(65)徴兵検査で不合格者が出なかったのか、またそれに対する再選代人が差し出されたのかといった点については記録がない。

園部藩では、明治四年一月二十七日に七人の徴兵を差し出し、このうち五人が検査に合格して、二月五日に入営した。不合格者については、再選代人となった士族二人が四月二十二日に大阪へ赴いて受検し、翌日両名共入営した。(66)

綾部藩は、明治四年一月二十五日に三人の徴兵を選定して大阪へ送った。このうち二人は徴兵検査に合格したが、欠員となった一人については再選代人を四月十六日に改めて差し出し、入営させている。[67]綾部藩の徴兵は、士族一人・卒二人という身分構成だった。

山家藩では、士族から選定した二人の徴兵を、明治四年一月に差し出した。同藩の徴兵は両名とも検査に合格し、入営が決定した。[68]

これら徴兵の召集は、再選代人に対する検査を経て、明治四年六月頃に完了し、士官や下士官を加えた「歩兵隊七百五十五人・騎兵隊百四十七人・砲兵隊二百五十五人・造築隊百九十二人・喇叭隊七十二人」[69]から成る「大阪兵隊」の編制をみた。辛未徴兵に対しては、「軍服ノ制度ヲ大阪訓練ノ兵ニ課シ」[70]とあるように、「陸軍徽章」にもとづく服制統一が実施され、また「日本刀を廃し、歩兵は其の武装を一変し、銃剣を帯し、銃を携ふ」[71]という形で、兵員の脱刀と装備の統一も試みられた。

明治四年八月、辛未徴兵のうちの歩兵隊が「第四聯隊第一大隊」に改編され、続いて同年十月には「五番大隊」となった。[72]翌明治五（一八七二）年三月二十二日、「五番大隊」を東京へ派遣して兵学寮附とすることが下令された。[73]さらに明治六（一八七三）年五月十四日、東京に歩兵第一聯隊が創設されると、「五番大隊」はその第一大隊第一～三中隊に充当されている。[74]

註

（1）奥田楽々斎『多紀郷土史考』（臨川書店、一九八七年）三九七～四〇三頁。

（2）兵庫県史編集専門委員会編『兵庫県史　史料編　幕末維新2』（兵庫県、一九九八年）八四～八五頁。

(3) 日本史籍協会編『藩制一覧　二』（東京大学出版会、一九六七年）四三二頁。
(4)「兵部省へ差出候調」（「青山家文書　二九二〇」青山歴史村史料館蔵）。
(5) 同右。
(6) 同右。その内訳は次の通りである。

仏式施条砲（四斤半）	Getrokken Kanon van 4 K.G.	四門
仏式忽砲（十二寸）	Houwister van 12 dm.	八門
六斤加農砲	Ligte Kanon van 6tt.	一門
三斤加農砲	Ligte Kanon van 3tt.	一門
ボート砲	Dahlgrens Boat Howitzer	一門
拾壱拇半忽砲	Houwister van 11.5dm.	一門
弐拾拇臼砲	Mortier van 20dm.	一門
ハンド臼砲	Hand Mortier	二門

(7)「廃藩置県ニ付伺」（「青山家文書　四七七」青山歴史村史料館蔵）。
(8) 町志編纂委員会編『柏原町志』（丹波新聞社、一九五五年）一四八〜一五五頁。
(9)「各藩戦功録」（国立公文書館蔵）。
(10) 篠川直『柏原藩史』（自家版、一八九八年）一二八頁。
(11) 同右、一三二〜一三三頁
(12) 同右、一三三頁
(13)「軍務官日記」（国立公文書館蔵）。
(14) 前掲『藩制一覧　一』一八五頁。
(15) 前掲『柏原町志』一五〇頁。
(16)「兵庫県史料　三六　兵庫県史草稿　柏原県判任履歴表」（国立公文書館蔵）。
(17) 前掲『柏原藩史』一四〇頁。
(18) 明治三年十一月十一日の職員改正では、小隊長一人・半隊長二人・砲長一人が任命されている（前掲『柏原藩史』一四一頁）。

(19)前掲『柏原藩史』一四一頁。
(20)「兵部省ヨリ弁官へ掛合」（内閣記録局編『法規分類大全45　兵制門（1）』原書房、一九七七年）三三一頁。
(21)前掲「各藩戦功録」に拠る。なお、出征の詳細については、福知山市史編さん委員会編『福知山市史　第四巻』（福知山市役所、一九九二年）を参照。
(22)「朝暉神社文書　軍務」（福知山市史編さん委員会編『福知山市史　史料編二』福知山市役所、一九八〇年）九二一頁。
(23)「兵庫県史料　三六　兵庫県史草稿　旧福知山藩県調書」（国立公文書館蔵）。
(24)前掲「朝暉神社文書　軍務」九八〜九九頁。
(25)前掲『福知山市史　第四巻』一五二頁。
(26)前掲『藩制一覧　一』二七一頁。
(27)「京都府史料　六〇　府史附編　旧園部県立庁始末」（国立公文書館蔵）。
(28)同右。
(29)同右。
(30)前掲『藩制一覧　二』四二五頁。
(31)前掲「軍務官日記」。
(32)「京都府史料　六一　府史附編　旧綾部県立庁始末」（国立公文書館蔵）。
(33)同右。
(34)綾部市史編さん委員会編『綾部市史　下巻』（綾部市役所、一九七九年）三頁。
(35)前掲「軍務官日記」。
(36)「京都府史料　六二　府史附編　旧山家県立庁始末」（国立公文書館蔵）。
(37)同右。
(38)亀岡市史編纂委員会編『亀岡市史　下巻』（亀岡市役所、一九六五年）一一〇〜一一一頁。
(39)前掲「軍務官日記」。
(40)前掲『藩制一覧　一』一五七頁。
(41)前掲「朝廷之兵制　永敏愚按」八頁。
(42)「陸軍編制」（前掲『法規分類大全45　兵制門（1）』）五頁。

(43) 「軍務官達」(同右) 五〜六頁。
(44) 桜井忠温編『国防大事典』(国書刊行会、一九七八年) 四一六頁。
(45) 同右。
(46) 前掲「兵庫県史料　三六」。
(47) 「京都府史料　五九　府史附編　旧亀岡県立庁始末」(国立公文書館蔵)。
(48) 前掲『国防大事典』四一六頁。
(49) 前掲「京都府史料　六一」。
(50) 「軍務官へ達」(前掲『法規分類大全45　兵制門 (1)』一五頁。
(51) 前掲「軍務官日記」。
(52) 前掲「京都府史料　五九」。
(53) 前掲「軍務官日記」。
(54) 前掲「京都府史料　六一」。
(55) 前掲「軍務官日記」。
(56) 前掲『柏原藩史』一三六頁。
(57) 前掲「京都府史料　六二」。
(58) 前掲「兵庫県史料　三六」。
(59) 「諸藩へ達」(前掲『法規分類大全45　兵制門 (1)』三四頁。
(60) 陸軍省『陸軍沿革要覧』(陸軍省、一八九〇年) 八九頁。
(61) 前掲「兵部省へ差出候調」。
(62) 前掲「京都府史料　六〇」。
(63) その実施状況については、拙稿「辛未徴兵に関する一研究」(『軍事史学』第三十二巻第一号、一九九六年六月) を参照。
(64) 前掲「兵部省へ差出候調」。
(65) 前掲「兵庫県史料　三六」。
(66) 前掲「京都府史料　六〇」。
(67) 前掲「京都府史料　六一」。

(68) 前掲「京都府史料　六二」。
(69) 大阪市役所編『明治大正　大阪市史　第一巻』（清文堂、一九六九年）五七〇頁。
(70) 山県有朋著・松下芳男解説『陸軍省沿革史（明治文化叢書　第五）』（日本評論社、一九四二年）九五頁。
(71) 工学会編『明治工業史　火兵・鉄鋼編』（同発行所、一九二九年）五三頁。
(72) 帝国連隊史刊行会編『歩兵第一連隊史』（同刊行会、一九一八年）一五頁。
(73) 前掲「陸軍省沿革史」四七頁。
(74) 前掲『歩兵第一連隊史』一四頁。

Ⅲ・兵式統一と用兵思想

横浜の洋装した兵士達
(*The Illustrated London News*, 1866年5月19日)

一、「兵式」の位相と邦訳教練書

西欧の近代兵学が幕末の日本で注目されるようになったのは、海防問題が切実な政治課題として認識されはじめた天保年間（一八三〇〜四四）以降のことである。当初その知識は、鎖国体制下における唯一の交易国だったオランダから、各種の兵書を輸入することにより摂取されていた。開国後には、イギリス・フランス・アメリカなどからも兵書がもたらされるようになり、関心内容もそれまでの砲術や練兵に加えて、用兵・軍制といった方面へと広がってゆく。

幕末期の諸藩における西洋兵学の導入レベルは、それぞれの開明性や政治的立場の違いによって、かなりの格差があった。これがほぼ全国的規模で諸藩の間に波及するのは、戊辰戦争以後のことである。戊辰戦争に際し、維新政府は一八八藩（総計一一万七千人余）にわたる諸藩兵を動員した。(1)この時、「調練の範を西洋式に採」(2)ることが下令され、和洋折衷の旧装備で出征した藩兵も、東征の途中で次第に洋式化していった。かくて東征に参加した諸藩兵は、「兵装戦法共に改良せられ、本役末頃には、殆ど欧式となり、兵器は殆ど洋式銃を採用(3)」するに至ったとされる。

戊辰戦争の終結に伴ってこれら諸藩兵はそれぞれの藩へ帰参し、維新政府の管下には草莽・浪士・旧幕府歩兵などから成る直轄諸隊が残った。折から政府の要路では、国軍建設に向けて藩兵主義をとるか徴兵主義をとるかの議論が起こり、薩長間での藩閥対立も絡んで容易に決着をみなかった。この間、維新政府の直轄諸隊は六箇大隊と三箇遊軍隊に再編され、薩・長・土・肥四藩徴兵の召集（東京）や辛未徴兵の編制（大阪）、さらに三藩御親兵の編制（東京）など

表9　明治3年段階における諸藩常備兵の兵力規模

区　別	編制規模	現石高	藩数	百分率
戦術単位を構成し得る諸藩	2箇大隊以上(聯隊編制可能)	20万石以上	10	3.7%
	大隊編制可能	10万石以上	12	4.4%
	大隊に準ずるもの(3箇中隊以上)	6万石以上	10	3.7%
戦闘単位を構成し得る諸藩	中隊編制可能	2万石以上	65	23.8%
兵力が戦闘単位未満の諸藩	小隊編制可能	1万石以上	56	20.5%
	半隊編制可能	5千石以上	63	23.0%
	半隊編制未満	5千石未満	57	20.9%
計	累計兵員数　50,520人	9,181,957石	273	100%

＊藩数は「藩制」布告時（明治3年9月10日）のものである。
＊編制基準は「常備編隊規則」（明治3年2月20日）にもとづく。

も試みられたが、何れも編制規模が限定的で国家的軍事力としては不十分だった。

他方諸藩兵については、明治二（一八六九）年の版籍奉還を経て施行された府藩県三治一致制の下で、維新政府がそれらの編制・兵式・兵力規模等を統制してゆく方針が明確化した。明治三（一八七〇）年二月二十日に交付された「常備編隊規則」では、諸藩兵の兵力規模に対して草高一万石につき一小隊（定員六〇人）を基準に編制すること、兵士は十八～三十七歳の士族・卒族に限定すること等が規定された[4]。次いで同年九月二十五日、「藩制」の施行を踏まえて各藩の兵力規模の基準を現石一万石につき一小隊（定員六〇人）とすることが通達された[5]。これによって諸藩の常備兵数はほぼ半減することになり、それぞれの編制規模も表9のように縮小された。

各藩常備兵の編制基準は、基幹兵種たる歩兵主体に、二小隊で一中隊（一二〇人）・五中隊で一大隊（六〇〇人）の構成とし、士官についても大隊長（少佐）を最高位の階級とするものであった[6]。総じて諸藩の兵力規模は限定的で、戦術単位を構成し得るのは二七三藩のうちわずか三二藩、戦闘単位にも満たないものは一七六藩にも達した[7]。

維新政府はこれらの諸藩兵を統合的に掌握することを通じ、有事における動員体制の整備を図ったが、各藩から抽出した兵力を集成するにあたって、戦法や練兵の準縄を示すべき「兵式」の統一も重要な課題となった。本来「兵式」とは、新興国家日本の軍事力を、何れの先進国の軍事力に倣って建設するかという眼目に従って選定されるべきものであったが、諸藩に対する兵式統一の具体的課題は、その兵力の編制規模が戦術単位（大隊）までにとどまっていたこともあり、基幹兵種としての歩兵の編制・訓練にどの国の教本を制式採用するかが主要な論点となっていた。

この時期、維新政府の直轄部隊も諸藩兵も、その兵力は「殆ント歩兵而已ニシテ頗フル寡少ナル砲兵ヲ之ニ編合シタルニ過キズ其他ノ兵種ハ未ダ全ク其発達ヲ見ルニ至ラザリキ(8)」という状況だった。

こうした事情について、当時大阪の陸軍兵学寮で教官を務めていた田島応親は、「其の頃ハ先づ兵制と申しましても今日からみますと唯だの練兵でございます。練兵場へ兵を並べてそれを操縦する実地の技のみを学び始めたのであります。……専ら兵器を取扱つて実地の馳廻りといふたけのことを主としたのであります(9)」と回想している。

本来この「兵式」という問題は、兵役制度や軍戦備計画などを包括した巨視的観点で議論されるべきものであった。しかし、当時の「朝藩体制(10)」という維新政府の立脚基盤を考えると、対藩兵政策を主軸とした軍事力整備が優先される中で、「兵式」問題がそれら常備兵の具体的な編制基準を提示するための狭義の議論に集約されたことは、一面において現実的な帰結でもあったといえよう。

幕末期の日本へもたらされた近代的な歩兵の戦法に関する知識は、当時の西欧諸国において標準化されていた、オーダーミックスを基調とする内容だった。これは要するに「衝撃力と火力と機動力を組み合わせた、最も効果的な戦闘隊形(11)」とされ、縦隊と横隊と散兵とを複合する形で、組織的戦力の運用を図ろうとするものであった。

前装滑腔銃時代には、着剣したマスケットを持つ戦列兵が密集隊次における縦隊・横隊を形成し、衝撃力と火力を担った。また前装施条銃を持つ散兵（オランダの一八五五年版教本では、一大隊の中に二小隊から成る散兵中隊がある）は、主力となる戦列兵の前方に展開して前哨制圧の役割を果たした。

各国で前装施条銃式のミニエー銃が普及すると、散兵を独立した戦闘単位とする必要はなくなり、戦列兵にも散兵教練が施されるようになった。また横隊の火力構成が前装滑腔銃段階の「三列火線」から「二列火線」へと変化し[12]、戦闘隊形における機動力が相対的に向上した。ただし前装式の小銃は滑腔銃でも施条銃でも、弾薬を装塡して発射準備を完了するまでに二〇～三〇秒の時間を要するため、間断のない火力を維持するには、密集隊次による火線を形成する必要があった。

一八六〇年後半に後装式の小銃が普及するようになると、密集隊次によって火力を発揮することの必然は低下し、むしろ敵前で隊形を組むこと自体が、大きな損害を蒙る原因とさえなった。後装銃段階の歩兵の戦法は、散開隊次における兵士の各個射撃が重視されるものとなり[13]、オーダーミックスの中の散兵の部分が次第に独立・発展して、次世代へと継承されてゆく。

幕末維新の日本へもたらした各国の歩兵教練書も、これらにもとづく戦法と訓練を制式化した内容であった。幕末の日本に近代的な歩兵の訓練を紹介したのは高島秋帆であり、これは高島流砲術の中で「西洋銃陣」と位置付けられていた。西洋銃陣の内容は、前装滑腔銃（燧発式小銃）段階のテキストであったオランダの一八二九年版歩兵教練書を抄訳したものだった[14]。

開国後は西欧の歩兵教練書の邦訳が本格化し、明治三年に兵式統一の布告が出されるまでの一七年間で、オランダ・イギリス・フランス各国の制式教本の邦訳本は四〇種以上もつくられた。この時期、日本へもたらされた西洋諸国の制式歩兵教練書の種別をまとめると表10のようになる。

一八六〇年代後半の慶応年間（一八六五～六八）に入ると、歩兵教練書は前装施条銃段階のものが主流となり、従来のオランダ式のほかにイギリス・フランスの制式教本が加わって、次第に前者を凌駕していった。さらに戊辰戦争（一八六八〜六九）を経て、後装単発銃段階の歩兵教練書も邦訳されるようになり、一八五〇〜六〇年代にかけて矢継ぎ早に変化した西欧諸国の歩兵戦術の水準へと、後発の日本も漸次追随しつつあった(15)。

これら三カ国の制式教本の邦訳状況をみると、オランダ式は前装施条銃段階のもの、イギリス式・フランス式については前装施条銃段階のものと後装単発銃段階のものが混在していたことがわかる。

それでは以下に、いわゆる「兵式」の準縄となったオランダ・イギリス・フランスそれぞれの歩兵教練書について、幕末維新期に翻訳・刊行された主要な版本を通じ、検証してゆきたい。

文久年間（一八六一〜六四）以前に日本に輸入された、前装滑腔銃段階の歩兵教練書は、オランダの原書を翻訳したものにほぼ限られていた。これに対し、慶応年間（一八六五〜六八）に主流となった前装施条銃段階のそれには、イギリス・フランスの原本を邦訳したものが加わり、諸藩はそれぞれ任意にオランダ・イギリス・フランスの教本に倣って藩兵を練成するようになった。

表10　幕末〜維新期に日本へ輸入された歩兵教練書

区分		オランダ	イギリス	フランス
前装滑腔銃段階	燧発式小銃	一八二九年版 一八三一〜三五年版		
	雷管式小銃	一八四八〜五一年版 一八五五〜五六年版 一八五七年版		
前装施条銃段階		一八六一年版	一八六二年版 一八六四年重訂版	一八六二年版 一八六三年版
後装単発銃段階			一八六七年版	一八六七年増補教則 一八六九年版

＊各国の制式教本の翻訳（抄訳を含む）だけで四〇種以上の版本がある。
＊教本の解説書・号令詞等を含めると、歩兵教練については一五〇種ほどの邦訳本がある。

表 11　明治維新後、兵式統一以前に使用されていた主な歩兵教練書

区分		邦訳本
オランダ	一八六一年版	大島恭次郎訳『抜隊龍練法』（下曽根稽古場、文久三年）
		幕府陸軍所訳『官版　歩兵練兵法』（陸軍所、元治元年）
		神田省三訳『歩兵調練書』（刊所不記、元治元年）
		田辺種好・本間弘武訳『歩操新式』（求実館、元治元〜慶応元年）
		矢野加陽次郎訳『里尼教練新式』（松園蔵版、慶応二年）
		本間弘武訳『掌中歩操新式』（刊所不記、慶応二年）
		訳者不記『大隊練法』（松園蔵版、刊年不記）
イギリス	一八六二年版	赤松小三郎・浅津富之助訳『暎国歩兵練法』（下曽根稽古場、慶応元年）
		瓜生三寅訳『英式歩操新書』（南越兵学所、慶応三年）
		赤松小三郎・浅津富之助訳『暎国歩兵練法』（刊所不記、慶応四年）
		赤松小三郎訳『重訂　暎国歩兵練法』（薩州軍局、慶応三年）
	一八六七年版	瓜生三寅訳『歩操新書増補』（竹苞楼、慶応四年）
		橋爪貫一訳『英国歩操新式』（刊所不記、明治元年）
		粟津銈次郎訳『英国尾栓銃練兵新式』（平元氏稽古場、明治二年）
		松園楳彦訳『英国歩操図解』（東京開成所、明治二年）
		上村又八訳『英吉利歩兵練法』（刊所不記、明治二年）
フランス	一八六二年版	林正十郎訳『仏蘭西歩兵操練書』（松園塾、慶応二年）
		松代藩学政局訳『法国歩兵演範』（松代藩兵政局、明治二年）
		※一八六三年版および、一八六七年の増補教則本を含めた邦訳。
	一八六三年版	幕府陸軍所訳『仏蘭西歩兵程式』（陸軍所、慶応二年）
		山本常五郎訳『法朗西撒兵教練』（佐倉藩、明治二年）
		弄花生守一訳『仏国歩軍練法』（上州屋惣七、明治二年）
		岡本駿吉訳『法朗西歩兵程式』（牧田修蔵、明治二年）
		田辺良輔訳『仏蘭西軽歩兵程式』（田辺良輔、明治二年）
		※一八六七年に増補された教則本を追加。
		陸軍兵学寮訳『官版　歩兵程式』（陸軍兵学寮、明治二〜三年）
		沼津学校訳『仏蘭西歩兵程式』（沼津学校、明治三年）
	一八六九年版	武田斐成訳『法国新式歩兵演範』（松代藩学校、明治三年）
		松代藩学政局訳『法国歩兵程式図』（松代藩学校、明治三年）
		陸軍兵学寮訳『歩兵操典』（陸軍兵学寮、明治四年）

次いで戊辰戦争以降、後装銃段階の教本がイギリスやフランスからもたらされ、藩兵の近代化に積極的な藩がこれを導入し始めた。さらに、ドイツのシャウムブルグ・リッペ侯国から教官を招いて、独自の兵制改革をおこなった和歌山藩のような例も加わり、維新後の諸藩の「兵式」は雑駁を極めた。

（一）オランダ式の教本

幕末以来、オランダの兵書は西洋兵学導入の骨幹を成して来たものである。歩兵教練書についてみると、燧石式から雷管式に至る前装滑腔銃段階のものを経て、戊辰戦争以降はその主流が前装施条銃段階の内容を持つ教本へと移行していた。テキストとなった制式教本は、*Règlement op de exercitien en manœuvres der infanterie*（1861）で、生兵教練（Soldaten school）・小隊教練（Peloton school）・大隊教練（Battaillon school）・散兵教練（Linie school）の四部構成となっている。邦訳本は大別して、幕府陸軍所版と求実館版の二系統に分けることができ、それぞれの不備を松園版が補完する。

陸軍所版は、元治元（一八六四）年に『歩兵練法』という題名で刊行された、幕府の官版である。第一帙「生兵練法」と第二帙「小隊練法」の二冊が出版されただけで、未完に終わっている。[16] ちなみに第三帙「大隊練法」の訳稿は、橋爪貫一を版元とする松園版に引き継がれて刊行された。[17]

同一の原書を本間弘武が邦訳した求実館版は、『歩操新式』の題名で、元治元年から慶応元（一八六五）年にかけて分冊出版された。[18]「生兵・小隊・大隊」教練書の三編五冊を以て完結したが、慶応二（一八六六）年に矢野加陽次郎の訳で『里尼教練新式』[19]が刊行され、これを補備するものとなっている。また、オランダ式軍太鼓の曲目をまとめた『歩操新式鼓譜』[20]も出版された。

戊辰戦争をはさんだ幕末維新期、藩兵の訓練に前装施条銃段階のオランダ式を採用した諸藩の間で、この『歩操新式』は広く用いられた。教練の実施状況については、「歩兵ノ散開戦闘ハ未タ幼稚ノ域ヲ脱セズ専ラ密集隊次ヲ以テスル戦闘ヲ用ヒタリ……各藩ノ軍隊練成モ密集教練ヲ以テ主要トシ……多クハ生兵（各個教練）小隊、大隊、等ノ教練ヲ演習シ而モ生兵小隊ヲ主トシテ大隊ハ稀ニ之ヲ行ヘリ」[21]と評されている。

なお、オランダ軍制式の小銃教範の邦訳本として、*Voorschrift betreffende de wapens en schietoefeningen bij het infanterie*（1860）を原書とする『官版　歩兵心得』[22]があったが、オランダ式前装施条銃それ自体の日本への輸入量はあまり多くなかった。

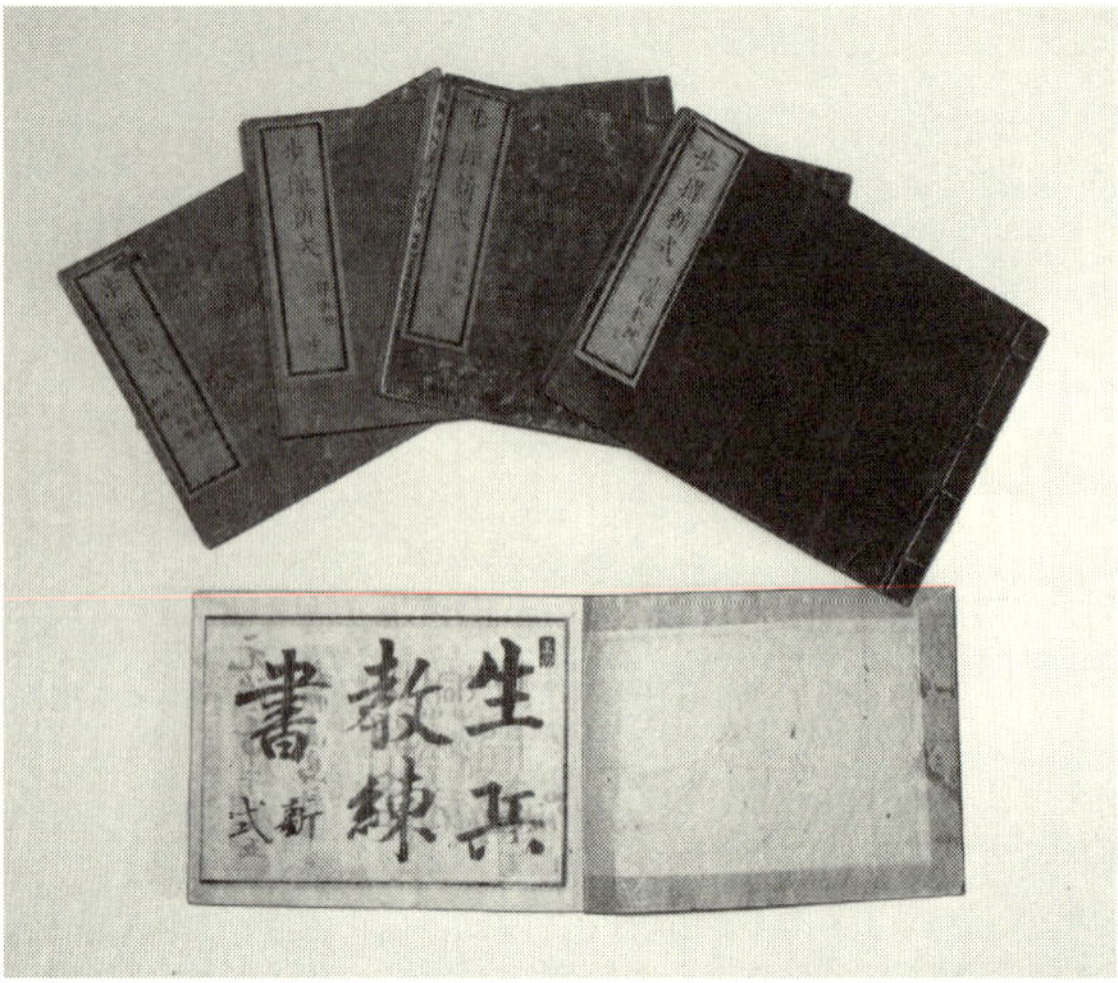

図10　『歩操新式』（求実館、元治元〜慶応元〈1864〜65〉年）

（二）　イギリス式の教本

イギリスの兵書が幕末の日本で翻訳・刊行されるようになったのは、慶応年間に入ってからである。その先鞭を付けたのが、赤松小三郎と浅津富之助の共訳になる『英国歩兵練法』[23]で、これは *Field Exercise and Evolutions of Infantry*（1862）をテキストとしたものであった。同書の構成は「生兵・小隊・中隊・施条銃使法・大隊運動・軽歩兵」の五編八冊で、完訳ではない。この教本は、当時の日本で一般に「一八六二年式」と呼ばれていたが、翻訳に用いられた原書は、一八六二年一月に制定されたのち、同年八月と十月・一八六三年七月・一八六四年一月に小改正が加えられ、一八六四年四月に刊行をみたものだった[24]。

次いで慶応三（一八六七）年、赤松小三郎は『英国歩兵練法』を改訳し、新たに薩摩藩の藩版として『重訂　英国歩兵練法』を上梓した[25]。同書は、前回と同一のテキストを用いて誤訳を訂正[26]すると共に、第六・七編「龍隊運動・要用ノ諸件」を加えて完訳本としたものであった。重訂版は、表紙が独特の橙色となっていたことから、「赤本と広く称して重用された[27]」といわれている。

前装滑腔銃段階のイギリス式は、部隊の編制法や執銃訓練の内容が、前装滑腔銃段階のオランダ式と類似しており、ゲベールからミニエー銃へと銃器が更新される過程で、教練の方式をあまり変更せずに兵式転換を実施することが可能だった。戊辰戦争をはさんで、諸藩の間に前装施条銃段階のイギリス式が急速に広まっていったのは、こうした事情があったものと思われる。むしろ同じオランダ式であっても、前装滑腔銃段階のものと前装施条銃段階のものでは、編制や教練に大きな違いがあり、戊辰戦争期に前装施条銃段階の教本が主流になると、オランダ式の採用比率は低下していった。

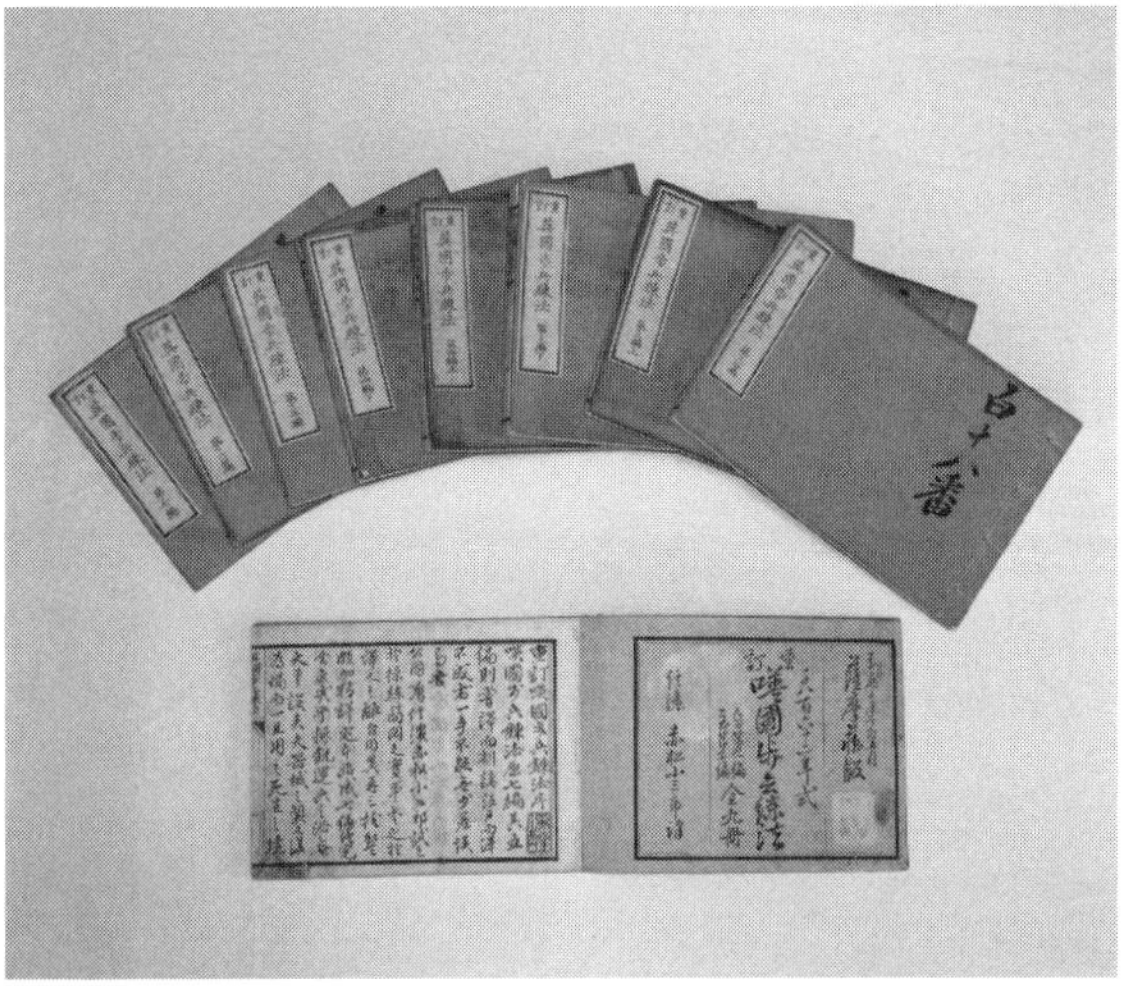

図１１　『重訂　暎国歩兵練法』（薩州軍局、慶応3〈1867〉年）

さらにイギリス式が普及した背景には、同国の制式軍用銃で、各種ミニエー銃の中で最も完成された機種といわれたエンフィールド銃(28)（Enfield Rifle）が、幕末維新期の日本へ大量に輸入されていたことも看過できない。明治四（一八七一）年の兵器還納時に収管されたエンフィールド銃は五万三〇二三挺に及び(29)、これは還納兵器（小銃）全体の三割近くを占めるものだった。

エンフィールド銃に関する小銃教範としては、*Regulations for Conducting the Musketry Instruction of the Army*（1864）を福沢諭吉が邦訳した『雷銃操法』(30)があり、同書は「時勢の必要に投じて発売数幾百万に上つた」(31)とされる。また、戊辰戦争中にわかに起こったイギリス式教本の需要に応じるため、旧版の『暎国歩兵練法』が木活字版で復刊された(32)。

イギリスの後装銃（Snider Rifle）に対応する教本が日本へもた

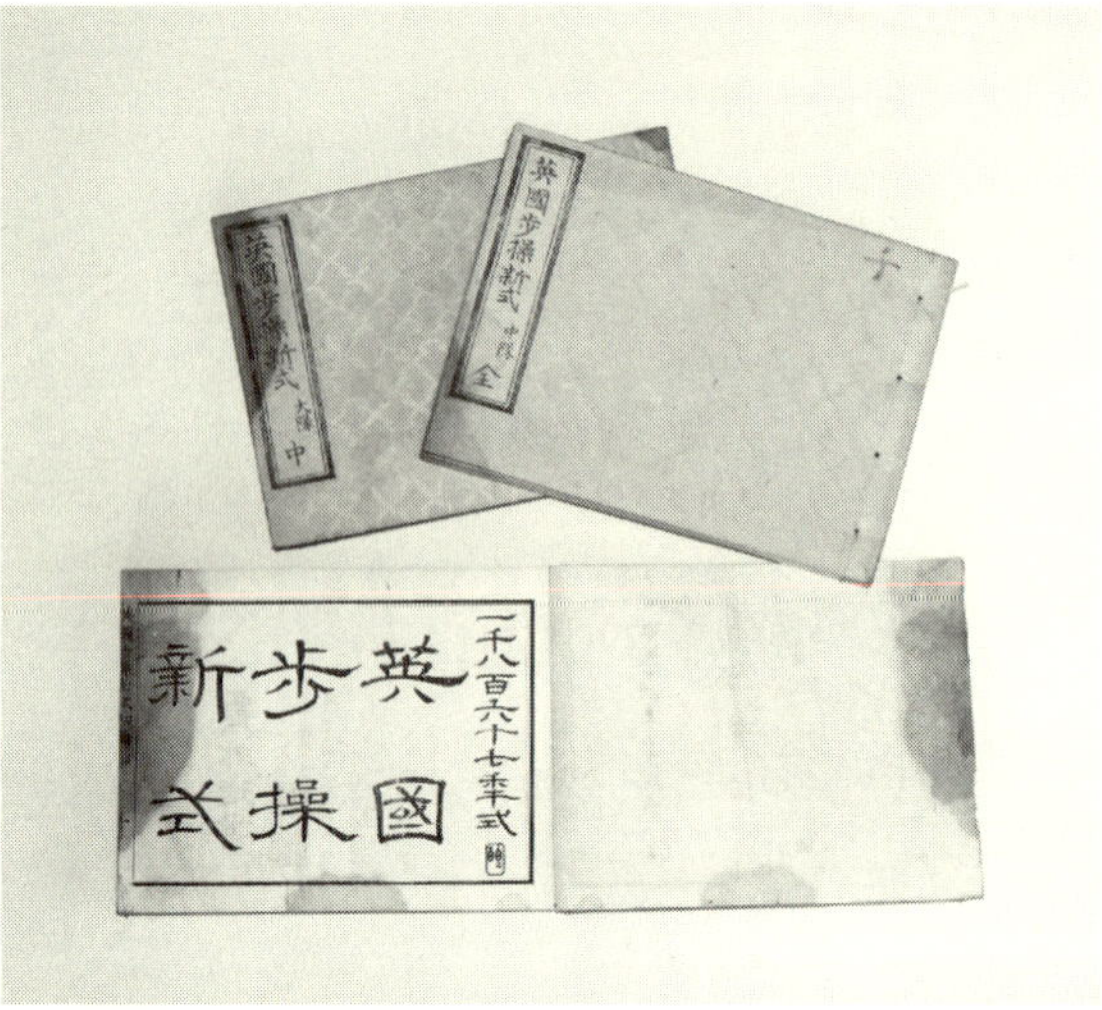

図12　『英国歩操新式』（松園図書、明治元〈1868〉年）

らされたのは、戊辰戦争中のことであった。これは、*Field Exercise and Evolution of Infantry*（1867）で、イギリスで制定された翌年には、日本での翻訳がおこなわれている。最初に邦訳本をまとめたのは、福井藩の瓜生三寅で、『歩操新書増補』[33]という題名で刊行された。同書は、「生兵・小隊・元込旋条銃」の三部四冊構成であった。

次いで橋爪貫一訳の『英国歩操新式』[34]が出版されたが、完訳には至らなかった。後装銃段階の一八六七年版歩兵教練書は、編制や訓練の内容に一八六二年版の延長となっている部分が多く認められる。戊辰戦争中の日本では、『英国練法新書図解』[35]や『英国斯乃独児雷銃操法』[36]といったスナイドル銃の使用法に関する抄訳本を、前装施条銃段階の「散兵」教本に接続することで、散開隊次における後装銃段階の戦法をトレースしたものと思われる。

一八六七年版のイギリス歩兵教練書が完訳されるのは、明治二年のことであり、『英国尾栓銃練兵新式』[37]として刊行された。後装銃段階の英式にもとづく歩兵教練が本格化するのは、戊辰戦争後のことであった。なお、スナイドル銃用小銃教範の邦訳には、『元込旋条銃操法』[38]や『雷銃操法　巻二・三』[39]などがあり、何れも*Regulation for Conducting the Musketry Instruction of the Army*（1866）をテキストとしたものだった。

（三）フランス式の教本

フランス式教本の邦訳は、徳川幕府が同国からの支援にもとづいて着手した慶応の軍制改革を機に、おこなわれるようになったものである。最初の邦訳本は、開成所の仏学助教林正十郎が翻訳した『法蘭西歩兵操練書』[40]で、これは重歩兵用の教本である *Règlement du 17 avril 1862 sur l'exercice et les manœuvres de l'Infanterie* をテキストとしたものだった。次いで幕府の陸軍所が、軽歩兵用の教本である *Règlement du 17 juin 1863 sur l'exercice et les manœuvres de l'Infanterie* を邦訳した『仏蘭西歩兵程式』[41]を刊行した。

これらの教本は、何れも前装施条銃段階のものであり、折から招聘したフランス軍事顧問団の指導を受けて編制をみた仏式伝習隊も、「口込めの筋入りの銃で射程の遠いエンピール銃を持つて」[42]訓練に臨んだといわれる。なお、幕府は仏式伝習にあたって、後装式のシャスポー銃（Le fusil Chassepot M1866）二、〇〇〇挺をナポレオン三世から贈られているが[43]、同銃に関する一八六七年制定の教範は邦訳されておらず、結果的に後装銃段階の訓練にまでは及ばなかったと思われる。

明治二年、未完に終わった陸軍所版の訳稿を引き継ぐ形で、『仏蘭西軽歩兵程式』[44]が刊行され、一八六三年版教本の完訳が成った。他方、維新政府の陸軍兵学寮でも、同一のテキストを邦訳した『官版　歩兵程式』[45]を出版している。前者は民間版であったが、『新兵体術書』や『喇叭符号』などの分冊を含み、シャスポー銃用の一八六七年版小銃教範による増補がなされていた[46]。

また、兵式統一の布告以前にフランス式を採用していた藩が刊行した藩版教本として、佐倉藩の『法蘭西撒兵教

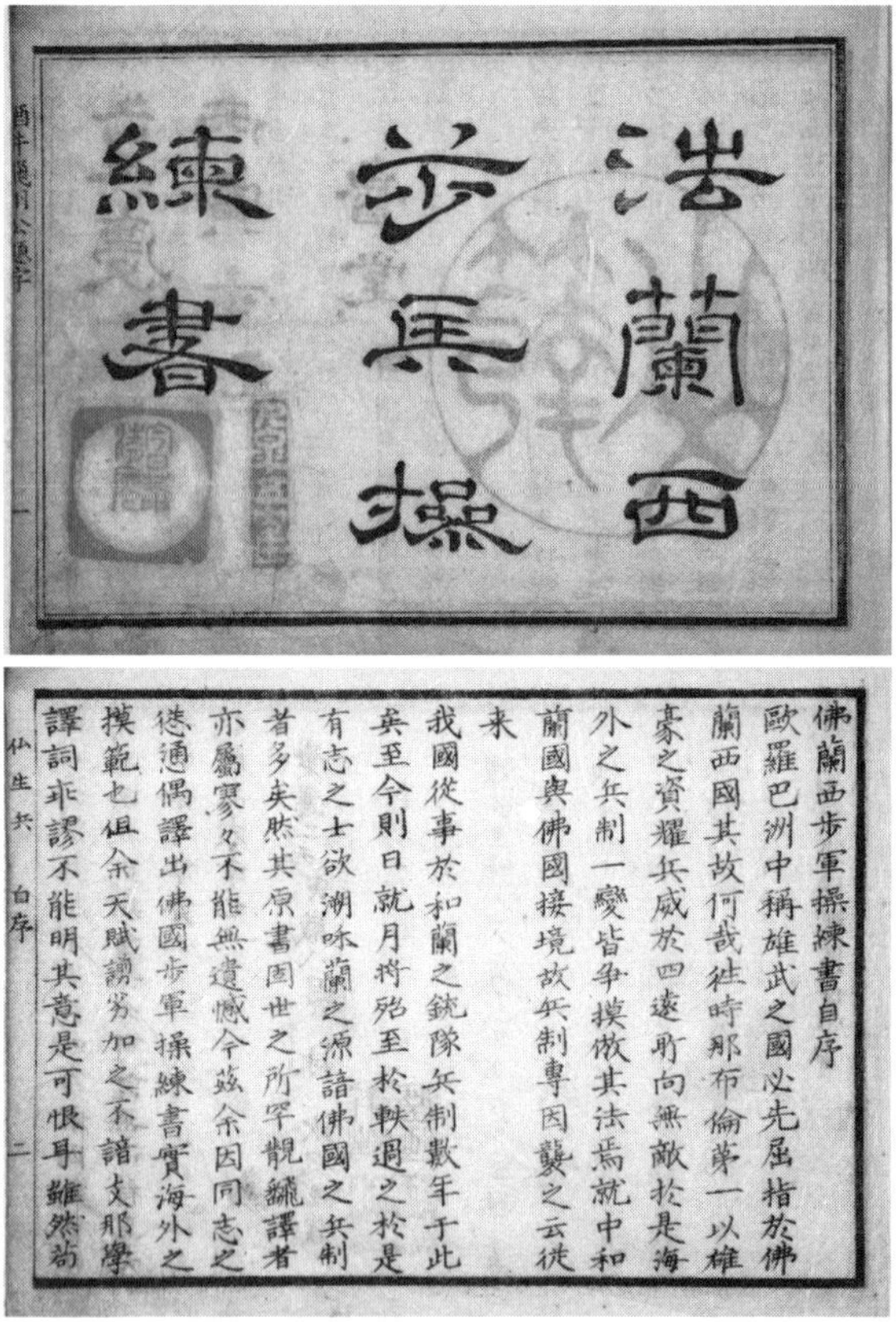

法蘭西
歩兵操
練書

佛蘭西歩軍操練書自序
歐羅巴洲中稱雄武之國必先屈指於佛蘭西國其故何哉往時那布倫第一以雄豪之資耀兵威於四遠所向無敵於是海外之兵制一變皆爭摸倣其法焉就中和蘭國與佛國接境故兵制專因襲之云從来
我國從事於和蘭之銃隊兵制數年于此矣至今則日就月将殆至於軼過之於是有志之士欲溯味蘭之源諳佛國之兵制者多矣然其原書固世之所罕覩飜譯者亦屬寥々不能無遺憾今茲余因同志之慫慂偶譯出佛國歩軍操練書實海外之摸範也但余天賦謭劣加之不諳支那學譯詞乖謬不能明其意是可恨耳雖然尚

仏歩兵　自序　二

図13　『法蘭西歩兵操練書』（松園塾、慶応2〈1866〉年）

練』、静岡藩の『法蘭西歩兵程式』、松代藩の『法国歩兵演範』などがある[47]。前二者は一八六三年版、後者は一八六二・六三年版を一本化し、一八六七年版小銃教範の規定を増補したものであった。

諸藩の間にフランス式が波及しはじめるのは、明治三年に入ってからのことであったが、その準縄となる教本が前装施条銃段階のものだったため、「当時ノ操練ハ殆ント全部密集運動而已ナリシ」[48]という状況にとどまっていた。

シャスポー銃に対応する後装銃段階の教本は、明治三年に武田斐三郎が最初の邦訳をおこなった。その原書は *Règlment du 16 mars 1869 sur l'manœuvres de l'Infantrie* で『法国新式歩兵演範』[49]の題名を付し、松代藩の藩校から出版されている。これを機に松代藩は、維新政府の直轄部隊や諸藩兵に先行して後装銃段階のフランス式教練を実施することになり、明治三年三月一日、「士分稽古之方法国千九百六十九年式御用ヒ相成候」旨が藩内に布達された[50]。陸軍兵学寮でも同一の原書の邦訳をおこなっているが、その完訳本を『歩兵操典』[51]として刊行するのは、明治四年のこととなった。ちなみに建軍の日本陸軍において、この教本にもとづく『歩兵操典』第一次改正が実施されるのは、翌明治五（一八七二）年である。[52]

註

（1）「各藩戦功録」（国立公文書館蔵）。
（2）鳥取藩史編纂所編『鳥取藩史　第三巻　軍制志』（鳥取県、一九七〇年）一二三四頁。
（3）大山元帥伝編纂委員会編『元帥公爵大山巌』（『元帥公爵大山巌』刊行会、一九三五年）一三八頁。
（4）内閣記録局編『法規分類大全45　兵制（1）』（原書房、一九七七年）二五頁。
（5）同右、三二頁。石高一万石につき六〇人というのは兵士の定員であり、士官・下士官・医官等を含めた藩兵組織の具体的編制内容は、明治三（一八七〇）年二月八日付で兵部省が布達した「砲兵歩兵編成式」（著者蔵）に詳しく示されている。
（6）階級制度については、「常備編隊規則」の細則である「各藩常備兵編制法（明治三年十二月二十二日公布）」に規定があり、同布告の別冊である「陸軍徽章　軍服軍帽等之部」に制服・階級標識等が図示されている。
（7）現石にもとづく常備兵数の規定が布達された際、兵力規模が極小の藩に対し、藩兵を解体して「陸軍資（家禄の四・五％）」を政府に上納することも勧告された。かくて翌明治四（一八七一）年に入ると、加納（一万三〇五〇石）・朝日山（一万七五〇〇石）・重原（八、八八〇石）・苗木（四、九二〇石）・挙母（六、七一〇石）の五藩が解兵に応じている（「太政類典　第一編　第百八巻　百十八～百廿二」国立公文書館蔵）。
（8）「陸軍教育史　明治本記第一巻稿」（防衛研究所図書館蔵）。
（9）田島応親「幕府以降軍制革遷の事実」（史談会編『史談会速記録　合本25』原書房、一九七三年）四四六～四四七頁。
（10）福島正夫『地租改正』（吉川弘文館、一九六九年）五七頁。
（11）Steven Ross, *From Flintlock to Rifle, Infantry Tactics 1740-1866* (London: Associated University Presses, 1979).
（12）*Ibid.*, p. 181.
（13）陸上幕僚監部編『戦術の変遷Ⅰ（歩兵の観点から見た戦術の変遷）』（陸上幕僚監部、一九七五年）四五頁。
（14）有馬成甫『人物叢書　高島秋帆』（吉川弘文館、一九五八年）九四頁。
（15）同時期における歩兵の戦法については、前掲『戦術の変遷Ⅰ』を参照のこと。

(16) 大鳥圭介訳『官版　歩兵練法』（陸軍所、一八六四年）。
(17) 訳者不記『大隊練法　上・中・下』（松園蔵版、刊年不記）。同書はその体裁も陸軍所刊行物の形式を踏襲しており、続刊のスタイルとなっている。
(18) 本間弘武訳『歩操新式』（求実館、一八六四～六五年）。
(19) 矢野加陽次郎訳『里尼教練新式』（松園蔵版、一八六六年）。副題に「歩操新式第四編」とあり、続刊として出版されたことを窺わせる。
(20) 犬飼清信編『歩操新式鼓譜』（松園蔵版、一八六六年）。その内容は、軍太鼓・装具・指揮法の図解と行進曲や指揮号音に関する三九曲の鼓譜から成る。このうち鼓譜だけが、『歩操新式　大隊教練　下』に再録されている。
(21) 前掲『陸軍教育史　明治本記第一巻稿』。
(22) 大築保太郎訳『官版　歩兵心得』（陸軍所、一九六四年）。
(23) 赤松小三郎・浅津富之助訳『英国歩兵練法』（下曽根稽古場蔵版、一八六五年）。
(24) 同右「第一編」「補正」一丁。
(25) 赤松小三郎『重訂　英国歩兵練法』（薩摩藩蔵版、一八六七年）。
(26) 主要な改正の例を挙げると、『英国歩兵練法』で、Company を中隊、Subdivision を小隊、Section を半隊と誤訳していたのが、重訂版ではそれぞれ小隊・半隊・分隊に訂正されている。
(27) 鹿児島県編『鹿児島県史　第三巻』（鹿児島県、一九三九年）一一八頁。
(28) 歩兵用の制式銃には長短二種（P1853 Rifle Musket, P1860 Short Rifle）があり、いずれも日本へ輸入された。Captain Martin Petrie, *Equipment of Infantry* (London: Printed under the Superintendence of Her Majesty's Stationery Office,1865), p.30.
(29) 陸軍省調製『兵器沿革史　第一輯』（陸軍省、一九一三年）四・三七頁。
(30) 福沢諭吉訳『雷銃操法』（和泉屋善兵衛、一八六七年）。
(31) 石河幹明『福沢諭吉伝　第一巻』（岩波書店、一九三二年）四八〇頁。
(32) 赤松小三郎・浅津富之助訳『英国歩兵練法』（刊所不記、一八六八年）。構成は下曽根稽古場蔵版とほぼ同じである。
(33) 瓜生三寅訳『歩操新書増補』（竹苞楼、一八六八年）。
(34) 橋爪貫一訳『英国歩操新式』（松園図書、一八六八年）。
(35) アレキサンドル・ゼームススミツ訳『英国練法新書図解　附録スナイドル旋条銃手続』（刊所不記、一八六八年）。

(36) 大坂府外国事務局訳『英国斯乃独児雷銃操法』(大坂府兵局、一八六八年)。
(37) 粟津銈次郎『英国尾栓銃練兵新式』(平元氏稽古場、一八六九年)。
(38) 古川節蔵訳『元込旋条銃操法』(槐雲閣、一八六六年)。
(39) 福沢諭吉訳『雷銃操法　巻二・三』(慶応義塾、一八六九年)。
(40) 林正十郎訳『法蘭西歩兵操練書』(松園塾蔵版、一八六六年)。「操練ノ定則・生兵学」の二篇一冊構成となっている。
(41) 陸軍所訳『官版　仏蘭西歩兵程式』(陸軍所、一八六七年)。内容は「教練ノ部　巻之一・二」までの翻訳で、以下未刊。
(42) 前掲「幕府以降軍制革遷の事実」五一九頁。予備銃を見ても、伝習第一大隊は「和蘭製磨ミニー銃」、伝習第二大隊は「白耳義製鳥羽ミニー銃・同短ミニー銃」であった(陸軍省編『陸軍歴史　下巻』巻九、陸軍省、一八八九年、五七頁)。
(43) 前掲『兵器沿革史　第一輯』五七～五八頁。
(44) 田辺良輔訳『仏蘭西軽歩兵程式』(養素田辺氏蔵梓、一八六九年)。その本編は「生兵・小隊・大隊・散兵教練」と、各々の「令言図解」から構成される。
(45) 陸軍兵学寮訳『官版　歩兵程式』(陸軍兵学寮、一八六九～七〇年)。内容は「操練・小隊・大隊・散隊」の四部五冊構成である。
(46) 前掲『仏蘭西軽歩兵程式　生兵教練』末巻「書目」。
(47) 山本常五郎訳『法蘭西軽撒兵程式』(佐倉藩山本氏蔵版、一八六九年)。沼津学校訳『仏蘭西歩兵程式　操練之部一・二』(沼津学校、一八七〇年)。松代藩学政局訳『法国蘭歩兵演範　小隊・散兵教法』(松代藩兵政局蔵版、一八六九年)。
(48) 前掲「陸軍教育史　明治本記第三巻稿」。
(49) 武田成章訳『法国新式歩兵演範』(松代藩学校、一八七〇年)。構成は、「銃兵釁法　上・下」と「小隊法釁　上・下」から成る。「大隊法釁」の刊行も予定されていたが未刊に終わった。
(50) 長野県教育史刊行会編『長野県教育史　第七巻　史料編一』(『長野県教育史』刊行会、一九七二年)一一七頁。
(51) 陸軍兵学寮訳『歩兵操典』(陸軍兵学寮、一八七一年)。内容は「生兵・小隊・射法・撒兵・大隊」の五部五冊構成である。
(52) 前掲「陸軍教育史　明治別記第一巻稿」。

二、兵式統一をめぐる試行

戊辰戦争を経て全国政権への基盤を固めた維新政府にとって、国家という新たな枠組みを見据えた軍事力整備は、可及的速やかに具体化しなければならない政治課題の一つだった。その前提となる建軍構想には、藩兵主義か徴兵主義か、イギリス、フランス何れの兵式を準拠するか、海陸軍どちらかに優先順位を付けるか、という意見があり、薩・長両藩による藩閥的な主導権争いも絡んで、容易に決着をみなかった。

兵式統一の問題については、イギリス式を推す薩摩閥とフランス式を推す長州閥との意見対立がよく知られている。この対立を象徴するエピソードとして、大村益次郎ら長州側が提案していたフランス式に対し、「薩摩では英吉利流を主張して譲らず、桐野利秋などは仏蘭西式の方でも百人の兵隊を出せ、俺の方からも百人出す、どちらが勝つか打ちあつて見ようとまで怒つ(1)」たという話がある。

戦法上の優劣という点からみると、前装施条銃段階のフランス式と、後装銃段階のイギリス式では、おのずからその格差は明らかであった。こうした趨勢については、藩兵の近代化に積極的だった松代藩でも、「仏式兵制はもうふるい、薩長《（マヽ）》等では仏式を英式に改めている(2)」といった意見が出されており、諸藩の間で一定の認識が持たれていたことを窺わせる。

明治二（一八六九）年九月、維新政府は「海陸二軍興張ノ策」を集議院へ下問し、兵式統一に関する諸藩の意見を徴した。ここにいう集議院とは、版籍奉還後にそれまでの公議所を改置したもので、その機能は「輿論公議」としての藩論を糾合するための議事機関であった。集議院を構成するのは、大藩三人・中藩二人・小藩一人の割合で選任された公議人で、「其職ハ即議員ニシテ　朝命ヲ奉承シ、藩情ヲ達スルヲ旨トス」(3)と規定されていた。

維新政府がこのような機関を設置した背景には、「大日本の総政治は内外の事共に皆同盟列藩の会議を経て後有司の奏する所を以て朕之を決す可し」(4)とした、王政復古以来の意思決定にまつわる正統性という問題があった。ただし集議院の役割について、「議案ハ太政官ニ白シテ公議ニ付スヘシ」(5)と規定されており、立法機関というよりも諮問機関としての性格が強いものであったことが知られる。

実質的に集議院で形成される「輿論公議」とは、政府中央のビジョンに対する「世論の値踏みと正統性の粉節」(6)という意味を持つものであった。これは同時に、「公議に依拠して、輿論をこれに水路づけようとする政治指導の方式」(7)に資するものでもあった。

さて、明治二年九月十九日に集議院で「海陸二軍興張ノ策」の下問を受けた諸藩公議人は、同月二十七日に答議をおこなっている。この日の審議は「御答議ヲ読上ル者三十人、討議スル者二人」によって進行され、三六件にわたる大意について二二六人が意見を表明している。このうち、兵式統一問題に言及した公議人は五三人あり、その内容は、海陸軍とも「英式ヲ用ユヘシ」とするもの一人、「陸軍ハ仏式海軍ハ英式タルヘシ」とするもの二〇人、「英仏ノ中ヲ取捨シテ、皇国式トス」ることを説くもの一八八人、単に「西洋式」の摂取ないし斟酌を説くもの一四人であった(8)。

この時点で、諸藩が採用していた兵式を網羅的に把握することは難しい。事例的なサンプルとして、明治三年の駒場野調練に参加を予定した諸藩兵（五九藩）と維新政府直轄隊（六藩）についてみると、イギリス式三六件・フランス式一七件・オランダ式一二件という構成だった(9)。また「府県史料」に記録の残る一〇四藩の藩兵で、兵式の判明したものについてみると、イギリス式五二件・フランス式一六件・オランダ式一三件となっている。[10]

前出の集議院における答議を、こうした集計に照らしてみると、必ずしも諸藩が実際に採用している兵式をダイレクトに反映したものではなかったことが、容易にみてとれる。その要点をまとめると、①イギリス式を採用している藩が過半数を占めるのに、答議ではこれを支持する意見が一件しかないこと、②陸軍をフランス式とする答議が四割近くを占めるのに、現実にフランス式を採用していた藩は一割しかないこと、③実際の藩兵に採用例がない「皇国式」について、答議では三割を超す公議人が言及していること、などが挙げられよう。

まず①の問題についてみると、一言でイギリス式といっても、諸藩の間に普及していたのは前装施条銃段階のもの（一八六二年版）で、薩摩藩が主唱していた後装銃段階のもの（一八六七年版）は、一部の藩で導入され始めたばかりだったという実状を踏まえて考える必要がある。諸藩が保有していた小銃についてみても、総計三七万四〇二挺のうち、前装施条銃が二九万九二四八挺（八〇・八％）、後装銃が二万九一九六挺（七・九％）という調査結果があり[11]、兵式統一に際して、後装銃段階のイギリス式が採用されても、ほとんどの藩には対応力がなかった。また、銃器更新となれば、諸藩は多大の出費を強いられることになり、そうした経費負担を回避する意味からもイギリス式支持に消極的な答議となったものと思われる。

他方、②のフランス式に関しては、長州藩の提示したのが前装施条銃段階のもの（一八六二ないし六三年版）だったため、現実的に対応可能な選択肢として、諸藩の支持が集まったものと考えられる。また、兵制策問の答議にオランダ式採用の意見が見あたらないが、これは前装施条銃段階のオランダ式を導入していた諸藩が、フランス式支持に合流したことによるものと推定される。もともとオランダ陸軍の諸教本は、フランスからの影響を強く受けており、前装施条銃段階の歩兵教練書をみても、操練法の細部に異同があることを除けば、全体的に類似性が高かった。このため兵式の転換が容易で、二割程度の諸藩がオランダ式であったにもかかわらず、兵式論争の俎上でその意見を強く主張することなく終わったのであろう。

③の皇国式については、従来「実態としてそれに応じ得る基礎はなく[12]」、将来に向けたいわば当為の兵式として唱えたものとみる傾向が強かった。しかし「皇式御流儀」を名乗る調練文書[13]は実際に現存しており、これをみると前装施条銃段階のイギリス式とほとんど同一の内容となっていることが知られる[14]。号令詞の構成からみて、赤松小三郎訳『重訂　英国歩兵練法』がその原型になったものと考えられる。前装施条銃段階の歩兵操練から戦術単位の部隊編制に至るまで、イギリス式はフランス式・オランダ式と多くの点で相違していた。このため、前装施条銃段階のイギリス式を採用していた藩では、オランダ式のような形でフランス式に合流することができなかった。かくて、雄藩の主張する後装銃段階のイギリス式とは異なり、前装施条銃段階のフランス式とも内容を異にした立場から、「英仏ノ中ヲ取捨」するという建前を通じて提唱されたのが皇国式であったと考えられる。

さて、集議院の策問における兵式論争は、諸藩にとっての具体的課題、すなわち基幹兵力となる歩兵の編制や訓練の準縄をいかに設定するかという、狭義のコンセプトに終始するものとなった。集議院ではこれらの答議に対し、何らかの裁定を下すということはおこなわれなかったが、明治三（一八七〇）年十一月二十四日にまとめられた「兵部省前途之大綱」の中に、「陸軍ハフランス式ヲ以一般ノ式相立候見込ニテ」という形で、諸藩の公論を盛り込んでいる[15]。

ちなみに兵制策問の答議全般についてみると、海軍優先・イギリス式での海軍建設・藩兵主義といった当面の軍戦備の骨子となる要件については、大久保利通ら薩摩閥の主張に近い内容に諸藩の支持が集まっていた。大久保自身、こうした結果に対し「近来ハ基則モ大ニ改革シ実論ニ帰着イタシ追々之処ハ随分有益相成申候[16]」と評している。その意味で大村益次郎ら長州閥が構想した、フランス式採用にまつわる広義の課題（徴兵主義・旧幕府の遺産を継承した軍制整備・対内軍備としての陸軍優先）については、その具体化になお一定の時間を要することになった。

明治三年の二月から十二月にかけて、維新政府は一連の対藩兵政策を発布した。その大要は、石高に応じた兵力の編制基準を定めると共に、兵式の統一や指揮機構の整備を実施し、国家的規模で諸藩兵を再編・統轄しようとするものであった。その手始めとなったのが、同年二月二十日に布告された「常備編隊規則」[17]で、「兵制ハ天下一途ニ無之而ハ不相叶」とする観点から、まず各藩の常備すべき歩兵について、編制基準を示した。これは、草高一万石につき一小隊の割合で常備兵を編制するという基準をもとに、「六十名ヲ以テ一小隊トス、二小隊ヲ以テ一中隊トス、五中隊ヲ以テ一大隊トス」る内容だった。しかし兵式に関しては具体的な統一指標を明示しておらず、「練兵式ノ義ハ先ツ是迄相用来候式ニテ不苦候事」とされていた。

明治三年四月十七日、天皇は東京駒場野において、維新政府の直轄部隊と在京の諸藩兵を臨時に合集した、集成兵団の親閲をおこなった。この天覧訓練へ参加するにあたって兵式別に臨時編成された九箇聯隊（一八大隊より成るが、そのうち二箇大隊が不参加）の歩兵についてみると、オランダ式一聯隊（二大隊）・イギリス式四聯隊（八大隊）・フランス式四聯隊（八大隊）という構成だった[18]。駒場野調練自体、諸藩から動員した兵力を政府中央の指揮下で集成・運用するためのテストケースとなったものだったが、戦術単位のレベルで三カ国の兵式が併存していることは、国軍という位相での統一指揮をおこなうにあたって、大きな障害となった。

維新政府の内部では、前出「兵部省前途之大綱」を経て、この年の四月初頭には、「御国陸軍編制之儀是迄定律無之候間今度新ニ仏蘭西式御採用ニテ同国教師被為聘大ニ伝習ノ規模ヲ被開候積」[19]とする方針を固めていた。駒場野調練における統一指揮の問題は、当局に兵式統一の必要性を痛感させたが、実際にその布告が発せられるのは、半年後の十月二日のことだった。

布告[20]

兵制之儀ハ皇国一般之法式可被為立候得共今般常備兵員被定候ニ付テハ海軍ハ英吉利式陸軍ハ仏蘭西式ヲ斟酌御編制相成候条先ツ藩々ニ於テ陸軍ハ仏蘭西式ヲ目的トシ漸ヲ以テ編制相改候様被仰付候事

この布告をみると、諸藩に対するフランス式への兵式転換に関して、「漸ヲ以テ編制相改」ことが指示されているが、その背景には諸藩兵の半数前後が前装施条銃段階のイギリス式で、にわかに兵式を変更することが困難だったという実情があった。政府内部での方針決定から布告に至るまでに相当の時間を要したのも、こうした事情を踏まえてのことと思われる。

兵式統一の布告には、陸軍をフランス式とするにあたっての具体的な準縄が示されていないが、諸藩の史料をみると「仏国一千八百六十三年式（飯野藩）」[21]とか、「阪府陸軍歩兵程式ニ相準候（篠山藩）」[22]といった記録が見出される。これにより、前装施条銃段階のフランス歩兵教練書（一八六三年版）を陸軍兵学寮が翻訳した、『官版　歩兵程式』が準拠すべきテキストとなっていたことが知られる。

軽歩兵用の教本が採用された背景には、旧幕府が「仏式伝習」を実施した時とほぼ同じ事情があったと思われ、田島応親の回想がそれを端的に語っている[23]。

軽歩兵といふ方ハ非常健脚な者を集めて置いて、さうして急場の所を彼方此方と防ぐに用ゐる、あとの重歩兵といふ方は是は数が沢山であつて大部隊を以て戦闘する場合の歩兵であつた。……其当時ハ斯る大部隊を動かす様なことはありませぬものですから、精々聯隊位を動かすの目的でありましたから軽歩兵の方に就いて専ら伝習をしました。

ちなみに旧幕府の仏式伝習隊は、その大部分が江戸開城時に維新政府へ移管され、直轄部隊の一部に組み込まれた[24]。大村益次郎が「朝廷之兵制」と題する建議書の中で「東下之後歩兵アリ[25]」としているのは、この伝習隊のことである。戊辰戦争においては、そのうち二中隊が選抜されて「帰正隊」となり、官軍として奥州の戦場へ赴いている[26]。もともと仏式伝習隊は、二箇大隊（一、四〇〇人）の編制だったが[27]、維新政府の管下に入ったのは約一、二〇〇人で、第三・四大隊から第二聯隊を経て[28]、廃藩置県後も鎮台壮兵の一・二番大隊[29]として残った。

さて、兵式統一に際して前装施条銃段階の教本が採用されたのは、当時諸藩が装備していた小銃のほとんどが前装銃だったという現実を反映したものであった。ただし、「兵式改革ニ際シ先ツ撒兵隊ノ運動ヨリ伝習セシムル如ク命令セルカ如キ今ヤ散開隊次ニ就キテ漸ク曙光ヲ認ムルニ至レルモノト謂フベシ[30]」とあるように、当初から後装銃段階への移行の必然性が意識されていたことが窺われる。これに関連して、「日本における仏式では喇叭しか用いられ[31]」なかったとする、指揮信号にまつわる興味深い指摘もあり、このこと自体、後装銃段階の散開隊次を主体とした戦法への移行を前提に、前装施条銃段階の軽歩兵用教本中の「散兵」教練へ、大きな比重がかけられていたことを示すものといえよう。

なお、後装銃段階の教本については、「武田斐、仏国操典全部《ママ》ヲ翻訳刊行シ、始メテ市井ニ発売セラレタルアリ[32]」として、兵式統一が布告される以前から、既に『法国新式歩兵演範』の存在は広く知られていた。しかし、これに対する後装式のシャスポー銃は、当時日本国内に三、〇〇〇挺程度しかなく[33]、後装銃段階のフランス式を採用していた松代藩においてさえ、「銃器は皆開底銃を使用せしむる筈であつたけれども、不測の為に止むなく中短ミニエー銃を補充として使用[34]」する状況だった。一八七〇年代初頭の西欧諸国の軍事水準へ追いつく条件として、銃器の更新という問題は、維新後の日本に投げかけられた大きな課題の一つとなった。

兵器統一の布告により、全国の諸藩が常備する歩兵の兵式は、漸次フランス式へと転換されてゆくことになった。しかし、歩兵教練以外の兵書についてみると、軍隊内務の教則を定めた『陸軍日典』[35]がフランス式であったのを除き、フランスの原書にもとづくものはほとんど使われていなかった。明治三〜四（一八七〇〜七一）年に陸軍兵学寮が刊行した兵書のうち、陣中要務や戦術学教本といった直接的な兵力運用に関するものをみても、オランダの原書から邦訳されたものが主流となっていたことがわかる。

・訳者不記『陣中小典』（陸軍兵学寮、一八七〇年）。
Handleiding tot de kennis van de velddienst; voor onder-officieren en korporaals der infanterie (1856).
・広瀬元恭訳『陣中軌典』（陸軍兵学寮、一八七〇年）。
J.J.van Mulken, *Velddienst ter dienste van de onder-officieren der infanterie bij het Nederlandsche leger* (1856).
・荒井宗道訳『兵法中学』（陸軍兵学寮、一八七一年）。
J.J.van Mulken, *Handleiding tot de kennis der krijgskunst; voor de cadetten van alle wapenen* (1860).
・荒井鉄之助・佐々木貞庵共訳『攻守略説』（陸軍兵学寮、一八七一年）。
W.A.van Rees, *Handleiding tot de kennis der velddienst en vechtwijze, van het Nederlandsch Oost-Indich leger tegen*

Inlandsche Vijanden (1860).

・柳田如雲訳『戦略小学』（陸軍兵学寮、一八七一年）。
Captain Landy, *Maxims Advice and Instructions on the Art of War* (1863).

陸軍兵学寮では、改めてフランス軍事顧問団を迎えた明治五年頃になっても、「和蘭流の兵学教官が学科を教へ……教練の方は仏蘭西から来た下士官が教へるといふ具合で、学科と教練が別々」[36]という状況が続いていた。まして や陸軍兵学寮の翻訳・刊行になる兵書に拠って、兵制改革を進めていた大多数の藩では、こうしたオランダ・フランス併存状況を止揚する術を持たなかった。建軍期の日本陸軍が、本格的にフランス式で統一されるのは、明治八（一八七五）年以降のことであった。

さて、維新政権下における陸軍の「兵式」問題は、諸藩兵の統轄という現実的な課題を踏まえつつ、国軍建設に向けた展望をバックボーンとする形で、フランス式採用の方針に落ち着くこととなった。このうち諸藩にとってのフランス式による兵式統一とは、常備兵の基幹となる歩兵の編制や訓練をフランスの制式教本の諸規定にもとづいておこなう、ということを意味した。もともとフランス軍の歩兵用教本は、練兵場における平時演習を基準として編集されており、「演習教練の指導に関する懇切かつ無用な心得・指針・解説の諸事項」が多く含まれると同時に、「兵営生活の営為や罰則・内務および銃の分解・結合・保持に関する教示までも記載されている」という特徴を持っていた。[37]

こうしたフランス式教本の内容構成は、編制規模が限定的だった諸藩常備兵にとって、当面それ一種類の教本で基本的な対応ができるという利便性につながった。見方を変えると、フランス式による兵式統一が模索される過程で、兵式の準縄イコール歩兵教練書という集約的な方向性が打ち出された背景には、フランスの教本が持つこうした特徴の影響があったとも考えられる。

また、フランス式の採用は、フランス語の習得者が僅少で、歩兵教練書以外のフランス式兵書の翻訳が進んでいなかった当時にあって、幕末以来蓄積されて来たオランダ兵学の知識を、一定のシェアで継承できるという利点を持つものであった。陸軍兵学寮で兵学研究に従事していた教官の間では、「旧幕府の末和蘭の練兵書を訳して、和蘭式と思つて居りましたが、後に之を能く調査して見ますと和蘭は元仏蘭西から伝習した国[38]」であったとの理解が広まっており、現実的な対応として、三兵戦術その他理論面にオランダ式兵学が残ってゆくこととなった。

他方、維新政府によるフランス式採用の決定は、「旧幕府の制に倣つて仏蘭西に頼んで、仏蘭西から教師を呼んで仏蘭西式を以つて教育する[39]」という点に要締があり、将来の国軍幹部となるべき人材養成に比重を置いたものだった。フランス公使に対する軍事顧問団派遣の要請がなされたのは、兵制統一布告以前の明治三年四月のことで、その後一六人から成るフランス軍事顧問団の来日が現実したのは、明治五年十一月であった[40]。

この間、ヨーロッパでは普仏戦争（一八七〇～七一）が起こり、日本が、陸軍建設の範と考えていたフランスは敗北した。かくて「我邦陸軍ノ兵制ハ、普式ニ拠ラシムルヲ可ナリトスル[41]」意見も出されるようになったが、当時このドイツ式を採用していたのは和歌山藩のみであり、兵式統一の準縄とするための条件が整っていなかった。和歌山藩では、ドイツから招聘した陸軍曹長カール・ケッペン（Carl Cöppen）の指導の下、藩内徴兵制たる「交代戍兵」の施行や、後装式ツンナール銃（Zundnadelgewehr）を用いた歩兵教練等の実施を通じて、独自にドイツ式常備兵の整備を進めていた[42]。

維新政府の側でも、和歌山藩のドイツ式兵制には重大な関心を寄せていたが、現実問題としてこうした特殊な兵式を直ちに導入できる基盤はなく、結果的にその採用は見送られることとなった。後年「陸軍教育史」は、この事情に

ついて次のようにまとめている。(43)

当時欧州ハ孛仏戦争中ニシテ孛軍ノ精鋭ト其赫々タル勝利トハ既ニ当局者ノ熟知セル所ナリシモ而カモ彼レヲ顧ミスシテ此ノ敗者タル仏軍ノ制式ヲ我陸軍ニ採用スルニ至レルハ実ニ旧幕府時代ヨリノ両国ノ深厚ナル交誼ト既ニ国軍ニ扶植セラレタル仏語知識ノ深カリシニ起因セルモノニシテ識者ハ有利ナル孛式採用ニ意ナキニアラサリシモ冷酷ニ敗者ヲ疎外スルカ如キ軽薄ナル外交態度ヲ屑トセサリシト共ニ其国語ニ対スル智識殆ント皆無ナリシカ為メ如何トモスベカラサルモノアリシニ依レリ

普仏戦争後、日本へ派遣されたフランス軍事顧問団は、主として陸軍兵学寮における教育訓練に携わった。彼らの多くは尉官級の将校と下士官で、その教育内容についてみると、「むずかしいことよりは手近かの実践的教育が主であった」(44)といわれる。こうしたところに、教練はフランス式、学科はオランダ式といった形での併存が生じる余地があったわけで、それが解消されてフランス式に一本化されるのは、明治八年にフランスのサンシール士官学校を範とする、陸軍士官学校の発足をみて以降のこととなった。

註

（1）横瀬夜雨『史料維新の逸話――太政官時代――』（人物往来社、一九六八年）一二六頁。
（2）大平喜間多「松代藩兵制士官学校」（『松代藩学校沿革史』松代小学校、一九五三年）四三頁。
（3）「公議所日誌　前編上」（明治文化研究所編『明治文化全集　第四巻』日本評論社、一九二八年）一二九頁。
（4）指原安三編・吉野作造校『明治政史　上巻』（日本評論社、一九二八年）二〇頁。

（5）「集議院規則」（同右）二五〇頁。
（6）笠原英彦『天皇親政――佐々木高行日記にみる明治政府と宮廷――』（中央公論社、中公新書、一九九五年）四八頁。
（7）井上勲『王政復古――慶応3年12月9日の政変――』（中央公論社、中公新書、一九九一年）二五六頁。
（8）「集議院日誌　第三」（前掲『明治文化全集　第四巻』）一七八～一八一頁。
（9）「駒場野聯隊大練記」（防衛研究所図書館蔵）。
（10）鈴木淳「蘭式・英式・仏式」（『横浜英仏駐屯軍と外国人居留地』東京出版、一九九九年）二二六頁。
（11）南坊平造「明治維新全国諸藩の銃砲戦力」（『軍事史学』第十三巻一号、一九七七年六月）一〇二頁。
（12）前原透『日本陸軍用兵思想史』（天狼書店、一九九四年）四〇一頁。
（13）「皇式御流儀　生兵教練号令詞」（辻田文雄氏蔵）。これは明治二（一八六九）年に成立したと考えられる写本で、「清水基定」の署名がある。
（14）例えばオランダ語の Hoofd=Regts（Links）を訳して成立した「頭＝右（左）」という号令が、英語の Eyes right（left）を直訳した「目右（左）ニ準」という形のまま使われている。
（15）内閣記録局『法規分類大全45　兵制門（1）』（原書房、一九七七年）二三頁。
（16）日本史籍協会編『大久保利通文書　三』（東京大学出版会、一九六七年）二八八頁。
（17）前掲『法規分類大全45　兵制門（1）』二五頁。
（18）前掲「駒場野聯隊大練記」。
（19）前掲『法規分類大全45　兵制門（1）』三三頁。
（20）同右、三二頁。
（21）千葉県史編纂委員会『千葉県史料　近代編　明治初期（一）』（千葉県、一九六八年）一三五頁。
（22）「兵部省へ差出候調」（「青山家文書、二九二〇」青山歴史村史料館蔵）。
（23）田島応親「幕府以降軍制革遷の事実」（史談会編『史談会速記録　合本25』原書房、一九七三年）五二〇頁。
（24）原邦造『原六郎翁伝　上巻』（自家版、一九三七年）一七七～一七九頁。
（25）由井正臣ほか編『日本近代思想体系4　軍隊 兵士』（岩波書店、一九八七年）七頁。
（26）仲村研ほか編『征東日誌』（国書刊行会、一九八〇年）一六五頁。
（27）陸軍省編『陸軍歴史　下巻』巻二十八（陸軍省、一八八九年）二一〇～二一一頁。

(28) 原剛「政府直属の徴兵軍隊の建設と展開」(『近代日本戦争史　第一編』同台経済懇話会、一九九五年) 四三頁。
(29) 田辺元二郎『帝国陸軍史』(帝国軍友会、一九二一年) 一三二頁。
(30) 「陸軍教育史　明治本記　第三巻稿」(防衛研究所図書館蔵)。
(31) 前掲「蘭式・英式・仏式」二二七頁。
(32) 「陸軍教育史　明治別記　第一巻稿」(防衛研究所図書館蔵)。
(33) 陸軍省調製『兵器沿革史　第一輯』(陸軍省、一九一三年) 六一頁。
(34) 大平喜間多『松代町史　上巻』(松代町役場、一九二九年) 六七二頁。
(35) 訳者不記『陸軍日典　勤方規則・内務之部』(陸軍兵学寮、一八六九〜七〇年)。原書は、一八三三年十一月二日制定のフランス軍隊内務書といわれる(藤田嗣雄『明治軍制（二）』自家版、一九七二年、五三二頁)。
(36) 金子空軒『陸軍史談』(陸軍画報社、一九四三年) 二一頁。
(37) 遠藤芳信「西南戦争前後の歩兵操典の考察」(『軍事史学』第十五巻第二号、一九七九年九月) 一〇頁。
(38) 前掲「幕府以降軍制革遷の事実」三三六頁。
(39) 同右、二七一頁。
(40) この経緯については、篠原宏『陸軍創設史』(リブロポート、一九八三年) を参照。
(41) 山県有朋「徴兵制度及自治制度確立ノ沿革」(国家学会編『明治憲政経済史論』国家学会、一九一九年) 三七八頁。
(42) 「和歌山県史前記五　和歌山藩史　制度　兵制」(国立公文書館蔵)。和歌山藩常備兵については、兵部省による兵制統一政策の施行対象から外され、「是迄之通編制可然候事」との允許が下されていた。
(43) 前掲「陸軍教育史　明治本記第三巻稿」。なお、前掲「陸軍教育史　明治別記第一巻稿」にも、「当時我国カ其戦勝国タル普国ノ制度ヲ採用セスシテ尚ホ仏式ヲ捨ツル能ハサリシ所以ノモノハ蓋シ幕府以来ノ慣習ト独語学上ノ智識上下ニ欠乏セシ結果ナリシニヨルナルヘシ」とある。
(44) 中村赳『新説明治陸軍史』(梓書房、一九七三年) 三三頁。

三、近代戦略理論の導入

（一）戦術と戦略

幕藩体制下の日本で軍事力の近代化が試みられるようになったのは、天保年間以降のことであり、これは西欧列強の極東進出に伴う海防政策の一環として着手されたものであった。近代軍隊の練成・運用に関する知識は、当初オランダから輸入した兵書の邦訳を通じて摂取されたが、開国後は新たな交易国となったイギリス・アメリカ・フランスからもたらされる兵書の邦訳も加わり、さらに明治維新直前の一八六〇年代後半になるとイギリス・フランスの軍人による直接的伝習も一部でおこなわれた。

こうした軍事力近代化の試みは、主として幕府ないし諸藩という個別的領有制の下で実施され、それぞれが各国の邦訳兵書を適宜に準縄とする形をとったため「戊辰の戦争前後には兵式軍装最も雑駁を極め、多くは日本諸流の旧制と西洋諸国の新式とを混」ずるという状況になっていた。(1) またその内容をみると、各種の訓練用教本にもとづく近代的歩兵・砲兵・騎兵の練成に比重を置いたものであり、用兵面に関してもいわゆる「三兵タクチーキ」をトレースした、「戦術（Tactics）」のレベルにとどまるものであった。

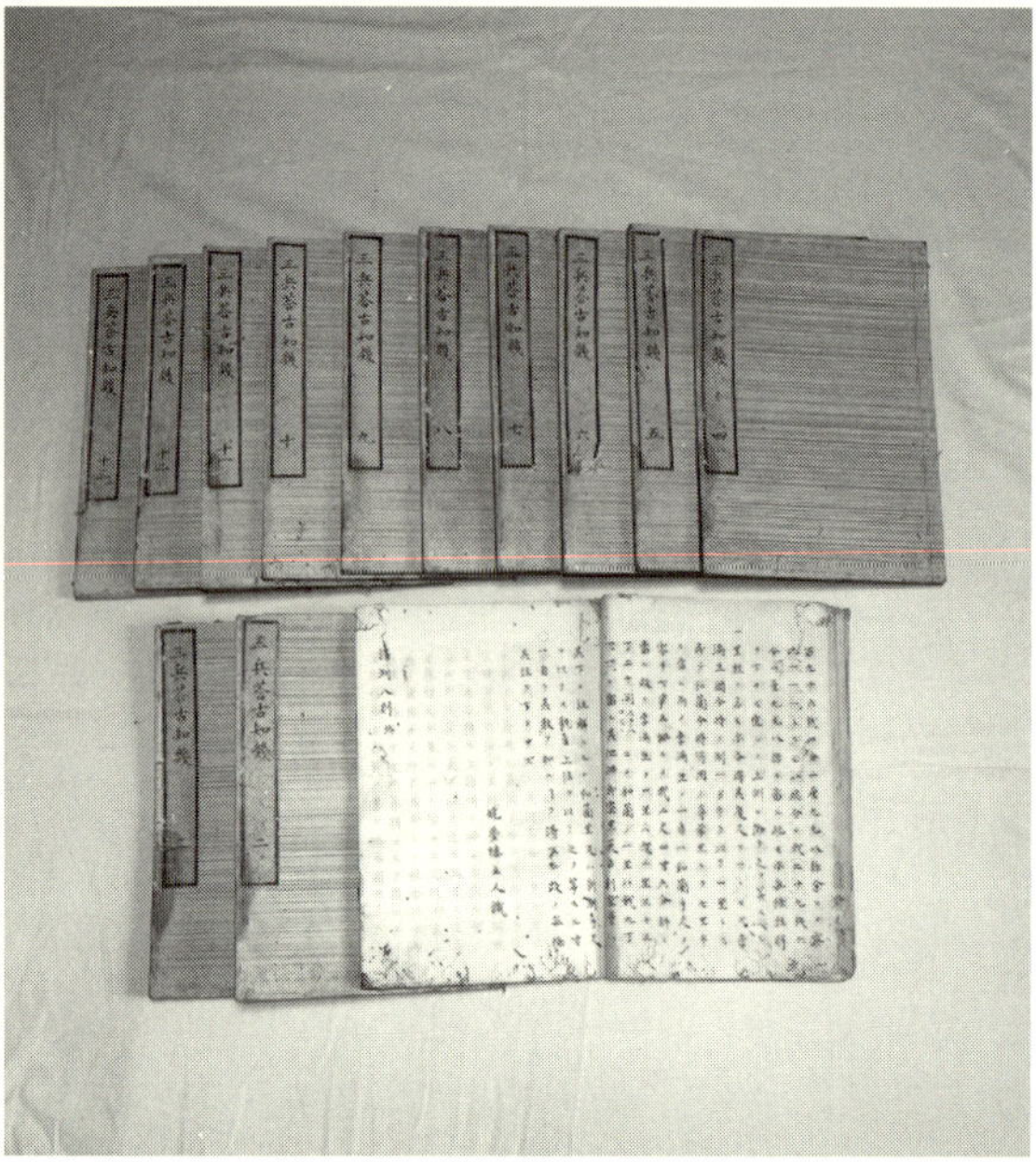

図14『三兵答古知幾』（高野長英訳・写本）

そうした背景には、当時の日本の兵学が戦争の帰趨を個人的格闘の集積に求めようとする中世的段階にあり[2]、近代兵学をして、時勢に即応するための新興武芸と捉える傾向が強かったことのほか、個々の藩兵についてもその編制規模が限定的で、用兵上の理論も戦術レベルのもので事足りたという軍事環境の閉鎖性があった。

明治維新を契機に、日本における近代国家形成の端緒が開かれ、それに伴う国軍建設という課題に即しながら、近代軍隊を運用するための体系的な軍事理論導入が模索されることになった。維新建軍期の日本陸軍においてその要請に応じたのは、主にアメリカから輸入された兵書の邦訳であり、「最初の近代戦[3]」と評された南北戦争を通じ、新たな戦例を加えつつ解釈されたジョミニ（Antoine Henri Jomini）の兵学理論が、結果的に間接的な形で日本へもたらされた。

ジョミニ兵学の特質は、戦略の分野には一般的な法則と永久的な妥当性を持った原理があり、公式化することができるとの観点[4]から「戦争においてすぐ役に立つ処方箋[5]」を提示しようとした点にあった。かくて南北戦争時に大量動員された経験不足のアメリカ軍指揮官達が直面した問題と同様の意味合いにおいて、戦略理論そのものに馴染みの薄かった建軍期の日本陸軍にとっても、「若干の平易に表現された原理が戦争での成功の基礎をつくり出す」[6]というジョミニのコンセプトは有用な指針となった。本章では、維新建軍期の日本陸軍がどのような形で西欧の近代兵学を受容したのかという問題について、幕末から明治初年にかけて邦訳された兵書を通じて考察する。

ナポレオン戦争期にその原型が形づくられた近代軍隊は、「歩・騎・砲、三兵の結合とその総合的な協同動作」[7]にもとづく三兵戦術により、組織的戦力の発揮を特色とするものとなった。三兵戦術の教本については、幕府期の日本へも天保年間以降オランダを通じ輸入されており、「三兵タクチーキ」の名で何種類もの邦訳が試みられたが[8]、これらは当初、幕府による禁圧もあって、写本の形で伝播したにすぎなかった。

三兵戦術書の邦訳は、安政年間（一八五四〜六〇）から明治期にかけて多種類の版本となって刊行されたが、そのうちのいくつかは、兵器や戦法の進歩に伴って通用性を失い、次に示すクノップ（W.J. Knoop）およびミュルケン（J.J. van Mulksken）の三兵戦術書が、維新建軍期における日本陸軍および諸藩兵の教本として使われた。

クノップの教本 *Kort begrip der krijgskunst*（1853）——戦いの術に関する概念の要点——は、日本の戦術思想形成に最も大きな影響をもたらしたものであり、内容的には高等戦術（Hoge tactiek）までを論じている。戦略（Strategie）については「私答刺的義ハ兵ノ進退守備攻戦ヲ指揮シ以テ全軍ノ結案ヲ達セシムルノ術ナリ」[9]という形で触れているが、戦術との比較において「両者ノ区分実ニ難シ」[10]とし、明確な概念を提示していない。なお、同書の邦訳刊本には、次のようなものがある。

・石川遠訳『古氏兵論』（刊所不詳、文久元年）。
・大村益次郎訳『兵家須知戦闘術門』（長門陸軍学校、元治元年）。
・木村宗三訳『格能弗答古知幾』（刊所不詳、慶応元年）。

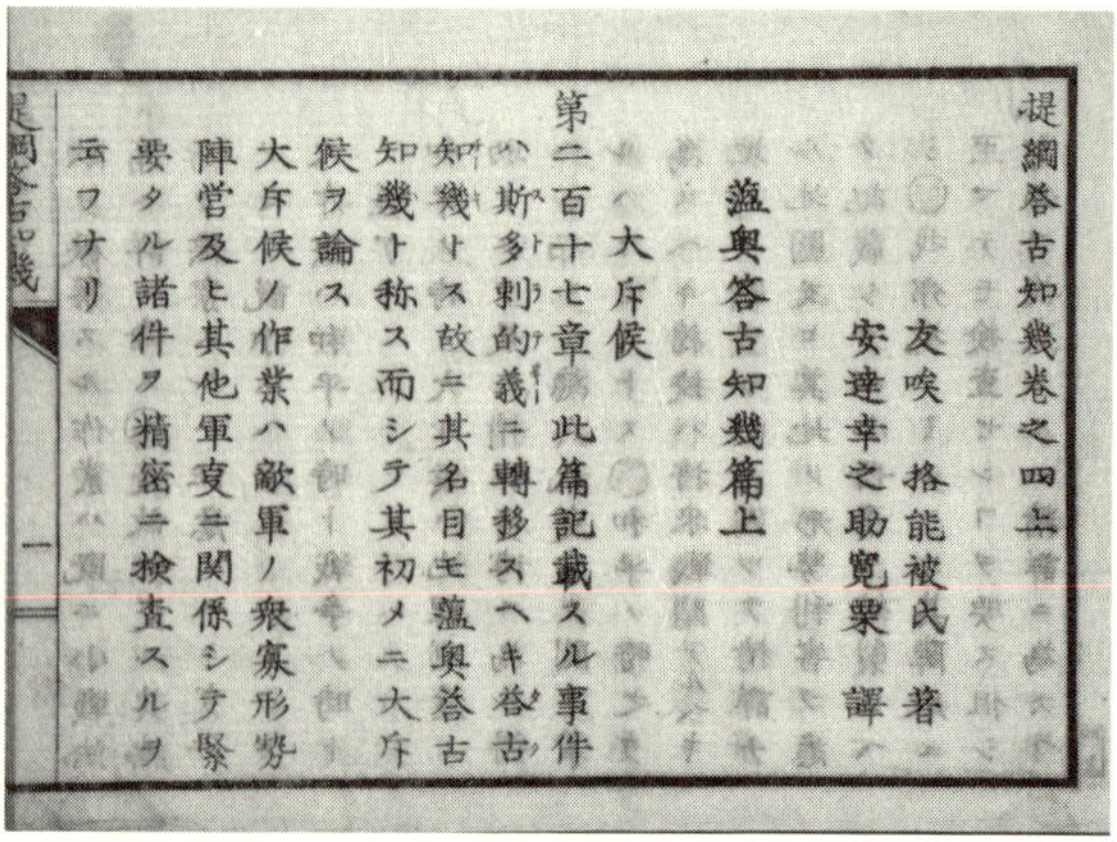
提綱答古知幾巻之四上
友吹ノ格能被氏 著
安達幸之助寛栗 譯
溢輿答古知幾篇上
大斥候
第二百十七章 此篇記載スル事件ハ斯多剌的義ト轉移スヘキ答古知幾ナリ故ニ其名目モ溢輿答古知幾ト称ス而シテ其初メニ大斥候ヲ論ス
大斥候ノ作業ハ敵軍ノ衆寡形勢陣営及ヒ其他軍實ニ関係シテ緊要タル諸件ヲ精密ニ撿査スルヲ云フナリ
提綱答古知幾 一

図15 『提綱答古知幾』(安達幸之助訳、無刊記)

・堀江元随訳『格能弗答古知幾』(刊所不詳、文久三年)。
・大村益次郎訳『活版兵家須知戦闘術門』(明倫館、慶応三年)。
・安達幸之助訳『提綱答古知幾』(刊所・刊年不詳)。

また、ミュルケンの教本 *Handleiding tot de kennis der krijgskunst* (1853)——戦いの術に関する知識への手引書——は、副題に *voor de cadetten van alle wapenen*——全ての兵科の士官候補生のために——とあるように初心者向けの概説書であって、主に旧幕府の陸軍所、維新政府の陸軍兵学寮、諸藩兵学校などのテキストとして邦訳・刊行された。

・増田勇次郎訳『慕《ミュ》氏《し》兵論《へいろん》』(松山演武館、文久三年)。
・幕府陸軍所訳『兵学程式』(陸軍所、慶応三年)。
・沼津学校訳『兵学程式』(沼津学校、明治三年)。
・荒井宗道訳『兵法中学』(陸軍兵学寮、明治四年)。

ちなみに、建軍期の日本陸軍では、フランス式への兵式統一後も三兵戦術や野外要務等の教本にオランダ原書の邦訳本が使われており、士官教育の現場でも「学科と教練とが別々」[11]になるという状態が、第二次フランス軍事顧問団の来日まで続いた。

また、維新建軍期の軍戦備構想についてみると「即今ノ目途ハ内ニアリ、将来ノ目途ハ外ニアリ」[12]とされように、ロシアの南下政策に脅威を感じつつも、その重点を国内安定に向ける「防勢消極」[13]型のものであった。こうした対内的軍戦備を基調とする用兵の指針となったものに、レース(W. A. van Rees)の教本 *Handleiding tot de kennis der verdienst en vechtwizze, van het Nederlandsch Oost-Indisch leger tegen Inlandsche Vijanden* (1860)——原住民の敵に対するオランダ領東インド軍の、野外要務と戦闘法に関する知識への手引書——がある。同書は、蘭印の島嶼における「山林丘叡の接戦[14]」を詳述したものであり、日本の地勢と類似した条件での戦法を教示する参考書として、幕末期からその存在が知られていた。その邦訳本には、荒井鉄之助・佐々木貞庵共訳『攻守略説』（荒井氏蔵版、慶応三年）や、宇式直訳『戦地必要』（淀演武場、慶応三年）があり、前者は明治四（一八七一）年に陸軍兵学寮の教本としても再刊されている。

（二）ジョミニ兵学の受容

もともと旧幕時代の日本には「機能的に体系づけられた兵学の存在がなく[15]」、幕末期に始まった近代兵学の受容に関しても、戦術単位以下の兵力練成と、「訳本タクチイキの書等に就[16]」く三兵戦術導入のレベルで事足りるという限界性を持っていた。

こうした状況下にあって、戦略を含めた体系的軍事理論導入の媒介となったのは、南北戦争（一八六一～六五）期のアメリカで執筆・刊行された兵書の邦訳であり、結果的にアメリカ陸軍が伝えて来たジョミニの軍事理論[17]が、維新建軍期の日本陸軍へも影響をもたらすこととなった。当時の日本にあって、間接的にせよジョミニの兵学が受け容れられた大きな理由は、その理論の簡明性と実用性にあった。これは同時代の軍事思想家クラウゼヴィッツ（Karl von Clausewitz）の著したいわゆる『戦争論』（*Vom Kriege*）が、既に幕末期（一八五〇年代）の日本へ蘭訳本の形で輸入されていた[18]にもかかわらず、当時その難解さからほとんど顧みられずに終わった事実と比べて対象的である。

　さて、十九世紀のアメリカ陸軍はフランスの軍事理論の影響を強く受けており、ウエスト・ポイントでも士官候補生達の間でジョミニはスタンダードに読まれていた。[19]他方、独立戦争（一七七五～八三）後のアメリカは、ナポレオン戦争（一七九七～一八一五）を経て形づくられつつあった近代戦を経験することがなく、近代軍隊の運用にあたるべき各階級指揮官もまた、実戦経験に乏しいという状況にあった。一八六一年に勃発した南北戦争は予想外の規模に発展し、兵力の大量動員と共に指揮官の速成・拡充も急務となったが、その際増員された指揮官達にも、経験不足という問題がつきまとった。[20]彼らは職務の遂行にあたって「若干の平易に述べられた原理（Prineiples）・法則（Rules）・金言（Maxims）が勝利の基礎となる」[21]というジョミニの軍事理論を学び、「基礎原理は戦闘で指揮の責任を負うことに直面した全ての者によって熱心に探求される」[22]ことになった。かくて南北戦争期のアメリカでは、ジョミニの説く「若干の平易に述べられた原理」をめぐって、新しい戦史の例証を加えた解説書が多数出版され、その結果として「南北戦争中には、総じて戦争――特にその戦争原理に関するジョミニ派の概念が、戦争についての書物および戦場での出来事を支配[23]」する傾向が強かったといわれる。

　明治維新後の日本では、戊辰戦争という内戦を通じて「昔日の白兵戦時代より火兵戦に移る[24]」過渡的レベルでの近代戦を経験していたが、その戦争指導の在り方をみると、体系化された軍事理論の欠如に伴う不備が戦略・戦術いずれの局面においても認められた。特に政戦略のバランスについては「京都本営と現地との戦況に対する意識と感覚の大きなズレ[25]」が存在し、戦略認識の不十分な京都側の戦争指導は、東征大総督府以下の第一線との間でしばしば意思の疎通を欠くものとなった。また作戦面でも、公家をそれぞれの総督とし、雄藩出身の参謀が実権を握る諸道の官軍では、各参謀の近代戦術に対する認識の差異によって意識統一に支障を来たすことがあり、時として戦局の停滞を招いた。

こうした経験を踏まえた維新建軍期の日本陸軍が、近代軍隊運用のための体系的軍事理論導入に際して最優先に求めたのは、それを実地に利用するための明解な指針となる手引書であり、南北戦争期のアメリカで出版されたジョミニ兵学の解説書が、この要請に応じるものとして邦訳された。日本で邦訳されたテキストには、ジョミニの軍事理論（特にその著 *Art of War* で提示された諸原理）を解説したものから、主に戦術レベルの金言（Maxims）を説明した初級士官用の実務教本までが含まれている。

幕末維新期の日本で邦訳されたことを確認できるジョミニ兵学の解説書は、イギリスで刊行されたもの一点を除き、他は全てアメリカの出版物である。これらは何れも一八六〇年代のものであって、当時の日本において斬新な軍事知識といえるものであった。またその内容をみると、アメリカのスカーク（Emil Schalk）やマハン（Dennis H. Mahan）、イギリスのマクドーガル（Patrick L. Mac-Dougall）といった有名な軍事思想家の著書のほか、フランスの刊行物を英訳した実務的教本も含まれている。以下、書誌的な事項を踏まえつつ、邦訳書それぞれについて若干の考察をおこないたい。

（1）福沢諭吉・小幡篤次郎・小幡甚三郎共訳『洋兵明鑑』（尚古堂、明治二年）

整版五巻五冊の和装本で、版権は慶応義塾となっている。同書は熊本藩からの依頼に応じて邦訳されたものであり、「世間一般に発売は甚だ多からず[26]」とされているが、実際の現存数からみて相当に普及していたことを窺わせる。

原書は Emil Schalk, *Summary of the Art of War*（Philadelphia: J.B.Lippincott & Co., 1862）であり、巻之一から四において完訳している。また巻之五は附録となっていて、Henry L. Scott, *Military Dictionary*（New York: D. Van Nostrand, 1864）の抄訳が収載されている。

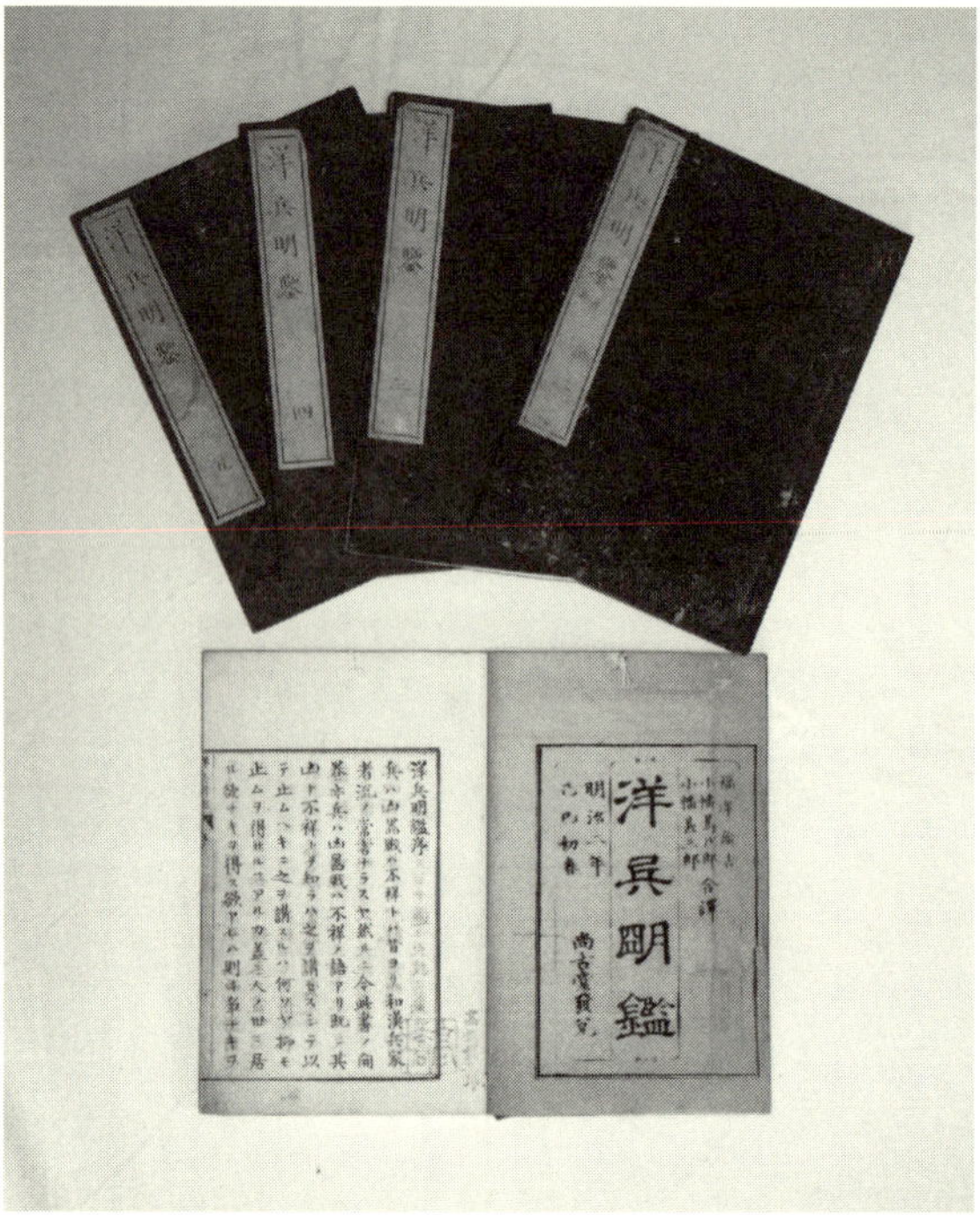

図16　『洋兵明鑑』（尚古堂、明治2〈1869〉年）

スカークはジョミニを「戦略原理に関する最も完全な議論の著述者」と位置付けつつも、ジョミニの著述を理解するためには軍事史について相当な知識を要することから、コンパクトで簡単に理解できる形に収縮し、その理論を用いて南北戦争の理解を求めると共に、戦争の指揮をいかなる点で改善できるか指摘しようとした(27)。スカークはドイツのマインツで生まれ、パリで教育を受けた民間人であるが、主に南北戦争中のアメリカ北部で、その著書は世人の注目を促したといわれる。

『洋兵明鑑』では、用兵術の区分に「軍謀（Strategy）・軍略（Grand Tactics）・軍隊の用兵活法（Tactics of each Arm）」の訳語をあて、スカークの提示した三カ条の金言について次のように訳出している(28)。

第一訣　我兵ヲ集メ其全力ヲ以テ敵兵ノ一部ヲ伐ツ可シ

第二訣　敵兵ノ最モ弱キ処ヲ伐ツ可シ敵兵散スレハ其中心ヲ伐チ敵兵集レハ其左右若シクハ後ヲ伐ツ可シ味方応援ヲ失ハスシテ敵ノ応援ヲ絶ツ可シ

第三訣　策ヲ立テテ之ヲ行ハント決シナハ神速ニ之ヲ施シテ我目的ヲ達シ敵ヲシテ我策ヲ推量スルノ暇ナカラシム可シ

（2）堤董真訳『兵学提要』（大学南校、明治三年）

邦訳本の目次には巻十に至る項目が記されているが、現在確認できるのは巻三までの三冊のみであり、以下は未刊と思われる。原書は、Dennis Hart Mahan, *An Elementary Treatise on Advanced-Guard, Out-Post, and Detachment Service of Troops, and Handling Them in Pre-sense of an Enemy*（New York: John Wiley, 1861）で、これは一八四七年に初版が刊行されたものの再版である。

邦訳されたのは、Introductory Chapter を含めた Chapter Ⅰ～Ⅴまで（pp.1～116）で、当時大学南校（旧開成校）の中助教だった堤董真が翻訳にあたり、フルベッキ（Guido Herman Fridolin Verbeck）の助力を得て訳出したものという[29]。

原著者マハンは、アメリカの軍事思想家の中でも著名な人物であり、ウエスト・ポイントの教官を長年にわたり務めた[30]。同書は「将帥術ノ原則及ヒ戦闘術ノ略説[31]」を主題としたものであり、前者に関してはジョミニの「一定不易ノ原則」を援用しつつ、ギリシア時代から十九世紀までの軍事史を概説する。また後者については、フランスのミニエー（Claude-Etienne Minie）が一八四六年に底部拡張式の弾丸を用いる前装施条銃を完成したことに対応する、戦法の改正を述べている。著書が初版から十数年を経た南北戦争期に再版されたのは、前装施条銃段階の戦法について先行的に言及していたことによるものといわれる[32]。

（3）『野戦兵家必用』（刊所不記、明治二年）

整版三巻三冊の和本で原書はウエスト・ポイントの助教クレーヒル（William P. Craighill）が、フランスのローフレ（M. De Rouver）の著書を英訳した *The Army Officer's Pocket Companion*（New York: D. Van Nostrand, 1863）である。

邦訳されたのは、原書中の ART.58 ~ 91（pp.144 ~ 214）までであり、これは三兵戦術にかかわる「定法」について述べられた部分である。訳者・刊所共に記されていないが、京都で刊行されたものであることを確認することができ[33]、現存数からみても広く普及していたらしいことが窺われる。

なお、同一の原書の完訳を明治維新前に仙台藩がおこなっており、瀬脇節蔵訳『野戦兵襄』（仙台武庫、慶応三年）の題名で版行している。こちらの邦訳本は、仙台藩の藩版[34]というローカルな性格を持ち、前編五巻五冊・後編五巻五冊の大部なものだったこともあって、普及の範囲は限界的であったと思われる。

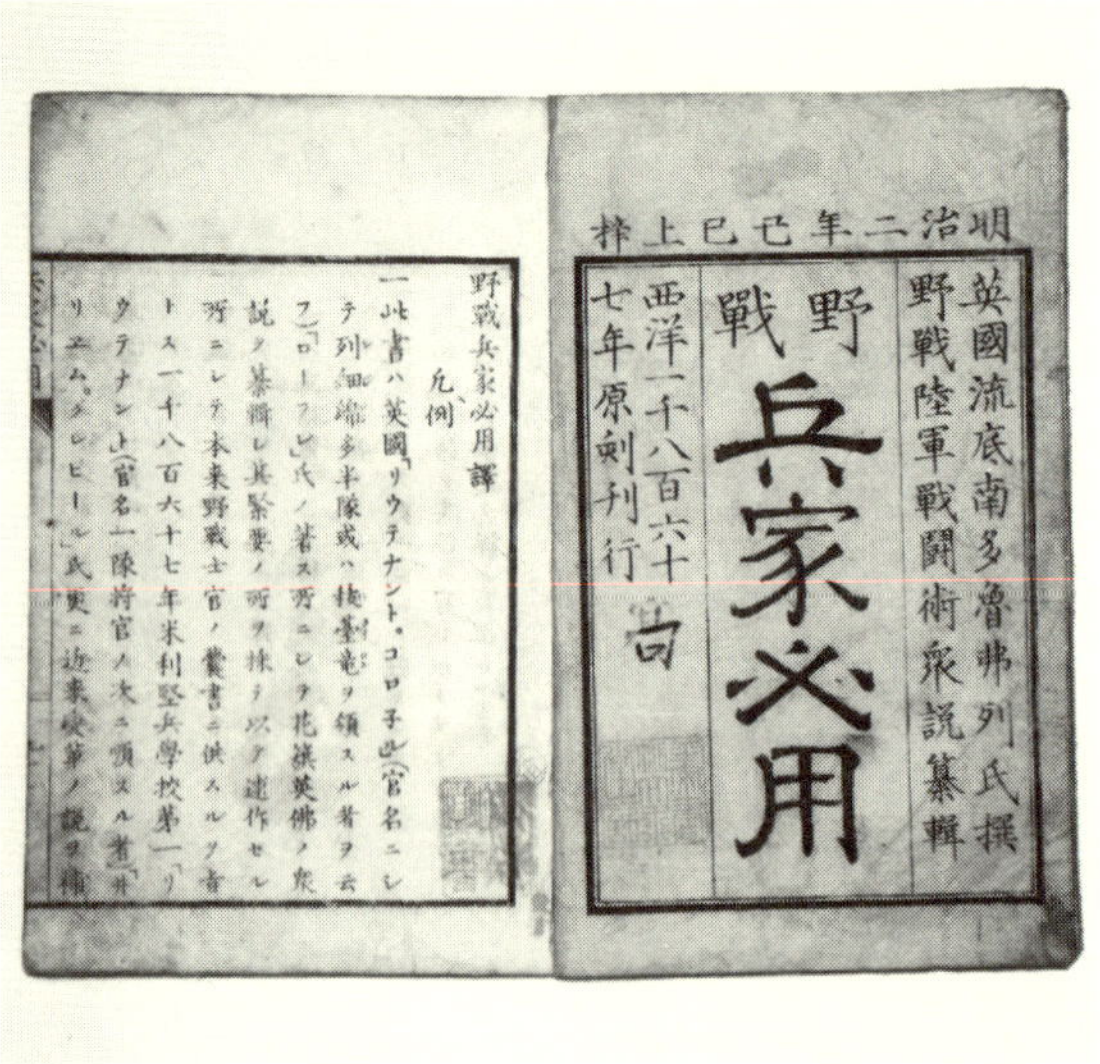

図 17　『野戦兵家必用』（刊所不記、明治 2〈1869〉年）

（4）柳田如雲訳『戦略小学』（陸軍兵学寮、明治四年）

原書は、アメリカのレンディー大尉（Captain Lendy, Director of the Practicsal Millitary College）がフランスの教本を英訳

した*Maxims Advice and Instucions on the Art of War*（New York: D. Van Nostrand, 1863）で、その内容は、表題からも窺われるように、ジョミニの軍事理論を踏まえつつ、「戦いの術」に関する実務的要点を「最新のスタイルで示[35]」そうとしたものである。

邦訳本は最初『仏国軍法規教　兵家必携』（青山堂、明治二年）の名で刊行され、次いで『戦略小学』と改題の上、陸軍兵学寮で使用するための教本として再刊をみたもので、何れも整版三巻三冊の和本である。後者は兵式統一布告後に刊行された刊版であり、初級幹部の養成にあたって、フランスの軍事理論導入を意識したものであることが窺われる。

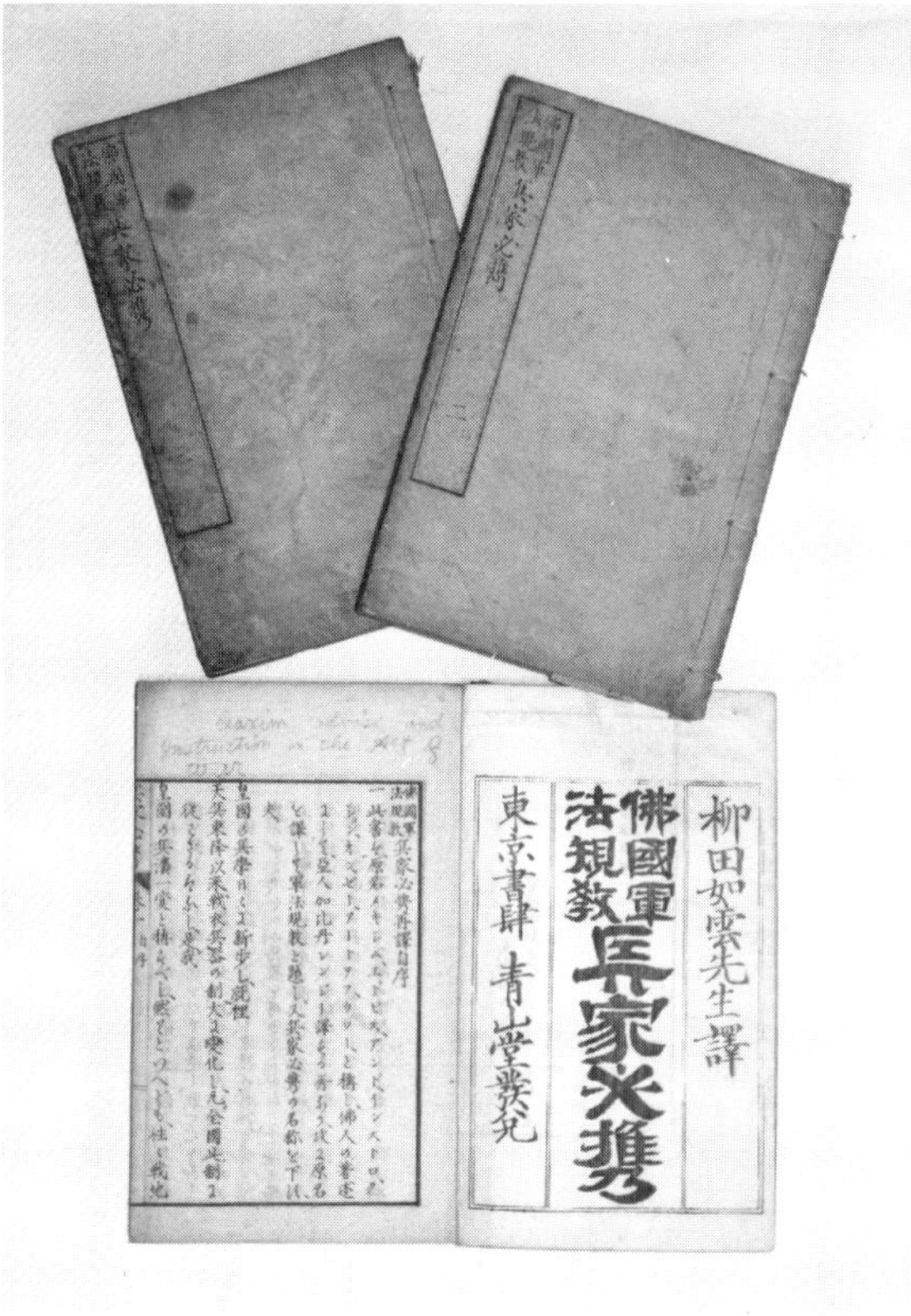

図18　『仏国軍法規教　兵家必携』（青山堂、明治2〈1869〉年）

（5）渡部一郎訳『陸軍士官必携』（江戸書林山城屋佐兵衛、慶応三年）

ジョミニ兵学の解説書を邦訳したもののうち、この一例だけがイギリスの刊行物で、原書はPatrick Leonard Mac-Dougall, *The Theory of War*（London: Green, & Co., 1858）である。訳者渡部一郎は幕府の開成所助教で、維新後は静岡藩沼津学校の英語教授となった。元治元～慶応元（一八六四～六五）年にかけて、徳川幕府は横浜駐屯イギリス軍に陸軍伝習を申し入れ、神奈川奉行所支配の定番役と下番が「英式伝習」を受けているが、(36)マクドーガルの著書の邦訳もこうした背景の下で着手されたものと思われる。

一八六〇年代のイギリスでも、アメリカにおけるのと同様に「ジョミニの主張した基礎原理を戦争論の基礎と認める」(37)思潮が強く、マクドーガルはクリミア戦争（一八五三～五六）の戦例を踏まえつつ、同書においてジョミニの理論を敷衍した三つの原理（Principles）を提示している。(38)

戦理第一

我全兵（分兵に反して云う総軍の意には非す下之同し）を以て敵の分兵に乗すべき事　以下尚二等の戦理あり

戦理第二

努めて敵の妨害を成すとき主として左件に注意すへし我交戦を護しながら敵の交戦を裁断すべき働の事

戦理第三

第一第二の二件を行わんとするとき先左の運動に注意あるべし

常に内戦に就き進退すべき事

『陸軍士官必携』は、当初一〇巻一〇冊の体裁だったが、その後一冊に合本され、維新後も版を重ねた。同書はまた、明治三年に設置をみた和歌山藩兵学寮でも教本として使用される等、(39)幅広い影響力を持った。

以上に提示した邦訳本のうち軍事理論の解説として内容が充実していたのは、『洋兵明鑑』と『陸軍士官必携』であり、何れも現存数から推定して、広く普及したことが窺われる。さらにこうした翻訳書を通じ、近代兵学の理論的基礎を固めた軍事思想家ジョミニの存在が日本でも知られるようになり、これが兵式統一にあたってフランス式の採用を促す一因になったとも考えられよう。

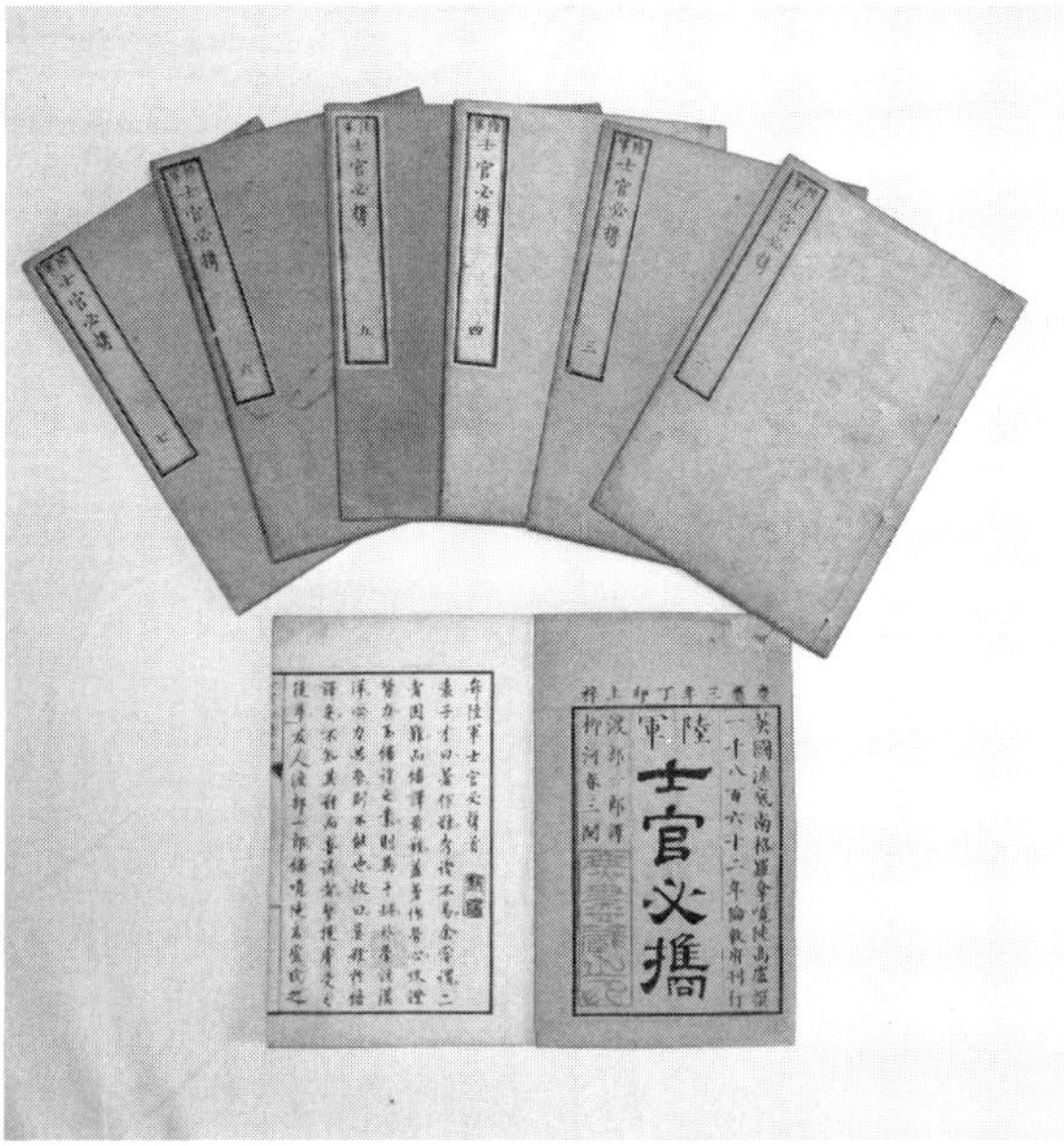

図19　『陸軍士官必携』（江戸書林　山城屋佐兵衛、慶応3〈1867〉年）

幕末期の日本において西欧からの近代兵学受容に拍車がかかるのは、ペリー来航に伴う開国により「対外軍備の充実が焦点の急[40]」と認識されるに至ってからであり、これを機に「開国論者ハ固より攘夷鎖港の徒も爾後は知彼知巳の兵訳もて指を横文に染め皆を海外に決かざる無し[41]」との景況となった。さらに維新の動乱期を通じ、徳川幕府・諸藩それぞれが軍事力の近代化を急いだことにより、戊辰戦争時には「兵装戦法共に改良せられ、本役末期頃には、殆ど欧式となり、兵器は殆ど洋式銃を採用[42]」するという段階に進んだ。

さらに明治維新後の日本では、従来の藩権力を超えた「国家」という位相での軍事力が認識されるようになり、近代軍隊運用のための体系的理論が求められることとなった。維新建軍期の日本陸軍は、主にアメリカの兵書を媒介としながらジョミニの兵学理論を間接的に摂取することでこの要請に応じたが、その際、用兵上の指針となるべき平易な原理という実用的要素の理解に重点が絞られる傾向が強く、ジョミニ兵学の本質を理論付ける原典に対しては、ほとんど注意が払われなかった(43)。

総じて幕末維新期の日本でおこなわれた近代兵学導入は、砲術や教練などの「手近かの実践的教育(44)」に比重を偏じた嫌いがあり、戦術や戦略といった西欧の用兵と装備そのものについては、必ずしも十分な認識と理解が得られていなかったといわれる(45)。かくてこの当時の日本に定着した「洋式兵学」の内容は、特にその用兵理論に関して「古戦法の精神に洋式の着物を着けた様なもの(46)」と評されるような、折衷的性格を残すものとなった。

明治二〜三年にかけて模索された兵式統一という課題をめぐっても、諸藩の間には「皇国式(47)」の制定を求める意見が少なからず存在した。この時期、実際に「皇式御流儀」と称するものも創出されているが、その内容をみると、イギリス式の翻訳教本と和流兵法を折衷した歩兵練法にすぎなかった(48)。ともあれ、当時の実情は「前途何レ皇国一般ノ式可被立候得共先渠ニ依リ専ラ研究不仕而テハ不相叶(49)」という段階にあり、兵式統一布告後も、引き続いてフランス・ドイツからの兵学導入に力を注ぐことが必然的に求められた。ちなみに日本陸軍が「日本固有の戦法(50)」にもとづく独自の用兵思想を確立するのは日露戦争後のことであり、この間「各国ノ制ヲ取捨折衷シ我兵式ヲ制定スル(51)」ための努力が、四〇年近くにわたって続けられることとなる。

註

（1）指原安三編・吉野作造校『明治政史　上巻』（日本評論社、一九二八年）九二頁。
（2）所荘吉「砲術と兵学」（中山茂編『幕末の洋学』ミネルヴァ書房、一九八四年）九一頁。
（3）Edward Hagerman, *The American Civil War and The Origins of Modern Warfare*(Ind.: Indiana University Press, 1988), p. xi.
（4）菊池宏『戦略基礎理論』（内外出版、一九八〇年）六頁。

（5）前原透『日本陸軍用兵思想史』（天狼書店、一九九四年）九三頁。
（6）John I. Alger, *The Quest for Victory*(Conn.: Greenwood Press, 1982), p. 93.
（7）小山弘健『軍事思想の研究』（新泉社、一九八四年）四四頁。
（8）前掲「砲術と兵学」九三〜九五頁および、「西洋兵法学海防関係書名一覧」（西岡久夫『日本兵法史――兵法学の源流と展開――下』雄山閣、一九七二年）四三八〜四五二頁収載を参照。
（9）大村益次郎『活版兵家須知戦闘術門　巻一』（明倫館、慶応三年）一丁。
（10）同右、二丁。
（11）金子空軒『陸軍史談』（陸軍画報社、一九四三年）二一頁。
幕末維新期に邦訳されたオランダの野外要務書としては、次のようなものがある。
・*Handleiding tot de kennis van de velddienst, voor onder-officier en korporaals der infanterie* (1856).
――歩兵の下士官と伍長のための野外要務に関する知識の手引書――
・大鳥圭介訳『官版　野戦要務』（陸軍所、慶応元年）。
・訳者不記『官版　陣中要務』（軍務官、慶応四年）。
・訳者不記『陣中要務』（兵学校、慶応四年）。
・訳者不記『陣中小典』（陸軍兵学寮、明治三年）。
・*Handboek voor de onder-officieren en korporaals der infanterie* (1857).
――歩兵の下士官と伍長のためのハンドブック――
・大島恭次郎訳『軍事小典』（兵学校、明治元年）。
・J.J. van Mulken, *Velddienst ter dienste van de onder-officieren der infanterie bij het Nederlandsche leger* (1856).
――オランダ陸軍歩兵下士官のための野外要務に関する職務――
・広瀬元恭訳『陣中軌典』（陸軍兵学寮、明治三年）。
・辻本一貫訳『改訳陣中軌典』（陸軍兵学寮、明治五年）。
（12）山県有朋「軍備意見書」（大山梓編『山県有朋意見書』原書房、一九六六年）四三頁。
（13）松下芳男『明治の軍隊』（至文堂、一九六三年）一三頁。
（14）荒井鉄之助・佐々木定貞庵共訳『攻守略説』（陸軍兵学寮、一八七一年）凡例一丁。

(15) 前掲「砲術と兵学」九七頁。

(16) 栗本鋤雲『匏庵遺稿』（裳華房、一九〇〇年）一〇九頁。

(17) 上田修一郎「一九世紀前期における二人の偉大なる軍事思想家について（その一―ジョミニ）」（『防衛大学校紀要（人文学科編）』第二三輯、一九六七年）二二一頁。

(18) これは E. H. Brouwer の蘭訳本 *Over den oorlog*（Breda: Koninklijke militaire akademie, 1846）で、徳川幕府の旧蔵書中に含まれている（国立国会図書館蔵）。

(19) Steven Ross, *From Flintlock to Rifle, Infantry Tactics 1740-1866* (London Associated University Presses, 1979), p. 180.

(20) Alger, *The Quest for Victory*, p. 51.

(21) *Ibid.*, p. 46.

(22) *Ibid.*, p. 52.

(23) *Ibid.*, p. 52.

(24) 大山柏『戊辰役戦史　下巻』（時事通信社、一九六八年）八八〇頁。

(25) 金子常規『兵乱の維新史（1）』（原書房、一九八〇年）二三二頁。

(26) 慶応義塾編『福沢諭吉全集　第一巻』（岩波書店、一九五八年）三五頁。

(27) Alger, *The Quest for Victory*, p. 53.

(28) 福沢諭吉・小幡篤次郎・小幡甚三郎共訳『洋兵明鑑　巻之一』三～四丁（尚古堂、一八六九年）。原書は Schalk, *Summary of the Art of War* (Philadelphia: J. B. Lippincott & co., 1862), p. 11.

(29) 堤董真訳『兵学提要　巻一』凡例二丁（大学南校、一八七〇年）。

(30) Hagerman, *The American Civil War and The Oeriging of Modern Warfare*, p.7.

(31) 前掲『兵学提要　巻一』原序二丁。

(32) Hagerman, *The American Civil War and The Oeriging of Modern Warfare*, p.10.

(33) 朝倉治彦編『明治初期　三都新刻書目』（日本古書通信社、一九七一年）二四六頁。

(34) 矢島玄亮『藩版一覧稿』（東北大学付属図書館、一九六六年）八〇頁。

(35) Lendy, *Maxims Advice and Instructions on the Art of War* (New York: D. Van Nostrand,1863), p. 5.

(36) 大田久好『横浜沿革誌』（自家版、一八九二年）九〇頁。

（37）Alger, *The Quest for Victory*, p. 55.
（38）渡部一郎訳『陸軍士官必携　巻三』八〜九丁。原書は Mac-Dougall, *The Theory of War* (London: Longman, Green & Co., 1858), p. 51.
（39）「和歌山県史　前記五　和歌山藩史　制度・兵制」（国立公文書館蔵）。
（40）沼田次郎『幕末洋学史』（刀江文庫、一九五一年）五五頁。
（41）大槻如電編『新撰洋学年表』（柏林社書店、一九六三年）一三八頁。
（42）大山元帥伝編纂委員会編『元帥公爵大山巌』（同刊行会、一九三五年）一三八頁。
（43）ジョミニの代表的な著書 *Precis de L'art de la Guerre* の完訳が、八代六郎訳『兵術要論』という形で海軍大学から出版されるのは、明治三十六（一九〇三）年になってからである。また、日本陸軍の用兵思想は仏・独の兵学理論を基礎として成り立っていたにもかかわらず、「ジョミニやクラウゼヴィッツの学説や理論が、日本陸軍に直接的の影響を及ぼしたことは希少である」との指摘もなされている（前原透『兵語にみる日本の兵学と戦略』防衛研修所、一九八三年）九頁。
（44）中村赳『新説明治陸軍史』（梓書房、一九七三年）三三頁。
（45）前掲「砲術と兵学」九五〜九六頁。
（46）渡辺錠太郎「明治維新以後に於ける我国陸軍戦法の沿革に就て」（日本歴史地理学会編『日本兵制史』日本学術普及会、一九三九年）二九三頁。
（47）「集議院日誌　第三」（明治文化研究会編『明治文化全集　第四巻』日本評論社、一九二八年）一八一頁。
（48）「皇式御流儀　生兵教練号令詞」（辻田文雄氏蔵）。
（49）内閣記録局編『法規分類大全45　兵制門（1）』（原書房、一九七七年）三二一頁。
（50）教育総監部編『皇軍史』（成武堂、一九四三年）五九四頁。
（51）前掲『法規分類大全45　兵制門（1）』三二一頁。

Ⅳ・軍紀の形成

鎮台兵の軍装（『佐賀征討戦記』陸軍文庫、明治8〈1875〉年）

一、戊辰戦争期における軍紀

維新政権による旧幕府勢力への軍事行動――戊辰戦争――は、慶応四（一八六八）年一月三日、洛南の鳥羽・伏見において発生した武力衝突を機に本格化することとなった。同日、仁和寺宮嘉彰親王を軍事総裁に任じたのに続いて、翌四日には宮を征討大将軍に据え、旧幕軍追討へ向けた体制が整えられてゆく。この時、古制に倣う形で錦旗および節刀の下賜がおこなわれたが、これは天皇の持つ兵馬の大権の一部が臣下に委ねられることを意味し、官賊の名分を明らかにすると共に、朝敵征討という戦争目的の正当化をもたらすものとなった。ちなみに、嘉彰親王は、大坂方面の平定を終えた一月二十八日、京都へ凱旋すると共に錦旗と節刀を天皇へ返上し、征討代将軍の職を辞している。

この間、山陰道鎮撫総督（一月四日）・東海道鎮撫総督（一月九日）・北陸道鎮撫総督（一月九日）・中国四国追討総督（一月十三日）・九州鎮撫総督（一月二十五日）・大和鎮撫総督（二月一日）がそれぞれ任命され、諸藩兵を率いて各地の平定にあたった。このうち山陰・中国・四国・九州の各方面は程なく平定されたが、関東以北については維新政権の威令が及ばず、二月三日に発せられた親征の詔を受けて、二月九日には有栖川宮熾親王が東征大総督へ就任した。またこれに先立つ二月六日には、東海道・東山道・北陸道の各鎮撫総督が先鋒総督兼鎮撫使と改称され、二月九日に任命された奥羽鎮撫総督を加えて、東征大総督の管下に入った。

続く二月十五日、天皇より「征東軍務委任」の勅語と共に錦旗・節刀を下賜された[1]有栖川宮は、即日京都を発して征途に就くこととなり、二月二十日には官軍に対し、次のような「海陸軍への達書竝陸軍諸法度」(2)を下している。

一　今度　聖断ヲ以テ　御親征被　仰出候ニ付テハ　偏ニ蒼之塗炭ニ陥リ候ヲ被歎　思召候鴻大之聖慮ヲ奉戴シ速ニ皇国平治奉安　宸襟候様御軍列ニ　召加候、大小諸藩大ニ軍備ヲ厳ニシ同心戮力尽忠誠可遂成功候事

一　海陸軍トモ進退駆引之儀ハ其手之総督ニ委任被　仰下候条其旨可相心得事

一　私論ヲ以公事ヲ誤リ各藩区々ニ不相成様深ク心ヲ可用事

一　別紙陸軍諸法度条々堅可相守事

右之条々於相背ハ被処御軍法者也

慶応四年　　　　　　　　　　　　大宰帥熾仁（花押）

（別紙）

一　長官長官之差図ニ随ヒ諸事厳重ニ覚悟アルヘキ事

一　一勝ニ驕慢シ一敗ニ挫折スヘカラサル事

一　進退之節ハ総勢ヲ二ニ分チ其一ヲ先鋒トシ、其一ヲ中軍トシ交番ニシテ可相勤事

但路之遠近地之広狭ニ寄リ二駅或三駅ニ分配止宿之儀モ可有之事

一　行軍ハ六里内外ヲ以定則トスヘキ事

但敵境ヨリ先ハ必ス申ノ刻ヨリ内着陣勿論之事

一　総勢之内交番ニシテ身方地方ニテハ十分之一敵境ヨリ先ハ五分之一之人数ヲ以斥候差出巡羅不怠可相勤事

一　各藩ヨリ一両人宛総督陣営へ可相詰事

一　帰順之者ハ先ツ先手ニ相加置実行相顕レ候上寛容之御処分可有之事
一　宿陣之不自由宿駅人馬之湊等無余儀次第ハ令勘弁、聊権威ヶ間敷振舞無之様可相心得事
一　於軍中上下貴賤寝食労逸ヲ可同事
一　浮説流言等総テ軍勢之気峰ニ相拘リ候事堅不可唱、味方又ハ敵之情実難被差置事件聞及候節ハ、早速中軍へ可申出事
一　猥ニ神社仏閣ヲ毀チ民家ヲ放火シ家財ヲ掠ル等乱妨狼籍ハ勿論押買等堅禁制之事
一　喧嘩口論又ハ陣場之争ヒ等堅致間敷様可相心得事
一　外国人ニ行逢ヒ乱妨無礼難捨置節ハ召捕へ置、中軍ニ申出候ハ、曲直其国之公使へ相糺、至当之御処置可有之ニ付、猥ニ放砲弾斬殺等堅禁制之事
　　但外国人之居住所へ猥ニ不可立入事
一　銃砲弾薬並ニ金穀等分取之品々ハ中軍へ可申出事
右之条々堅可相守者也
　　慶応四辰年
　　　　　　　　　　　　　　　　　海陸軍
　　　　　　　　　　　　　　　　　　大　総　督

　そもそも東征大総督は、戊辰戦争遂行にあたっての軍務を統轄するために設けられた臨時官であり、軍令・軍政にわたる広範な権限を付与されていたが、その指揮下にある兵力は大部分を諸藩兵に依拠するものであって、実質上

「総督府は用兵作戦の策案所であり、総督は、各藩主を通して指揮をとるにすぎ[3]」ないという限界を持っていた。こうした状況は、公家を推戴する諸道の総督ないし鎮撫使等においてもほぼ同様であり、山県有朋はこのような組織体質について、後年次のように回想している[4]。

抑も当時の兵たるや、決して徴兵制度施行の後の兵の如きものに非ず。朝廷に直属するものとしては、御親兵と称する極々少数の応募徴兵に止まり、其他は悉く朝廷の命を奉じて諸藩より北越へ出張せしめたるものにて、是れら兵士の手当は勿論、弾薬糧食に至るまでも、総て其藩々に於て之を負担し、朝廷よりは参謀若くは軍監の如き、朝廷にて任命せられたる武官に手当を支給せらるゝに過ぎず、従つて各藩皆な夫れ夫れの指揮役あり、之を統一して一定せる指揮命令の下に動かしむるが如き、今日より之を想像すれば、殆んど得て望む可からざることなり。唯薩と長とは、勤王討幕の率先者たるのみならず、その兵力も他の諸藩に比して、多数にして且つ練熟なりしを以て、自ら他藩の兵隊を指揮するの力あり、作戦計画は、常に薩長の会議所に於て決定せられ、総督府は西園寺卿の時にも勿論、仁和寺宮の時に於ても、殆んど会議所の報告を受くるに過ぎざりし状況なり。

戊辰戦争に際して、朝廷方に兵員を参加させた諸藩は一八八藩に及んでおり、総数一一万七千人余にわたるこれらの兵力が、東征軍の主力を構成していた[5]。諸藩兵の動員にあたっては、近代的な火力戦に対応し得る条件の下に兵力を抽出することが図られ、次に示すような布達を通じ、「調練の範を西洋式に採り、甲冑の着用を止め、軽便の戎服を用ゐ[6]」ての出兵が下令された。

一、銃隊砲隊の外、用捨致し候様。(7)
一、隊長・司令・輜重掛等実地要務の外、冗官用捨致し候様。
一、無用の衣類・雑具等持参用捨致し候様。

これは、「白兵戦を主とする密集突撃の戦闘から、火兵を主とする疎開な遠距離戦闘に移る過渡期(8)」と位置付けられる、当時の戦術段階に対応した措置であったが、現実に諸藩兵の編制・装備は新旧まちまちの状態であり、それらを統轄して組織的戦力の形成・発揮を導き出すことにはかなりの困難が伴った。さらに前出の山県遺稿からも窺われるように、征討軍は「諸藩の連合軍(9)」であって、各藩兵がそれぞれ独自の軍規と指揮組織を有しており、このことが統一的な指揮系統の確立を阻害する要因ともなっていた。

すなわち、出兵下令に応じた諸藩兵は、征討にかかわる軍事的連合という名分の下で、東征大総督の「陸軍諸法度」を承伏する形をとっていたが、個々の藩兵に対する指揮統轄権は、各藩の指揮官が握っており、兵員に対する刑罰もそれぞれの藩において裁定・執行されるものであった。各藩の軍規は概ね前近代的な陣中の法度を踏襲したものであり、その一例を示すと次のような内容から成っている。

鳥取藩規則(10)

一　宿陣中暴威を張、諸人を凌き、慇懃之道を失ふ間敷事
一　宿陣中不虞之変ニ応し候様、諸隊中専要之事
一　私之意論を主張し、諸人之疑惑を生し間敷事

図 20　山国護国神社前に参列する山国隊（『原六郎翁伝　上巻』自家版、昭和 12〈1937〉年）

一　陣中過酒之義ハ堅無用之事
一　宿陣中も野陣之心得を以、諸事不自由相こらへ謹慎厳戒致し候事
右之条々、於相背者可処厳科候事
参謀局

他方、戊辰戦争の勃発と相前後して草莽諸隊の結成も相次ぎ、京都周辺にあって古来より禁裡とのかかわりを有して来た山城の山科・摂津の多田・丹波の山国といった郷村が、いちはやく郷兵を入洛させた。これらの郷兵は、それぞれ山科隊・多田隊・山国隊と命名され、前二者は「衛士」、後者は鳥取藩附属となって従軍することになる。その際、各隊とも個別の軍規を策定しており、東山道先鋒総督兼鎮撫使に供奉した多田・山科の二隊は各々「軍令（慶応四〈一八六八〉年一月二十一日）」[11]「規書一札（同年五月）」[12]を、また山国隊は「隊中規則書（同年三月十一日）」を以て陣中法度とした。このうち山国隊の軍規は次のような内容であったが、その第一条において、前記「陸軍諸法度」および「鳥取藩規則」を自隊の上

級機関の軍規と位置付けている点が注目されよう。

隊中規則書(13)

一　大総督府并御家ゟ被仰出候御規律堅可相守事
一　陣門出入妄ニ不可致事　但、必要之義有之、陣外ニ罷出候節ハ其組々伍長へ伍長ゟ組頭、隊長へ可届出事
一　昼夜共順番者弐人宛斤候とメ、陣門守方可致事
一　得武具暫時モ不可離事
一　身支度之儀ハ何時非常之事出来候共、聊差支無之様益々心掛可罷在事
一　隊中、伍中、一和肝要之事
一　隊長、伍長等へ対シ候而ハ勿論、同列之者たり共無礼無之様可相慎事
一　非常之節、隊長之号令を不待妄ニ動揺致し間敷事
一　妄ニ発堅禁止之事
一　陣処、或ハ行軍中、敵兵不意ニ襲来候節、総官隊長ヲ目掛ケ無狼狽懸命防戦可致事
右之条々堅可相守もの也
慶応四辰年三月十一日
隊長

こうした草莽諸隊は、東征の進展に

図21　多田隊の通行鑑札

図22　龍野藩の徴兵を描いた絵馬額（龍野神社所蔵）

伴って各地で結成され、諸道の官軍に随行してその兵力不足を補ったが、概して近代軍隊への置換性は低く、戊辰戦争の終結後程なくしてそのほとんどが解隊された。

さて、維新政権下の中央軍制機構は、慶応四年一月十七日の三職七科制における海陸軍科設置に端を発し、二月三日には三職八局制への職制更定による軍防事務局の改置をみたが、諸藩が個別に保持する軍事力に対しては、直接的に権限を及ぼすことはできなかった。この軍制機関の管下にある維新政権の直轄軍としては、二月二十日の御親兵掛任命と共に編制された親兵が最初のものであり、二条城ないし伏見に駐屯して禁裡の警衛にあたるほか、一部は戊辰戦争へ従軍した。ちなみにこの親兵は、鷲尾隆聚の高野山挙兵時に結成された「侍従殿所属兵士[14]」を改編したものであり、旧陸援隊士・高野山門徒・十津川郷士を主体に「長州藩ノ亀山隊、致人隊[15]」なども交え、総数「千三百十八人[16]」に及んだという。このうち、十津川兵二箇中隊が第一親兵として出兵した[17]のに続き、黒谷浪士隊が二番親兵となって北越方面に赴いた[18]が、これら直轄諸隊においては個別の軍規は設けられなかったようである。

一方、慶応四年閏四月二十日には「陸軍編制法[19]」が交付され、諸藩に対して草高一万石につき兵員一〇人（当分のうち三人）の差出しと、年額三〇〇両の上納が命じられた。この戊辰徴兵は、「皇国一体総高ニ割付陸軍編制被為立」という観点から、「三ヶ年ヲ以テ定限」とする各藩の兵賦によって、維新政府の直轄軍創出を試みたものであり、兵員の差出し期限である五月（在京兵員のない藩は七月）以降、逐次編制されてゆくことになった。

これに先立つ四月二十五日、「軍隊ノ進退、軍紀、風紀、教育其他軍資金等ニ関スルコトヲ司ラシム[20]」機関として陸軍局が開設され、閏四月二十一日の軍務官設置に伴ってその管下に入ることとなった。次いで五月三日には同局から「陸軍局法度」が発せられ、入京して来る諸藩の徴兵に対し、申渡しがおこなわれた[21]。

陸軍局法度[22]

一　皇国一致　御国威相立候儀至要之事ニ候条士風ヲ不失礼儀ヲ守リ親交可致事

一　長官長官之指揮堅ク可相守事

一　何時出兵可被　仰付モ難計候間速ニ出陣相調候様心掛勿論之事

一　猥ニ酒ヲ呑ムヘカラサル事

一　一六休日ニ付外出不苦事

但暮六ツ時限リ帰局可致事

右之条々堅ク可相守候若相背候者於有之ハ主人主人ヘ引渡厳重可被　仰付者也

さて、「陸軍編制法」およびその細則である「軍務官達（閏四月二十四日）」を受けた諸藩では、それぞれの草高に応じた人数を選定することとなった。また「四十八人以上の徴兵を出す藩にては、定員内に於て指揮官を定むべき規定[23]」にもとづき、単独で一隊を編制し得る規模を持つ藩では、独自の掟書を制定したところもあった[24]。

今度為徴兵朝廷江御差出し相成候に付ては、何れも御法度堅く相守可申。若心得違の者有之おひては、隊長取糺し、急度其咎申付旨被仰出候事。

一、隊中礼譲を本とし、和順第一に相心得喧嘩口論咎は不及申、私の意趣遺恨有之共楽に可及堪忍。万一無余儀次第出来候節は、速に其旨隊長江申出、差図を請可申。若又荷担する者は、其罪本人より重かるべき事なり。

一、押買・乱妨・博奕・諸勝負令禁止、酒宴・遊興堅停止の事。

一、無罪を害し、婦女を犯し、惣して狼籍致す間敷事。

一、他藩の交際礼譲を本とし、非礼非儀の振舞有之間敷事。

そもそも「陸軍局法度」においては、「若相背候者於有之ハ主人主人へ引渡厳重可被　仰付者也」とあるように、徴兵に対する陸軍局の刑罰権を規定していなかった。これは、徴兵諸隊そのものがあくまで各藩の軍事力を部分的に抽出・合集した暫定的兵力であることに由来していた。さらに、徴兵全体を統轄する指揮組織も明確でないことから、複数の藩の兵員を集成する形で編制された隊（実際にはこのような組成を持つ隊の方が多かったようである）では、兵員の統御が難しく「風御甚悪敷[25]」状態となっていった。こうした事情を踏まえて、陸軍局は翌明治二（一八六九）年に入ると次のような「御門出入規則[26]」を設けるなどして、徴兵に対する綱紀粛正を図っている。

二月四日（京都陸軍局）

一　鑑札出来之上者小隊長へ渡シ常ニ小隊長預リ置御門通行一切鑑札ヲ以可致事

一　休日タリトモ外出之砌ハ隊長ヨリ小隊長へ案内有之候者鑑札相渡帰局案内之節可相納事

但小隊長差支之節者半隊長ニテ取扱之事

一　通行之節鑑札ハ御門へ差出置帰局之節受取可相通

一　隊入以上之輩三字ヨリ御門〆切刻限迄之間ニ用弁外出之節モ可為同断事

一　休日之外ハ三字前ニ病院へ相越歟又ハ不可欠子細有之外出之節者小隊長へ申出承届候ハ、小隊長之印鑑相添子細俗事頭取へ猶亦申出差図ヲ受候テ通行可致事

一　帰局刻過ニ相成候鑑札御門番之者ヨリ俗事頭取へ差出可届置事

一　帰局刻過ニ相成候輩御門へ案内有之候得者其旨御門番ヨリ其隊長官へ申出小隊長ヨリ俗事頭取掛合之上通行可為致事

但鑑札ハ子細ヲ糺シ所置可致事

失職者於其筋吟味之事

一　謹慎中又ハ子細有之外出被差留置候輩之鑑札者其間俗事頭取へ可差出置事

一　鑑札ヲ失ヒ候得者其趣意ニ寄所置之事

一　楽隊モ右ニ可準申事

一　生兵之輩者一六之外一切外出不相調事

但生兵者掛世話役ニ而取扱之事

右之通決定之事

これらの徴兵については、諸藩からの否定的輿論もあり、戊辰戦争の帰趨が明確になったことに伴う速成的な直轄軍編制の意義低下と相まって、同年二月十日には、「即今東北平定ニ付兵制御詮議振モ被為存候間一先帰休候様被仰付候事」(27)が下令された。ここに、「陸軍編制法」にもとづく徴兵隊は解隊されることとなり、六月八日の陸軍局廃止(28)によって、「陸軍局法度」そのものも消滅した。

他方、東征に参加していた諸藩兵も、熾仁親王の東征総督解任（明治元年十二月二日）と相前後して逐次凱旋・帰国の途に就いており、箱館平定（明治二年五月十八日）以後の最終的な征討軍解隊を経て、維新政権の管下にある軍事力は、後述する直轄諸隊および要衛に駐屯する戍兵に限定されてゆくことになる。

註

（1）陸軍省編『明治天皇御伝記史料　明治軍事史（上巻）』（原書房、一九六六年）六頁。
（2）渡辺幾治郎編『基礎資料皇軍建設史』（共立出版、一九四四年）三七〜三九頁。
（3）松下芳男『明治の軍隊』（至文堂、一九六三年）八頁。
（4）山県有朋『越の山風』（東京書房、一九三九年）一三二〜一三三頁。
（5）「各藩戦功録」（国立公文書館蔵）
（6）鳥取藩史編纂所編『鳥取藩史　第三巻　軍制志』（鳥取県、一九七〇年）一三四頁。
（7）同右。
（8）大山柏『戊辰役戦史（上）』（時事通信社、一九六八年）三頁。

（9）維新史料編纂会『維新史　第五巻』（文部省、一九四一年）一七三頁。
（10）仲村研・宇佐美英機編『征東日誌』（国書刊行会、一九八〇年）五六頁。
（11）「東山道征討従軍記　永代記録」（宮川秀一『戊辰戦争と多田郷士』兵庫県川西市、一九八九年）三三四頁。
（12）「沢野井家文書」（京都市歴史資料館蔵）。
（13）前掲『征東日誌』五四頁。
（14）「高野山出張概略」（国立公文書館蔵）。
（15）山県有朋著・松下芳男解説『陸軍省沿革史（明治文化叢書　第五）』（日本評論社、一九四二年）一〇八頁。
（16）前掲「高野山出張概略」。
（17）「十津川郷兵出張事録」（国立公文書館蔵）。
（18）「第一・第二　遊軍隊日誌略」（同右）。
（19）内閣記録局編『法規分類大全45　兵制門（1）』（原書房、一九七七年）五頁。
（20）前掲『陸軍省沿革史』一一一頁。
（21）「太政類典　第一編　第百十三巻　兵制・軍規　六十六　始テ陸軍法度ヲ定ム」（国立公文書館蔵）。
（22）内閣官報局編『法令全書　第一巻』（原書房、一九七四年）一五四～一五五頁。
（23）前掲『鳥取藩史　第三巻　軍制志』二四七頁。
（24）同右、二四八頁。
（25）「岡田準介見込書　明治二年正月」（早稲田大学社会科学研究所、一九六五年）二四九頁。
（26）内閣官報局編『法令全書　第二巻』（原書房、一九七四年）五六～五七頁。
なおこの規則は、二月七日に次のような部分改正をみているが、程なくしておこなわれた徴兵諸隊の解隊と共に消滅した。

二月七日
是迄隊入以上之輩一字ヨリ三字迄用弁外出之儀不苦候処以後者用弁之趣意ニ寄三字ヨリ御門〆リ刻限外出不苦候尤其趣意隊長へ申出可受差図事
別紙書付之通十二日ヨリ鑑札ヲ以御門通行可有之候事

（27）　前掲『法規分類大全45　兵制門（1）』一五頁。この徴兵諸隊の編制内容については不明な部分が多いが、松島秀太郎「戊辰徴兵大隊覚書」（『軍事史学』第二十三巻第二号、一九八七年九月）によれば、三十二番隊までの隊号が確認されている。さらにその後も各隊の統合がおこなわれ、解隊時には七箇大隊に再編されていた（前掲『法令全書　第二巻』一〇一頁）。

（28）　前掲『法令全書　第二巻』二〇六頁。

二、「軍律」の制定

明治二年四月十九日、のちの陸海軍刑法の原型となる「軍律」が制定された。これは「刑罰を制裁とする禁止と命令とを掲げたる公法」(1)としての萌芽的性格を備えたものであったが、当初から条項の追加増補が予告され、後述するように必ずしも確定的な軍刑法と位置付けられていたわけではなかったようである。この「軍律」は、次に示すような内容を有しており、制定に先立って左記の通達がなされている。

京都軍務官へ通達(2)

軍律ノ儀別紙ノ通逐評議相伺候処伺ノ通被仰出候間其地ニ於テ此趣ニ御心得可被成候尤此条目ノ外追々取極候ヘハ夫々ケ条相増候筈ニ御座候則別紙御廻申込候也　二年四月十五日

軍　律(3)

凡　例

一　賞典ハ遅キモ妨ナシトシ罰典ハ速ナルヲ以テ佳也トス依之軍律ニ適遇スル者ハ不奉司書以届書処置スヘシ

第一ヶ条

一　徒党ハ古来ノ制禁タリ依之党首ハ死刑則於刑法場其党与ノ者ヲ以之ヲ刑セシメ其与党ハ三日ノ謹慎ヲ命スヘシ

第二ヶ条

一　武器戎服ヲ携脱スル者ハ死刑タルヘシ

　但数年ヲ経ルモ其罪ヲ減スルノ事ナシ若脱スルノ後三日ヲ出ス帰ル者ハ第三ヶ条初度ノ例ニ同シ

一　武器戎服ヲ返シ而〆脱ル者初度ハ五十日ノ間仮牢再度ニ及者ハ流罪タルヘシ

　但仮牢ノ法稽古及ヒ食事ハ常ノ如シ只休憩ノ時ヲ以禁錮スヘシ脱スルノ後三日ヲ出ス〆帰ル者ハ三十日仮牢

　再度犯ス者ハ五十日仮牢

第四ヶ条

一　於局外故ナク金談ニ及ヲ禁ス押借強談ハ尤厳禁タリ犯ス者其罪ノ軽重ニヨリ死刑或遠流等ヲ以処スヘシ

第五ヶ条

一　局中局外共賭博ハ厳禁タリ若犯ス者ハ三十日仮牢

　但賭博数度ニ及フ者或旧悪有之猶再三犯ス者ノ如キハ五十日百日ノ間仮牢タルヘシ（此一ヶ条二年十一月二十四日東京ヨリ改テ申来ル）

　この「軍律」の意義については、「どれほどの権威を有したるやは、大なる疑問である」(4)といった評価もなされているが、実際に維新政権の直轄諸隊に対しては、後述のように相当峻厳に機能するものとなっていった。

　また、府藩県三治制の下では直接的強制力を及ぼし得なかった諸藩兵に対しても、版籍奉還後の府藩県三治一致制を背景とする一連の兵制改革の中で、各藩の軍紀統一に向けた準則として影響力を持つこととなった。

　戊辰戦争後における維新政権の直轄諸隊は、「朝廷既ニ無力ニアラズ、十津川兵アリ二条城アリ、亦東下之後歩兵アリ浪士隊アリテ、兵制之害ヲ成スコト諸藩ト一般ナリ。依テ今日迄十津川浪士歩兵之三種ヲ精撰シ人員ヲ限リ、漸ク其害ノ根ヲ限レリ」(5)といわれるように、逐次兵員の淘汰と組織の改編がおこなわれ、明治二〜三（一八六九〜七〇）年にかけて、六箇大隊と三箇遊軍隊に再編された。これらの直轄諸隊に対しては、明治二年五月七日、「陸軍局兵隊入牢ノ者扱方」が下達され、いわゆる懲罰に該当するものは各隊で、また刑罰するものは陸軍局の「糺問処」で取り扱うことが明示された。

軍務官達　裁判所(6)

陸軍局兵隊入牢之者扱方之事

一　軽科ニ依リ科業之余暇或ハ仮牢中洒掃使役等ニ宛ル者ハ諸事於隊中取扱可申候事

一　重科ニ依リ入牢之者ハ罪状之趣書付ヲ以申出指図ヲ受候上糺問処へ可引渡候事

　但引渡之後ハ糺問処可為取扱候事

次いで版籍奉還後の「職員令」発布（七月八日）に伴って軍務官は兵部省へと改置され、翌八月の同省内における「糺問司」設置を経て(7)、十月二十日には「入牢ノ捕人取扱方」に関する規定が下達されている。

兵部省達　糺問司(8)

一　入牢之捕人非常近火之節ハ副省へ為立退可申事

　但三丁四方ヲ近火之規則ト相定候得共風ニ因テ定則ニ不拘儀ハ勿論尚時機ニ依河東練兵場へ為立退候儀可有

之右ハ臨機糺問正ニテ指揮アルヘシ尤護送之儀ハ捕亡手之専任タルヘキ事

自今糺問司面謁所相設候間宮華族諸官人諸藩重役等御用有之節ハ司ヨリ直ニ呼出シ御用向可相達尤事柄ニ依リ白洲ヘ召出可申儀モ可有之事

諸罪人吟味済口書詰印ノ上ハ凡罰ノ見込ヲ或謹慎何日ス復籍ト記シ罰文ノ草案雛形之通相認口書ニ相添本省ヘ可差出事

雛形之概略

其方儀何々

不埒ニ付不届ニ付何々申付候事

一　謹慎等申渡之儀ハ糺問司ヨリ申付被免等之節モ同様之事

但謹慎解日ハ一日モ誤ルヘカラサル儀ニ付無失念満日之前日取調可申出右ハ司之専任タルヘキ事

当省入牢ノ捕人非常近火之節其屯所ヘ為退候儀モ可有之間為心得相達置候事

さらに同年十二月十四日、次のような達を以て、兵卒の犯罪に対する兵部省の刑罰権が確認された。

刑部省へ達(9)

刑律ノ儀ハ其省御委任勿論ノ事ニ候ヘ共新律御確定迄兵卒罪伏ノ儀ハ於兵部省取計候様相達候尤余人連累等有之兵隊限ニ無之罪状ハ其節ノ次第ニ寄リ於其省可取計候事

ちなみに兵部省の権限において処断できるのは飽くまで兵卒のみであり、この点については刑部省伺に対する弁官からの指令にも、「歩兵限（ママ）ト可心得[10]」とある。すなわち、明治五（一八七二）年の「海陸軍刑律」制定に至るまでは、「軍人犯罪ノ者ハ此迄新律（註・明治三年十二月二十日制定の「新律綱領」を指す）名例ノ通出征行軍ノ外ハ常律ニ依リ処断セシメ[11]」るものとされており、士官・下士官を含めた軍人全体に対しての、平時における統一的裁判権は確立していなかった。なお、「軍律」にもとづいて兵部省が断罪をおこなった重罪犯（死刑）のうち、現在資料の上から確認できるのは表12の通りである。[12]

またこの時期、前記した直轄諸隊の他に兵部省管下へ入った軍事力があり、これは鹿児島・山口・高知・佐賀といった雄藩の兵員から成る、いわゆる四藩徴兵と称するものであった。これらの徴兵は、明治二年七月に「東下」決定をみた鹿児島・山口・高知三藩の兵員に加えて、翌明治三（一八七〇）年二月の下令にもとづいて差し出された佐賀藩兵を集成したものであり、各藩から精選された歩兵・砲兵・騎兵を以て編制されていた。[13] さらにこれら徴兵は、月給・賄料などを全て兵部省から支給さ

表12　兵部省による断罪一覧

資料番号	期日	所属・人数（人）	罪状	判決
八十一	明治二年八月十三日	第三大隊銃手　七	脱隊	死刑
八十二	明治二年九月	「長鯨丸」乗組　一	窃盗、脱走	斬刑
八十三	明治二年十月二十八日	松平容保元家来　一	強盗、殺人	斬首
八十四	明治二年十一月二十二日	遊軍隊兵士　六	脱走	斬罪
八十五	明治二年十二月十日	第三大隊銃手　二	無銭飲食	死刑
八十六	明治三年三月二十三日	兵部省兵隊卒　五	窃盗	梟首
八十七	明治三年五月二十二日	第三大隊銃手　一	殺人	死刑
八十八	明治三年七月十九日	第四大隊銃卒　一	脱営、強姦	斬首
八十九	明治三年八月五日	第五大隊兵卒　六	強盗、殺人	梟首　うち一人流三年
九十	明治三年十月	伏見第二大隊　三	強盗、殺人	梟首

れるという建前の下、同省の管下において前記「軍律」に服するものとされたが、差出し母体（藩）との兼合いを踏まえて、次のような刑罰権の確認に関する上申がおこなわれている。[14]

兵部省上申 弁官宛[15]

軍律御確定相成候迄ハ兼テ当省ヘ御委任ノ儀ニ付諸藩兵隊徴ニ応シ出張中律ヲ犯シ候者死刑ハ奉仰朝裁流以下ノ刑ハ当省ニ於テ処置仕候間此段御届申進退候也 四年正月十九日 憲

本文ノ趣御聴置相成候事 四年正月廿二日

但別人ヘ関渉致シ候罪按ハ刑部ニ於テ取糾シ可致事

なお現存する資料からは、四藩徴兵の犯罪あるいは、それに対する断罪の記録を見出すことができない。これは、雄藩の精兵から成る徴兵の規律が厳正であったことによるのか、あるいは強大な藩権力の後楯を持つ徴兵に対し、兵部省が断罪を下すのをためらったことによるのか、今日では何れとも判断し難い。

さて、諸藩軍事力一般に対する維新政権の政策は、版籍奉還後の府藩県三治一致制を背景としながら、その独自性ないし割拠性を止揚する方向が打ち出されることになり、政府中央の主導にもとづく兵制改革を通じて、各藩兵の編制ないし指揮組織統一化が進められてゆく。これは要するに、藩権力ないしそれに従属する個別的軍事力の存在を現実的前提としながら、国家的位相での陸軍軍備を整えようとするものであり、各藩知事の管下にある藩兵を朝廷に間接隷属させる形で、全国軍制化を推進しようとするものであった。こうした一連の兵制改革は、石高に応じて各藩の兵力規模を規定すると共に、兵員資格の制限や兵式・指揮組織等の統一化を通じて、従来恣意的に編制されていた諸藩兵の、全国規模における均質化を促すものとなった[16]。同時に、旧来の藩兵を「常備兵」という形に再編したことは、軍役奉仕者の職能化に伴う戦力の質的向上をもたらした半面、兵数削減の過程で多数の非役士族・卒を生じることになり[17]、本来軍事組織そのものとして存立して来た諸藩にとって、「家中総軍人の建前が崩れたことを意味[18]」するものとなった。

これら諸藩常備兵に対しても、前記「軍律」にもとづく軍規の制定が下令されたが、「職員令」中の規定において、藩兵を統轄することは知藩事の職掌とされており[19]、それらに対する刑罰権も必然的に各藩へ委ねられていた。明治三年三月二十日、福山藩は兵部省に宛てた同書の中で、「隊中軍律ヲ犯シ候者ノ儀ハ屠腹或ハ斬首等知藩事存旨ヲ以処置仕出兵先ノ儀ハ隊長見込ヲ以不透時機断行[20]」することの可否を上申しており、弁官への伺を経た後、兵部省はこれを認可している。

兵部省伺 弁官宛[21]

福山藩ヨリ別紙ノ通伺出候右ハ死刑以上仰天裁候様被仰出候ヘ共兵隊中軍律ヲ犯シ死刑ニ処シ候節モ素ヨリ仰天裁ヲ候ハテハ不叶儀ニ候ヘ𪜈軍律ハ時機ニ依リ一人ヲ罰シ万人ヲ励シ厳然軍令相行レ候都合モ有之ニ付不得止節ハ屠腹或ハ斬首等知藩事存意ヲ以テ処置又出兵先ノ儀ハ隊長見込ヲ以テ断然跡々ニテ罪状相認巨細届出候様可被御聞置哉尤軍律ノ儀一般確定候様追テ於当省取調可奉伺候ニ付夫迄ノ処前文ノ通リ可被仰付此段申進候也 三年三月廿七日 兵部

追テ御確定迄可為伺ノ通旨可相達尤結隊ノ外兵員ノ唱ヲ以不都合無之様相心得候様可達置候事

ここにおいて、個々の藩兵に対する各藩の刑罰権が改めて確認される形となったが、「不得止節」以外、死刑は朝裁を仰ぐことを原則とし、また知藩事ないし隊長による断罪についても、事後その仔細を届け出ることが義務付けられていた。一方諸藩サイドとしても、藩兵に対する統制強化の一策として「軍律」に依拠した形での軍規徹底を図ろうとした面があり、これは換言すれば「藩兵組織の動揺を、藩主が天皇の権威を利用することにより、切り抜けようとした」[22]ものであったといえよう。

ちなみに兵部省は、「軍律」それ自体を終始過渡期な法令と見做していたようであり、重罪以外の事犯に関する各藩の刑罰権についても、新たな軍事刑法が制定されるまでの暫定措置として、これを是認していたものと考えられる。こうした状況は、廃藩置県に伴う藩権力の解体に至るまで続くこととなり、その直前の明治四（一八七一）年六月、岡山藩からの伺に対しても次のような指令がなされている。

岡山藩伺[23]

一　軍事刑法ノ義如何相心得可申哉

一　屯所内刑法ハ軍律相用可申哉

一　平常宿衛巡羅ノ節法則ヲ犯候者ハ軍律ニ処シ可申哉

右夫々奉伺候至急御差図相成候様奉希候以上（四年六月八日）

第一条追々御沙汰可相成候事

第二条伺之通リ

第三条伺之通リ（四年六月十五日）

岡山藩伺

軍事刑律被仰出候迄重刑ノ外ハ時機ニヨリ藩ニテ処置仕候義不苦候哉此段奉伺候至急御指揮被成下度奉希上候以上

四年六月十八日

重大事件ノ外ハ当分伺之通

但兵部省徴発中ハ此限ニ無之事四年七月朔日

なお、右資料の最後に記されている「兵部省徴発中」の軍事力としては、後述する三藩御親兵のほか、要衝警備のために各藩から動員された戍兵があった。特に後者は、三都ならび開港場を中心に、主として維新政権の直轄地へ配備されたものであり、交代勤務の形で諸藩が兵員を差し出し、これらを各地の警備兵力に充てていた(24)。明治二年十一月の段階でこれらの戍兵は、東京に五、三七六人、京都に四、九六〇人、「三陸両羽北越諸県」に、一、〇〇〇人が配備されており(25)、警衛勤務に際しては兵部省の管下に入った。

他方、兵部省は明治四年四月に、前出「陸軍局兵隊入牢ノ者扱方」の中で言及された「軽科」に関する法令として、「懲治規則」を制定しており、これが翌明治五（一八七二）年十月に「陸軍懲罰令」へと発展したものと考えられる。

懲治規則(26)

凡兵員営規ヲ犯シ超脱逃亡スル者ハ勿論娼家ニ宿シ或ハ金策ノ為親族ヲ省スルニ託シ郷里ヘ返ル等糾問司ニ拘シ預メ期限ヲ設ケ懲治ノ刑ニ入レ之ヲ賤役ニ駆使シ其悔悟ヲ俟ツテ原隊ニ復スルヿヲ聴ス

一　一等懲治三十日

一　二等六十日

一　三等百二十日
一　規避スル所アリテ脱逃スル者各其情之軽重ヲ量リテ懲治期限長短可有之事
一　駆役限内逃走スル者ハ捕獲之上初犯ハ原役ニ倍シ再犯以上ハ重科ニ処スルヘキ事
一　懲治中積金引上ケ不賜候事
一　懲治ハ固ヨリ廉耻ヲ知ラシメ前非ヲ悔悟セシムル為ナリ故ニ監守心ヲ用ヒ時々教誨ヲ加フヘキ事

明治四年辛未四月　　兵部省

司中懲治取扱規則

一　懲治申渡ノ節陸軍御洪張ニ付徴兵之御主意解説致シ刑人過チヲ悔ヒ罪ヲ悟リ再ヒ隊ニ復リ勉励センヿヲ要ス
一　刑人毎朝号礮前三十分ニ起キ七字役ニ服シ五字役ヲ止ム
　附食時休憩等掷子木ヲ以テ示ス但起寝休憩ノ時限ハ季候ニ従テ斟酌ス
一　日曜日ハ衣ヲ洗ヒ室内休暇ヲ聴ス
一　室内ノ掃除水汲等刑人輪番ニ勤ム可シ
一　内外出入喧嘩ヲ禁ス況ヤ闘争ヲヤ
一　疾病之者アラハ医ノ診断ヲ請ヒ虚ヲ称スル者ハ刑日ヲ増シ其実ナル者ハ痊可ヲ竢テ役ニ（ママ）
一　雨天タリトモ刑人ノ役ヲ免サス
一　刑人外人ト談話ヲ不許
一　刑人食料一日一貫文

一　懲治室内蒲団木枕ヲ与ヘ其レヲ〆安寝セシメン〡ヲ欲ス
一　刑人服役ノ者毎夕浴水ヲユルス毎日曜日浴湯セシム
一　看護人刑室之出入駆役ノ指揮疎虞不可有

辛未五月　　糾問司

原ト懲治ハ犯律ノ兵卒ニ先非ヲ悔ヒ廉知ヲ知ラシメン為〆厚キ思食ヨリ被設候処中ニハ刑満復隊ノ後再ヒ脱逃ノ者之レ有甚以テ歎息ノ至リ是全ク懲治ノ寛ニ〆営律ノ粛ナル所以也依テ服役ノ字限刑室ノ出入等数則ヲ改正ス其他仍旧貫ヲ尊守ス可シ
一　刑人毎暁四字ニ起キ四字三十分飯ヲ喫シ五字役ニ服スヘシ
一　已ニ五字役ニ服シ九字ヨリ三十分間休憩ヲ聴シ十二字号砲ヲ聴キ飯ヲ喫シ午後一字再ヒ役ニ服シ三字ヨリ三十分間休憩ヲ聴シ六字ニ至リ役ヲ止メ喫飯後号砲ヲ聴キ安臥スル〡ヲ聴ス
一　毎日駆使ノ出入ノ途中刑人接続連行シテ一人漫歩スル〡ヲ聴サス
一　朝夕刑人之出入官員一名室中ニ至リ監護ノ人員ト共ニ点査シ妄動喧嘩スル〡ヲ禁スヘシ

辛未七月

ちなみにこの「懲治規則」は、文中に「徴兵之御主意解説致シ」とある点からみて、後述する辛未徴兵に対して施行されたものと思われ、七月の改正時に「刑満復隊ノ後再ヒ脱逃ノ者之レ有甚以テ嘆息ノ至リ」と述べられていることも、同徴兵に多発した脱走の事実と符合する。[27]なお、「懲治規則」は諸藩に廻達された形跡がなく（前出「岡山藩伺」

でも「屯所内刑法ハ軍律相用可申哉」との上申がみえる）、辛未徴兵以外の直轄諸隊に適用されていたのか否かについては定かでない。

註

（1）井上義行『陸軍刑法通解』（警眼社、一八九五年）一頁。
（2）「太政類典　第一編　第百十三巻　兵制・軍規　六十七　軍律ヲ定ム」（国立公文書館蔵）。
（3）内閣官報局編『法令全書　第二巻』（原書房、一九七四年）一六二～一六三頁。
（4）松下芳男『増補版　徴兵令制定史』（五月書房、一九八一年）一三頁。
（5）「朝廷之兵制　永敏愚按」（由井正臣ほか編『日本近代思想体系4　軍隊 兵士』岩波書店、一九八七年）七頁。
（6）「太政類典　第一編　第百十三巻　七十　陸軍局兵隊入牢ノ者取扱方ヲ定ム」（国立公文書館蔵）。
（7）内閣記録局編『法規分類大全45　兵制門（1）』（原書房、一九七七年）二六二頁。
（8）「太政類典　第一編　第百十三巻　七十一　入牢ノ捕人取扱方ヲ定ム」（国立公文書館蔵）。
（9）「太政類典　第一編　第百十三巻　七十二　刑律中兵卒ノ犯罪ハ兵部省ヲシテ管セシム」（国立公文書館蔵）。
（10）同右「刑部省伺　三年八月十二日」に対する弁管からの指令。
（11）内閣官報局編『法令全書　第五巻ノ一』（原書房、一九七四年）五五頁。
（12）「太政類典　第一編　第百十三巻　八十一～九十」（国立公文書館蔵）の収載記録に拠る。なお、表中受刑者の姓名は省略し、また罪伏・判決については資料中の称呼をそのまま使用した。
（13）この四藩徴兵の編制経緯については、千田稔『維新政権の直轄軍隊』（開明書院、一九七八年）を参照のこと。
（14）「太政類典　第一編　第百十三巻　十三　薩長土三藩ノ兵ヲ徴スヲ以テ月給並賄料規則ヲ定ム」（国立公文書館蔵）。
（15）「太政類典　第一編　第百十三巻　七十五　軍律確定マテ諸藩徴兵罪ヲ犯ス者死刑ハ朝裁ヲ仰キ流以下ハ兵部省ニ於テ処置ス」（国立公文書館蔵）。
（16）明治三年二月二十日、「常備編隊規則」が交付され、各藩の常備兵を草高一万石につき歩兵一小隊の割合（一小隊六〇人、二小隊で一中隊、五中隊で一大隊）で編制することとし、これに充当される兵員も十八～三十七歳の士族・卒に限定した。

さらに同年九月二十五日の「藩制」施行に伴って、現石一万石につき兵員六〇人（士官を除く）とする各藩宛通達があり（九月二十九日）、続く「海軍ハ英吉利式陸軍ハ仏蘭西式」と定める布告（十月二日）や、兵学寮への生徒差出し下令（閏十月二十日）を経て、「各藩常備兵編制法」（十月二十五日）にもとづく細則の整備がおこなわれた。

(17) 草高にもとづく諸藩常備兵の総数を累計的に算出すると、二八二藩（大藩八・中藩三九・小藩二三五）の草高計一八七四万二三一二石に対し、兵員数は一〇万三三五〇人となる。

これに対して現石高にもとづく累計では、二七三藩（大藩一五・中藩二七・小藩二三一）の現石、九一八万一九五七石に対する兵員数は五万五二二〇人となり、藩制布告後の改編によって常備兵は約半数に削減される計算となる。

右の概算にあたり、諸藩の草高・現石高については「知藩事表」（東京大学史料編纂所蔵版『明治史要　附表』東京大学出版会、一九六六年）二四～三五頁）に拠り、藩数はそれぞれ「常備編隊規則」布告時（明治三年二月二十日）と「藩制」布告時（同年九月十日）のものをとった。

(18) 彦根市編『彦根市史　下冊』（彦根市役所、一九六四年）八四頁。

(19) 前掲『法令全書　第二巻』二六〇頁。

なお、佐賀藩の「藩治規約（明治二年六月）」によれば、軍事局知事の職掌が「海陸軍ノ軍制ヲ定メ軍律ヲタテ諸隊ヲ編制シ守備攻戦凡ソ諸ノ軍務ヲ総判スルヲ掌ル」と規定されており、軍紀制定も各藩の権限内に含まれていたことがわかる。「佐賀県史料七　佐賀県史　制度之部　職制」（国立公文書館蔵）。

(20) 「太政類典　第一編　第百十三巻　七十三　軍律決定マテ死刑ト雖モ藩知事又隊長ノ所断ニ任ス」（国立公文書館蔵）。

(21) 同右。

(22) 鳥取県編『鳥取県史　近代第一巻　総説編』（鳥取県、一九六九年）三七五頁。

(23) 「太政類典　第一編　第百十三巻　七十六　岡山藩軍事刑法心得方ヲ候ス」（国立公文書館蔵）。

(24) 東京府兵を例にとってみると、関東周辺の三〇藩から二、五〇〇人程の兵員を動員し、これを六大区（当初は四七区）に分けて市中取締りの任に充てた。その際、「取締班兵ハ甚藩名ヲ称セスシテ、第一ヨリ第六ニ至ル在営ノ区名ヲ冠シ、何大区取締兵ト称セスシメ」たという（東京都編『東京市史稿　市街篇　第五十』（東京都、一九六一年）一〇四八頁）。

(25) 「太政類典　第一編　第百九巻　兵制・軍規　十二　兵員及諸艦ノ員数ヲ調査ス」（国立公文書館蔵）。

(26) 「明治四年従九月至十一月　大阪出張所来翰」（防衛研究所図書館蔵）。

(27) 辛未徴兵の脱走事件について現存の記録から窺われるものとみると、山家藩徴兵二人のうち一人（「京都府史料六十二」国立公文書館蔵）、堺県徴兵五〇人のうち二五人（「大阪府史料五十四」国立公文書館蔵）、五条県吉野郡徴兵六人のうち五人（服部敬「大阪兵部省辛未徴兵の一考察」『大阪の歴史』第二号、一九八〇年）という高い比率を示している。

三、「読法」と「誓文」

日本陸軍における「読法」とは、「我国軍人ノ法度」[1]ないし「軍人として守るべき必要な心得」[2]とされ、こうした「読法ノ箇条ヲ守ルト云フ誓」[3]の意味を持つ「誓文」は、入営時の新兵に「読法」を読み聞かせた上で誓文帖に署名・捺印させるという手順で実施されていた。このような一種の宣誓手続きは、明治初年の建軍期に始まり、その後数回の制度改正を経て、昭和九（一九三四）年まで現存するものとなったが、その原型は幕末維新期に翻訳・刊行されたオランダ・フランスの内務書中に見出すことができる。

元治元（一八六四）年、開成所助教員川本清一によってオランダの原書から翻訳され、翌年幕府の陸軍所が刊行した『官版　歩兵制律』には、次のような規定が収載されている。

> 第九十三款　軍律軍制を記誦す[4]
>
> 前款記する如く点検し了る後甲比丹当に自軍法刑過に関る所の者を読み聞かすべし且ッ此軍法の要を挙けて板刻する書を各室中に掲くべし当直の局佐を当に局脇をして巳レの目前に於て二十四時中に各下長官及ひ兵衆に之を教へて暗念せしむべし而して其之を暗記し了りたる者の證文を別書に記す其方後の第十三方の如くすべし〔註〕
>
> 註　附録中此事に関る近来の方書を見るべし

軍法書　兵衆軍法ヲ読聞カセラル、者ヲ注録スル簿籍ナリ(5)

兵衆新来ノ者ハ軍法ヲ読ムヲ聞ク後此帳ヲ記スル䒾二回其本書ハ本軍ニ置キ副書ハ本書紛失等ノ事アル時則之ヲ督軍ニ贈ルニ共ス

原本此帳ノ書例ヲ掲ク蓋シ誰ノ眼前ニ於テ誰軍法ヲ諸兵ニ読聞カセ其兵ヨリ之ヲ知得シ之ニ従テ自持守スヘキノ意ヲ書スルナリ

また、慶応三（一八六七）年に同じく陸軍所が翻訳・刊行した『官版　勤方規則』にも、この宣誓に関する規定が示されている。

○第三章　人数割并に隊の小分け住居方の事(6)
（第六項）
一　部屋々々の内にハ右の外猶又兵律の抜書并に衆人寄合候節の行状の掟書一枚并に罪を犯し候節申付けらるべき仕置方にての処置振罪科咎命一通リの次第書一枚を急度張出置兵賦に法度書を読聞せ候ハ定式之を読聞せ承知致させ置可申事

○第三十三章　平常の勤向の事(7)
（第十六項）
一　右の改相済候へハ士官立合の処にて罪科并に刑法の儀に付刑律書并に陣中の法令を中隊中の者共に読聞せ可申

此読聞せ終リ候へハ読聞せ相済候段中隊の命令留に相記し可申事

（第十七項）

一　新参の兵卒等有之候節ハ其者初めて到着いたし候後二十四時の内に差図役并に頭取立合の処にて中食後の人数揃相済候上にて其新参者に兵士の法度書を読聞せ夫より定式の誓紙へ其者に調印いたさせ可申事

（第十八項）

一　抱兵に移り候兵賦等并是まで武官方の裁判役所へ引渡に相成居候者且又再勤の者共にハ何れも兵士の法度書を改めて今一度読聞せ直し可申其再勤の者へ読聞せの儀ハ再勤の初日に致し可申事にて且ッ其節ハ以前の誓紙へ右法度書の条々此度再勤に付猶又改めて読聞せらる丶者也年月日」（ママ）と認め可申事

ちなみにこうした手続きは、兵卒が軍役に服するにあたっておこなう、契約的服従の確認・宣誓としての意味を持つものであった。文久の兵制改革以来多数の傭兵を抱えることとなった幕府陸軍もこの制度を導入していたと思われるが、現在具体的な手続きがどのようなものだったのかを跡づける資料は見出されていない。

さて、明治二～三（一八六九～七〇）年になると、フランス軍の内務書を翻訳した『陸軍日典』が陸軍兵学寮より刊行され、(8)その「内務之部」において宣誓に関する規定が次のように示された。

第百五条(9)　新参の兵卒にハ隊中組み入候後二十四時の間に士官の目前に於て下士官法令書を読聞せ可申候但し新兵己の名を認候儀出来不申候へハ證拠のため故参の者両人立会せ可申事

始て来り候賦兵も右可為同様候事

右読聞せ候證ハ二通相認め（第十一式）士官下士官新兵（若新兵己の名を手配し能ハさる時ハ二人の證人）花押を認め候後本給養方の手元にて右の為別に設け有之候帳面へ留置可申事

兵隊に拘り候面々新に奉公を取極候者ハ拘其奉公を初候当日法令書を読ミ聞せ可申但此時ハ以前書認候證書に改て何々の奉公致し候に付更に法令書を読聞候者なりと認め可申事

此證も亦上に記する如く花押を認め別帳に留置可申事

第十一式(10)　第百五条

證　簿

下士官伍長兵卒に軍令を読聞せたる證

此帳面中證書を認むるより前にイロハ分けにして枚数を示し置可し

番号

千八百何年何月何日（イ）

の目前に於て（ロ）　より陸軍兵隊軍令軌典を何誰に分明に読み聞せ候者也

右実事を證する為め此明細を二通認め

士官　　下士官　　及（ハ）

花押を自書いたし候

於千八百何年何月何日於何地

（イ）士官の位階姓名若要すれハ二人の證人

（ロ）下士官の位階姓名

（ハ）新兵或新兵姓名を自書する能ハされは二人の證人

おそらくこれが、日本陸軍の「読法」ないし「誓文」の直接的な原型になったものと思われるが、このような手続きを最初に実施したのは、明治三年十一月発布の「徴兵規則」にもとづいて召集された、辛未徴兵の服役時であったと推定される。

この「徴兵規則[11]」とは、「全国募兵」という名目の下、五畿七道の府藩県に対して「士族卒庶人ニ不拘身体強壮ニシテ兵卒ノ任ニ堪へキ者ヲ選ミ一万石ニ五人ッ、大阪出張兵部省へ可差出候事」を下命したものである。兵員の差出しは、明治四年一月以降、四次にわたって段階的に施行される予定となっていたが、結果的に第一次該当分の五畿内・山陰道・南海道で実施をみただけで中止となった[12]。

これらの徴兵は、「各地方緩急応変ノ守備」とされる諸藩常備兵に対して、「皇威ヲ発輝《ママ》スルノ基礎」たる国家的軍事力と位置付けられ、「四民平等ニ賦兵ヲ徴召セムトノ趣旨[13]」の下に兵部省の直轄部隊として新規召集されたものであった。辛未徴兵に対しては次に示すような「掟」が下達されており、入隊に際していかなる方法によったかは明確でないが、前出『陸軍日典　内務之部』に記載されているような宣誓手続きがおこなわれたことを窺わせる。

掟[14]

第一条

一　今度被　仰出候ハ、第一　皇威ヲ発輝《ママ》シ国憲ヲ堅固ニシ、国家万民保護ノ為ニ被設置候儀付、此兵員ニ加ハル者ハ忠誠ヲ本トシ、兵備之大趣意ニ背カス、兵隊ノ名誉ヲ落サヾル様、精々相心掛事。

第二条

一　兵員タル者長上ニ向テ敬礼ヲ尽シ、同輩ニ対シテ混和ヲ旨トスベシ。苟且ニモ無作法之所業有之間敷事。

第三条

一　兵員タル者首長ノ命令ニ服従スヘキハ兵事之至要ニ候間、事大小トナク首長ノ命令ニ違背スル者ハ乞度《（ママ）》罪科申付候事。

第四条

一　徒党ハ古来ノ厳禁ナリ、之レヲ犯スル者ハ重科申付候事。

第五条

一　脱走・盗奪・賭博等ノ悪事ハ、其科ニ応シ罪科申付候事。
但シ、武器・軍服ヲ携エ脱走スル者ハ、一層厳科ニ処シ候、後走跡三日ヲ出スシテ帰営スル者ハ、軽科ニ処シ候事。

第六条

一　押買・押借并ニ局外ニテ金談ニ及フ者ハ、些少ト雖罪科申付候事。

第七条

一　喧嘩・闘争并ニ放蕩・酒狂及ヒ詐欺・怠惰等ノ所業有之候者ハ、其ノ科ニ応シ罪科申付候事。

第八条

一　戦場ニテ怯懦・恐怖之所業有之者ハ、即時ニ厳科ニ処シ候。其他一切対敵中之処置ハ厳重之者ト可相心得事。
以上八条ハ其大概略ヲ示ス。其他委細之規則ハ其隊長ヨリ申シ示事。

さらにこの「掟」は、徴兵それぞれに交付された『兵隊手帳⒂』の巻頭にも収載されており、こちらには「明治四年

辛未春正月　兵部省[16]」という形で発令期日が記されている。なお「掟」の条文をみると、前出「陸軍局法度」中の規定を敷衍するものと、「軍律」中の刑罰条項に対応するものとで構成されており、細かな字句の異同を除けば、のちに制定される「読法」と同一の内容を持つものである。

一方、同年二月には鹿児島・山口・高知三藩にそれぞれ兵員の差出しが下令され[17]、歩兵一～九番大隊（五、六四九人）・砲兵一～四番大隊（五三九人）・騎兵二小隊（八七人）から成る御親兵[18]の編制をみた。これら御親兵は「皆隷属兵部省[19]」とされ、その召集に際しても「三藩ヨリ献兵シテ、御親兵ト為ストキハ、最早何レモ藩臣ニアラサル[20]」ことが雄藩首脳の間で確認されていた。しかし、契約的服従の宣誓をなぞらえた前記手続きが、兵部省に対し統一的な形でおこなわれた形跡はなく、御親兵として服従する藩兵は、各藩ごとに（自藩の知藩事に対して）これを実施していたようである。

表13　「掟」の各条に対応する諸規定

第一条	「陸軍局法度」第一条
第二条	「陸軍局法度」第一条
第三条	「陸軍局法度」第二条
第四条	「軍律」第一ケ条
第五条	「軍律」第二・三・五ケ条
第六条	「軍律」第四ケ条
第七条	「陸軍局法度」第四・五条
第八条	新規条文

当時の関係者の回想によれば、鹿児島藩では「当時軍律として記されたものには、西郷さんの書かれた『道義に基き賞罰を明にすべきこと』の一条のみであった[21]」といわれ、高知藩でも「只出国の際示されたる規約あれは若し規則に背くことあらは自ら割腹すべしと云一の法律あるのみ[22]」という状況が伝えられている。

ただし、この時の誓文については山口藩において実施されたものが伝存しており、前出の回想で「其の方法は三藩凡そ同しきか如し[23]」とされる点からみて、他の二藩でも同様の内容を持つものであった可能性が強い。

心得条目[24]

一　平時戦時共我朝廷国家ノ為メ身命ヲ捨テ奉仕可申事
一　如何ナル義ト雖モ長官ノ指図及ヒ官ヨリノ申付ノ職務ヲ誠実ニ奉仕可申事
一　平時戦時ヲ論セス脱走スヘカラサル事
一　官ヨリ定タル給養ノ不足ヲ言フヘカラス
一　私ノ故ヲ以帰藩ヲ願フヘカラサル事
一　時々ノ御布令御規則等堅可相守事
右ノ条々違背ノ者於有之ハ可処罰科モノ也

明治四年辛未六月　陸軍局

此度為御親兵被差出候付而ハ御規則之件々謹而相守候依テ連判仕候

以　上

氏名花押
氏名花印

さて、兵部省の管下で新規編制された御親兵は、一様に前出の「軍律」に服する建前となっていたが、現実には「其適用に至りては殆ど実行しがたし」[25]という状況に直面しており、各藩の内規が中央政府の軍規に優先するという矛盾は、「海陸軍刑律」の発布後に至ってもなお藩閥意識との関連において暫くは続いたようである。

明治四（一八七一）年七月十四日、廃藩置県の詔が発せられて旧来の藩は全て県となり、知藩事もその職を免ぜられることとなった。さらに八月二十日には、既設の東山道・西海道二鎮台（四月二十三日設置）を廃して、東京・大阪・鎮西・東北の四鎮台が新たに設けられた。続く八月二十二日、「鎮台本分営ノ営備兵ハ元藩下ノ常備兵ヲ召集シテ充之ヘキ事」[26]が下令され、旧大・中藩の旧藩県兵を召集編束する形で[27]、同年十月から十二月にかけて[28]逐次各鎮台へ充当されていった。

鎮台兵の選任にあたっては、次のような「検査概則」を基準とし、併せて就任時には「誓文」の手続きが実施された。

鎮台召集兵卒検査概則[29]

此概則鎮台召集之為メ相定メ候儀ニテ、将来之条例ニ管セザル者トス

一　身体強壮ナル者
　　県下ノ医員ニテ一ト通リ検査ヲ受クベシ
一　年齢ハ二十歳以上三十歳以下タルベシ
一　身ノ丈ケ曲尺ニテ五尺以上ノ者タルベシ
一　自家ノ産業ニ於テ故障ナキ者

右ノ概則ニ依リ検査ノ上、別紙表ニ当リ結隊編束ノ事

兵卒誓文

一　朝廷ノ為メ身命ヲ捨テ奉仕致シ可申事
一　兵部省ヨリ被仰出候御規則及ヒ時々御布令等固ク相守リ可申事
一　私ノ故障ヲ以テ妄リニ退営願出申間敷事

右之条々固ク相守リ、聊モ違背仕間敷、依テ為後証如件

年号支干月日　　　何番小隊　何　某

右の資料中にみえる「兵部省ヨリ被仰セ出候御規則」とは、当初「掟」と「軍律」を示すものであったが、これらは程なくしてそれぞれ「読法」および「海陸軍刑律」へと改められることになる。

いわゆる「読法」が最初に制定されたのは、明治四年十二月二十八日のことであり、これは次の七章から成るものであった。

読　法(30)

第一章

一　海陸軍ヲ設ケ置ル、ハ国家禦侮ノ為メ万民保護ノ本タレハ此兵員ニ加ハル者ハ忠節ヲ尽シ兵備ノ主意ヲ不可失事

第二章

一　兵員タル者長上ニ対シテ敬礼ヲ尽シ其命令ニ服従スルハ兵事ノ至要ナレハ事大小トナク長上ノ命ニ違背ス可ラス且朋輩ト交ルニ信ヲ失ナワス温和ヲ旨トスルハ勿論同隊同級ニテモ一般ノ勤務ニ於ケル年月我ヨリ旧キ者ノ言ニ従フ可キ事

第三章

一　三人以上悪事ヲナスヲ徒党ト云ヒ古来ノ厳禁ナリ犯ス間敷事

第四章
一　脱走、盗奪、賭博及ヒ平民婦女老幼ヲ刼虐スル等ノ悪事不可致事
第五章
一　喧嘩闘殴酒酗詐偽情謾等ノ所業有之間敷事
第六章
一　押買押借局外ノ金談致間敷事
第七章
一　戦地ニ臨ンテハ身命ヲ抛チ怯懦畏縮ノ振舞有之間敷事
右之条々堅ク可相守若シ犯ス者之レ有ルニ於テハ兵部軍法ノ成典アリ其レ旃レヲ儆メヨ

この「海陸軍読法」は、翌明治五（一八七二）年一月には早くも失効することになり、「先般差廻シ候読法取消之儀相違置候処今般更ニ別冊之通リ改正候条此旨及布告候也」[31]という告示と共に、八箇条から成るものへと改正された。ちなみにこれは、過般布告された「掟」をそのまま「読法」と改題したものであり、若干の字句を訂正した上で、その発令を「明治四年辛未十二月　兵部省」[32]としている。

さらに同年二月十八日、二〇四箇条から成る「海陸軍刑律」が公布され、従来の「軍律」はその過渡期的役割りを終えて廃止となった。この「海陸軍刑律」は、「陸軍省四等出仕西周助、山県太輔の命を受製作せしものにして和蘭国所領の印度の属地に施行せるものを翻訳し是れに本邦の割腹、笞杖等の制度を加味し出来たるもの」[33]といわれ、その適用対象となるのは、「海陸軍ノ将校、下士、兵卒、水夫、並ニ海陸軍武学生、海陸軍医官、会計書記ノ吏、百工

図23　『海陸軍刑律』（兵部省、明治4〈1871〉年）

役夫常員アル者[34]」とされた。

また、「其大小官員ハ、拝命ノ日ヨリ、新兵水夫ハ隊伍ニ編入シ、読法畢ルノ時ヨリ、法ヲ犯ス者ハ、此律ニ依テ断スヘシ[35]」との規定にもとづき、「読法」およびその遵守を誓約する「誓文」の手続きは、新兵に軍人資格を付与する法的な意味を持つものとなった。

そして同年三月二十日には、「読法」の「各条ニ註解及軍律《（ママ）》ノ適条ヲ附記[36]」したものが公布され、九月二十八日に至って『読法律条附』の版行・頒布がおこなわれている。

こうした「読法」ないし「誓文」の手続きは、「徴兵令」発布（明治六年一月十日）を経て次第に統一・整備されることとなった。明治六（一八七三）年十月改正の『軍隊手帳[37]』には、「誓文ノ儀ハ某小隊士官ノ目前ニテ読誦シ終テ押印スヘシ」という規定と共に、次のような条文が掲載されている。

誓文条々

一　平時戦時トモ国家ノ為身命ヲ擲テ忠勤ヲ尽シ可申事
一　長官並ニ上級ヨリ申付ラレ候儀如何ナル事ト雖モ誠実ニ相守可申事
一　平時戦時トモ脱走致申間敷事
一　父母ノ病気タリトモ漫リニ帰省願申間敷事
右ノ条々違背仕間敷若シ之レニ背キ御掟ヲ破リ候節ハ公ケノ御所置有之而已ナラス神罰ヲ蒙リ可申依テ誓文如件

紀元　　　　　　　　　　　　　　　　　　　年　月

なお、明治六年制『軍隊手帳』の巻頭に「読法」が収載されているが、その表題は旧来通り「掟」となったままであり、これは明治十一（一八七八）年の手帳改正[38]まで続いた。

さて、六鎮台全てにおいて「徴兵令」の施行をみた明治七（一八七四）年には[39]、「生兵概則歩兵之部」が公布され、その中で、「読法」と「誓文」の手続きに関する、より詳細な規定がおこなわれた。

読法及誓文ノ定則[40]

第一条　徴兵入営ノ翌日各中隊ニ於テ読法及ヒ誓文ヲ為サシム其方法及ヒ出頭ノ官員左ノ如シ
　中隊長　　中少尉　　曹長
第二条　軍曹ハ部下ノ徴兵ヲ誘導シ中隊長ノ前面若干距離ノ地ニ於テ二列ニ布列ス
　曹長ハ中隊長ノ側ニ位シ読法八ケ条ヲ読誦シ之聴聞セシム

第三条　読法畢レハ其志ノ確実ヲ證セシメン為メ左式誓文帖ニ署名シ花押セシム

誓文条々（前出と同一内容につき省略）

誓文終レハ各軍曹ノ指揮ニ従テ退散ス

さらに翌明治八（一八七五）年十一月十七日には、「生兵概則」の改正がおこなわれ、「読法及誓文ノ定則」の第一条中に「但砲兵及ヒ輜重兵ハ小隊騎兵ハ大隊ニ於テシ其隊長之ヲ行フ」ことが増補されている。(41)

これら「読法」と「誓文」は、明治十五（一八八二）年三月九日の全面改正を経て、昭和九（一九三四）年の廃止に至るまで施行され続け、その間、宣誓の手続きに関する諸規定は『軍隊内務書』の中に引き継がれていった。これら「読法」それ自体の意義についてみると、明治十四（一八八一）年の「陸軍刑法」制定に伴って、「海陸軍刑律」中における「ような法的手続きとしての機能を喪失し、続いて「軍人勅諭」に添う形で改正されたいわゆる「新読法」は、「軍人の自戒的宣誓」へと変容した。かくて「新読法」は、「刑法懲罰令ハ、罪ヲ已然ニ懲シテ、害ヲ防クユエンナリ、読法勅諭ハ、罪ヲ未然ニ戒メテ、善ヲ勧ムルユエンナリ」という形で、「著しく道徳律的性質を帯び」たものとなり、慣例的に「新兵ハ此誓文式ヲ了ヘ、始メテ軍人タル資格ヲ備フル」といった認識を残しながらも、その本質は新兵入隊時における儀礼的行為となった。

そもそも軍規とは、「軍隊ノ存立ニ必要ナル有形無形ノ法則」であり、ヒエラルヒー（階統性）にもとづく組織と集団的戦力発揮を基本前提とする近代軍隊において、命令と服従の関係を規定する「軍隊ノ規律」としての役割を果たすものであった。日本における近代軍隊建設は、明治四年の廃藩置県を経て緒に就くこととなるが、「西洋流の国家と義務について観念は、当時わが国では十分に咀嚼できる状態でなかった」ことを反映して、軍紀確立をめぐって生

図24　明治後期の誓文式（『軍隊生活写真帖』帝国軍事協会、大正２〈1913〉年）

じたさまざまな矛盾の止揚が大きな課題となった。

　日本の近代国家形成は、慶応三（一八六七）年の王政復古を機に成立した維新政権の下で歩みを始めるが、発足当初その性格は、天皇ないし朝廷の権威の下に諸藩を糾合した「封建諸藩の一種の連邦[51]」という枠内にとどまるものであった。そして戊辰戦争による旧幕府勢力との武力衝突を通じ、維新政権は自らの権力基盤を確立してゆくことになるが、その軍制機関が直轄する兵力はきわめて限定的で、大部分の兵力を諸藩兵に依拠する形で軍事行動が遂行される結果となった。

　明治二年の版籍奉還後、従来の府藩県三治制の下で個別的政治体として存立して来た諸藩は、維新政権の行政体に組み込まれ、国家的位相で朝廷と藩を直結した府藩県三治一致制へと移行することになる。次いで維新政権は、これら諸藩が個別に保有する軍事力に対しても一定の統制を加え、中央政府主導の兵制改革を経て職能化した諸藩常備兵を朝廷に間接隷属させる形で、国家的規模での過渡期的な軍戦備構想を具体化してゆく。

　一方、維新政権の直轄軍事力についてみると、既設の諸隊の改廃が進められる傍ら、新規の構想にもとづく部隊編制も試みられたが、国家主権の下で一元的に統轄される軍事力を創出することは、「藩制」の解消という前提なくしては事実上不可能であった。こうした、諸藩兵と政府直轄軍という二元的な軍事力の存在は、廃藩置県を経て止揚されることとなり、これらを改めて国家主権の下に統合する形で、日本における近代軍隊の建設が進められてゆく。建軍当初の日本陸軍を構成していたのは、既述のような三藩御親兵と鎮台兵であったが、その基幹となったのはいわゆる「壮兵」であり、これらは速成の兵員素材として、「自ラ兵役ヲ望ミ出シ者ニシテ服役数年ヲ帯ヒ普ク武技ニ熟練シ一団精兵トナリ頗ル其宜ヲ得ル」[52]ものと位置付けられていた。

しかしこれらの兵員の大部分は、もともと諸藩を単位とする個別的領有権の下で、藩主と家臣という前近代的主従関係に結ばれていた軍役奉仕者であり、国家という新たな価値観へその忠誠の対象を置換することは容易でなかった。また、身分や格式の尊重といった旧武家社会一般の通念を内包する壮兵には、近代軍隊における階級制度に対し、「兵士必ずしも鄙からず、士官必ずしも尊からず、士官と云ひ、兵士と云ふも、只現位置の名称」[53]と捉える意識が強く、指揮組織の根幹となるべき統属関係の中に、人倫的・情実的要素を残していた。

明治四〜五年にかけて、「読法（掟）」ないし「誓文」にもとづく契約的服従の確認手続きが制度化されていった背景には、単に西欧の制度を模倣したというばかりでなく、こうした近代軍隊に不可欠な諸要素を補完しようとする要請が存在していたものと思われる。

さて、建軍期において軍紀を基礎付けて来たこれらの諸制度は、明治十四〜十五（一八八一〜八二）年にかけておこなわれた「陸軍刑法」制定・「軍人勅諭」発布・「読法、誓文」改正等を経て大きく変容するに至り、徴兵軍隊としての組織的安定と共に、「法規的表現（「陸軍刑法」「懲罰令」）」・「規律的誓約（「軍隊内務書」）」・「規範的宣言（「読法」「誓文」「軍人勅諭」）」といった他律・自律にわたる諸要素[54]が整備されてゆくことになる。

註

（1）上野勘次郎編『歩兵軍事一斑』（有則軒、一八九五年）二頁。
（2）帝国軍事教育会編『最新図解　陸軍模範兵教典』（帝国軍事教育会、一九三五年）一一三頁。
（3）相沢富蔵編『野戦砲兵卒教程』（厚生堂、一八九六年）五頁。
（4）川本清一編訳『官版　歩兵制律』（陸軍所、一八六五年）三十九丁（静嘉堂文庫蔵）。
（5）同右、附録十一丁。
（6）『官版　勤方規則』（陸軍所、一八六七年）第二巻九丁（福井市立図書館蔵）。
（7）同右、第三巻三十三～三十四丁。
（8）同書は大嶋恭次郎の翻訳になるものであり、「第二勤方規則」（明治二年十二月刊）と「内務之部」（明治三年十一月刊）の二部から構成されている。
（9）『陸軍日典　内務之部』（陸軍兵学寮、一八七〇年）五十二～五十三丁。
（10）同右、百三～百十四丁。
（11）内閣記録局編『法規分類大全45　兵制門（1）』（原書房、一九七七年）三五～三八頁。
（12）「徴兵規則」の実施に関しては、これを畿内五カ国に限定する見方もあるが、徴兵差出しの記録は散在的ながらも第一次該当分の地域全般で見出されている。この点については、拙稿「辛未徴兵に関する一研究」（『軍事史学』第三十二巻第一号、一九九六年六月）を参照されたい。
（13）山県有朋「徴兵制度及自治制度確立の沿革」（国家学会編『明治憲政経済史論』国家学会、一九一九年）三八七頁。
（14）「明治四年・坂戸照雄文書」（伊丹市史編纂専門委員会編『伊丹市史　第五巻　資料編二』伊丹市、一九七〇年）六三七頁。
（15）現存する『兵隊手帳』は、薄茶色表紙の和本仕立となった小冊子（一四・五×八・〇糎）であり、その内容をみると、掟・本人履歴・人相書・賞罰・免役・雑記・渡物・貸物等の項目が設けられている。
この手帳の制定にかかわる法令は確認できなかったが、明治六（一八七三）年十月に『軍隊手帳』への改正がおこなわれるまで、兵部省ないし陸軍省から支給される正式の身分証明書となっていたようである。

なお、明治五（一八七二）年三月以降に発行された『兵隊手帳』では、「掟」の第一条冒頭が「兵隊ハ」となっており、その末尾記載も「兵部省」から「陸軍省」へと訂正されている。

(16) 辛未徴兵に交付された『兵隊手帳』については、堺県徴兵森本光治のものが現存している（国書刊行会編『日本陸海軍八十年史』国書刊行会、一九七二年、二七頁参照）。
なお、「掟」の発令期日が明治四（一八七二）年一月となっている点に関して、これは「徴兵規則」の第一次施行時期（一月二十五日～二月一日）とも合致しており、当初「掟」そのものが辛未徴兵を対象に成案されたものである可能性を示唆している。

(17) 陸軍省編『明治天皇御伝記史料　明治軍事史（上）』（原書房、一九六六年）六四～六五頁。

(18) 陸軍省編『陸軍沿革要覧』（陸軍省、一八九〇年）四五頁。

(19) 前掲『明治天皇御伝記史料　明治軍事史（上）』六六頁。

(20) 前掲『徴兵制度及自治制度確立ノ沿革』三七九～三八〇頁。

(21) 大迫尚道「軍人勅諭拝受当時を偲びて　時局に処する吾人の覚悟わ説く」（『偕行社記事』第六八八号別冊、一九三二年一月）三八頁。

(22) 島内登志衛編『谷干城遺稿　上』（靖献社、一九一一年）二二九頁。

(23) 同右。

(24) 藤田嗣雄『明治軍制（二）』（自家版、一九六七年）五二五頁より再引用。

(25) 前掲『谷干城遺稿　上』二三六頁。

(26) 内閣記録局編『法規分類大全47　兵制門（3）』（原書房、一九七七年）二五六頁。

(27) 鎮台歩兵の編制経緯については、松島秀太郎「鎮台歩兵大隊の成立と歩み」（『軍事史学』第二十四巻第四号、一九八九年三月）を参照のこと。

(28) 松下芳男「明治初期の対内的軍制」（同右、第七巻第三号、一九七一年十二月）四九頁。

(29) 宮崎県編『宮崎県史　史料編　近現代一』（宮崎県、一九九三年）三四二頁。なお、この「鎮台召集兵卒検査概則」と「兵卒誓文」は、明治七（一八七四）年八月に実施された各鎮台の補欠兵募集に際しても、再度適用されている（内閣官報局編『法令全書　第七巻ノ二』原書房、一九七五年、八四二～八四三頁）。

(30) 内閣官報局編『法令全書　第四巻』（原書房、一九七四年）八七四～八七五頁。なお、同資料中には「海軍読法」との名称が認められるが、「陸軍教育史　明治本記第四稿」（防衛研究所図書館蔵）では、「十二月二十八日海陸軍読法七章ヲ定ム之ヲ陸軍ニ於ケル最初頒布ノ読法トナス」と記されている。
(31) 内閣官報局編『法令全書　第五巻ノ二』(原書房、一九七四年)八〇二頁。
(32) 同右。
(33) 前掲『谷干城遺稿　上』二三九頁。
(34) 前掲『法令全書　第五巻ノ二』八一一頁。
(35) 同右。
(36) 教育総監部編「陸軍教育史　明治本記第五巻稿」(防衛研究所図書館蔵)。
(37) 「明治六年七月　陸軍省　第二百六十二(七月十八日)」(内閣官報局編『法令全書　第六巻ノ二』原書房、一九七五年)一一三一頁。
明治六年制『軍隊手帳』の現存品についてみると、前記『兵隊手帳』とほぼ同様の装丁となった冊子(一四・六×八・三糎)で、その内容は掟・誓文条々・給養物品武器取扱心得・本人履歴・人相書・賞罰・射撃手簿・給与品一覧・給金表等の項から構成されている。
(38) 「明治十一年四月　陸軍省　達乙第五十三号(四月十一日)」および「明治十一年八月　陸軍省　達　達乙第百二十七号(八月十三日)」(内閣官報局編『法令全書　第十一巻』原書房、一九七五年)四一七・四八六頁。
(39) 宮川秀一「徴兵による最初の徴兵と臨時徴兵」(『歴史と神戸』第十七巻第二号、一九七八年四月)二三頁。
(40) 前掲『法令全書　第七巻ノ二』八七五〜八七六頁。
(41) 内閣官報局編『法令全書　第八巻ノ二』(原書房、一九七五年)一四八九〜一四九〇頁。
(42) 「明治十五年三月　陸軍省　達　達乙第十六号(三月九日)」(内閣官報局編『法令全書　第十五巻』原書房、一九七六年)五五二〜五五三頁。
(43) 「軍隊内務書改正理由書」(『偕行社記事』第七百二十一号附録、一九三四年十月)二二頁。
(44) 松下芳男『明治軍制史論　上巻』(有斐閣、一九五六年)五四一頁。
(45) 岡本隆興『陸軍読法註釈』(中西尾書店、一八八四年)例言一丁。
(46) 松下芳男『増補版　徴兵令制定史』(五月書房、一九八一年)五一三頁。
(47) 友岡正順『国民必読　軍事一斑』(鈴木書店、一九〇二年)一四七頁。
(48) 相沢富蔵編『兵卒教程』(厚生堂、一八九五年)一二頁。

(49) 宮本林次編『歩兵須知』(宮本武林堂、一九一二年) 一九頁。
(50) 佐藤徳太郎「明治時代の兵制に及ぼした外国軍事思想の影響」(『防衛大学校紀要(人文科学編)』第十九輯、一九七〇年五月) 六六九頁。
(51) 井上清『日本近代史　上巻』(合同出版社、一九五九年)。
(52)「徴兵令」緒言(指原安三編・吉野作造校『明治政史　上巻』日本評論社、一九二八年) 一七一頁。
(53) 前掲『谷干城遺稿』二三五頁。
(54) これらの諸要素の区分は、渡辺文也氏の研究による。高橋正衛編『続現代史資料6　軍事警察』(みすず書房、一九八二年) の解説を参照。

V・小火器の輸入と統一

西南戦争期の兵士（*The Illustrated London News,* 1877年10月27日）

一、幕末維新期の輸入小銃

鎖国体制下の日本で、西欧からの火器輸入に先鞭を付けたのは、高島秋帆だった。天保年間（一八三〇〜四四）、高島秋帆はオランダから燧発《すいはつ》（フリントロック）式のゲベール（歩兵銃）・カラベイン（騎銃）・ヤクトビュクス（散兵銃）などを輸入し、西洋銃陣と称する歩兵教練の研究をおこなって、それらの用法を紹介した。しかし燧石《すいせき》を当金《あたりがね》に強く打ち当てて発火させる燧発銃は、その衝撃によって銃本体が射撃時に振動するため、在来の火縄銃に比べて命中精度が低かった。また自然石を点火に用いるため、しばしば不発を生じるという欠点もあり、幕末の日本においては、燧発銃とそれを用いた戦法に対する評価があまり高いものとはならなかった。

ペリー来航を機に開国へと転じた日本では、安政年間（一八五四〜六〇）に入ると、折から西欧諸国で普及するようになった雷管を用いる点火機構が伝えられ、いわゆる管打銃が軍用銃の主流となってゆく。この当時の雷管は、銅製のキャップに雷汞《らいこう》を仕込んだもので、銃身の後端に取り付けられた火門突《かもんとつ》にかぶせて使用した。雷管式の点火機構は、前装式の滑腔銃・施条銃のほか、初期の後装単発銃にも使われた。幕末の日本では、前装滑腔式の歩兵銃をゲベールと呼び、文久年間（一八六一〜六四）まで洋式軍用銃の主流となっていた。雷管は燧石に比べて風雨の影響を受けることが少なく、不発の発生率も低かった。このため天保〜嘉永年間（一八三〇〜五四）に輸入された燧発式ゲベールを管打式に改修し、「ステーン直し」銃と称して使用した。

元治～慶応年間（一八六四～六八）に入ると、ミニエー銃と呼ばれる前装施条式の軍用銃が、大量に輸入されるようになった。ここにいうミニエー銃とは、フランスのミニエーが開発した、底部拡張式の尖頭弾を用いる前装施条銃の総称で、個別の銃種を示すものではない。日本に輸入されたミニエー銃には、オランダ・フランス・ベルギー・イギリス・アメリカ・オーストリアなどの各国でそれぞれ制式化された軍用銃が混在しており、中でもイギリスのエンフィールド銃（Enfield Rifle）が占める割合が高かった。エンフィールド銃には、長短歩兵銃のほか嚮導銃・砲兵銃・騎銃・海軍銃といった兵種別のバリエーションがあった。またベルギーやオランダで製造されたものや、日本で倣製されたものもあり、維新後の兵器還納に際して五万三千挺余が各藩から新政府へ移管された。

幕末の日本において後装銃の輸入が本格化するのは、慶応年間（一八六五～六八）に入ってからのことである。欧米各国の軍隊が後装銃を標準装備するようになったのは一八六〇年代後半であり、軍事力の近代化を目指す幕府や諸藩も、こうした趨勢に追随して後装銃の導入に力を注ぐようになる。初期の後装銃は、弾薬と雷管が別々になっており、前装銃と同様に火門突へ雷管をかぶせて発火させる外火式だった。代表的なものとしては、銃尾をはね上げて薬室を開く活罨式《かつあんしき》のウエストリー・リチャーズ銃（Westley Richard's Rifle）、銃尾を後方に引いてそれをおこなう直動鎖閂式《ちょくどうさせんしき》のウィルソン銃（Wilson Rifle）、折りたたみ槓桿《こうかん》によって遊底を開閉する回転鎖閂式《かいてんさせんしき》のテリー銃（Terry Rifle）やマンソー銃（Le fusil Manceaux）、レバー操作で薬室の開閉をおこなう底碪式《ていがんしき》のシャープス銃（Sharps Rifle）やスタール銃（Starr Rifle）が挙げられる。いずれも可燃式の弾薬筒を用いるので、それらは手製でまかなうこともできた。

弾丸・装薬・雷管を一体化させた弾薬筒を用いる後装銃の先駆としては、ドイツのツンナール銃（Zundnadelgewehr）とフランスのシャスポー銃（Le fusil Chassepot）が有名で、どちらも幕末維新期の日本へ輸入されている。両者ともボルトアクションによる回転鎖閂式の機構を持ち、遊底に内蔵された撃針の作動により、可燃式の弾薬筒を発火させた。

縁打式《へりうちしき》の金属弾薬筒を使用するものには、中折式のフランク・ウェッソン銃（Frank Wesson Rifle）、レバーアクションによる底碪式のスペンサー銃（Spencer Rifle）、レバー操作で鎖閂を直動させるヘンリー銃（Henry Rifle）やウィンチェスター銃（Winchester Rifle）があった。このうちスペンサー、ヘンリー、ウィンチェスターの各銃は連発機能を備えていた。中心打撃式の完全弾薬筒を用いる初期の後装銃としては、スナッフボックス型の遊底によって薬室を左右に開閉する莨嚢式《ろうのうしき》のスナイドル銃（Snider Rifle）がよく知られている。

図25　外国人武器商人の風刺画（『横浜新報もしほ草』第16号、慶応4〈1871〉年）

幕末維新期に輸入された小銃の総数を正確に把握することは困難だが、洞富雄氏の推計によればおよそ七〇万挺に達したとされている[1]。当時日本へもたらされた小銃には、旧式の前装滑腔銃も相当数含まれていたが、全体的にみると欧米諸国の軍隊が、それぞれの制式銃を後装式に切り換える過程で民間に払い下げた前装施条銃の占める割合が高く、新鋭の後装連発銃なども少なからず存在した。その意味で同時期における日本の小銃輸入の実相は、開港場の外国人商人達が「欧米の廃銃を狩集めて売りまくり暴利を貪」[2]という通俗的な状況とはやや異なっていた。

さて、明治維新後の諸藩が保有する小銃の総数については南坊平造氏の調査結果があり、それによれば廃藩置県に伴う兵器還納以前、全国諸藩の間には「小銃約三七万挺」[3]が蔵されていたといわれる。その内訳をみると、前装滑腔銃が一万五六二三挺（四・二%）・前装施条銃が二九万九二四八挺（八〇・九%）・後装単発銃二万九一九六挺（七・九%）・後装連発銃が二万六二三五挺（七・一%）で、総計三七万四〇二挺となっている。[4]このうち圧倒的多数を占める銃種は、前装施条式のエンフィールド銃であり、明治三年時点では五万九四八八挺（全体の一六・一%）が録上されている。[5]さらに明治五（一八七二）年の兵器還納時には、同銃五万三〇二三挺が収管されており、これは還納された小銃一八万一〇一二挺の約二九%を占めるものだった。[6]

それでは次に、幕末維新期の主要な輸入小銃について、当時練兵に使用された翻訳教本とのかかわりを踏まえながら紹介したい。

（一）　前装滑腔銃

高島秋帆によって輸入・紹介された西洋式の軍用銃は、鎖国体制下に在って唯一の交易国だったオランダの制式銃であり、銃を意味するオランダ語の Geweer にちなんで、ゲベールと呼ばれた。当初このゲベールは燧発式の点火機構を持つものが輸入されており、高島秋帆は燧発式前装滑腔銃段階の戦法に対する、一八二九年版オランダ歩兵教練書を用いて、西洋銃陣の研究と訓練をおこなった。[7]その後安政年間（一八五四〜六〇）までの日本へもたらされたゲベールは燧発式であったため、これに対応する一八三一～三五年版オランダ歩兵教練書を邦訳した『和蘭官軍　歩操軌範』(8)などが版行され、洋式調練は高島流という流派的な枠組みから次第に脱却していった。

嘉永年間（一八四八～五四）に入ると、銅製雷管を点火具に用いる軍用銃の情報が、オランダを通じて日本へ伝わった。さらに開国後は雷管式のゲベールが大量に輸入されるようになり、日本国内に広まっていった。幕末の日本では、雷管を点火に用いる銃を「ドンドル筒」と呼んだが、これはオランダ語の donderuur（雷火の意）に由来するものである。当時のオランダ軍用銃は、燧発式も雷管式も点火機構の形状を除き外観はほとんど変わらなかったが、雷管式ゲベールにはV字型の固定照門が新たに附加されていた。ちなみに燧発式ゲベールには照門がなく、射撃時には「銃尾螺釘ト銃口ヲ的画ニ向ケテ覘視セシムヘシ(9)」とされ、銃の射撃精度そのものが粗雑だった。

雷管式のゲベールは、制式名を M1842 Infanterie Geweer と称し、その諸元は公称口径一七・五ミリメートル、全長一・三八メートル、重量三・九キログラムであった。弾薬包は重量二六・三グラムの球形鉛弾と小粒火薬八・〇五グラムをパトロン紙で包んだもので(10)、雷管は個々の弾薬包に黄銅線で結び付けられ(11)、「十一勢節」から成る装填法の第三令「信薬ヲ装セヨ銃ニ（アモルセールト、ヘット　ケウェール）(12)」により、火門突にかぶせることとされた。雷管式ゲベールでは、点火時の銃の振動が軽減されたため、照準の制度が幾分高まり、射撃訓練には圏的が用いられるようになった。その有効射程は二五〇歩（一八七・五メートル）とされ、圏的を照準する際の基準が次のように定められていた(13)。

一百歩　　　星下一掌

一百五十歩　星上一掌一

二百歩　　　星上六掌六六

図 26　ゲベール

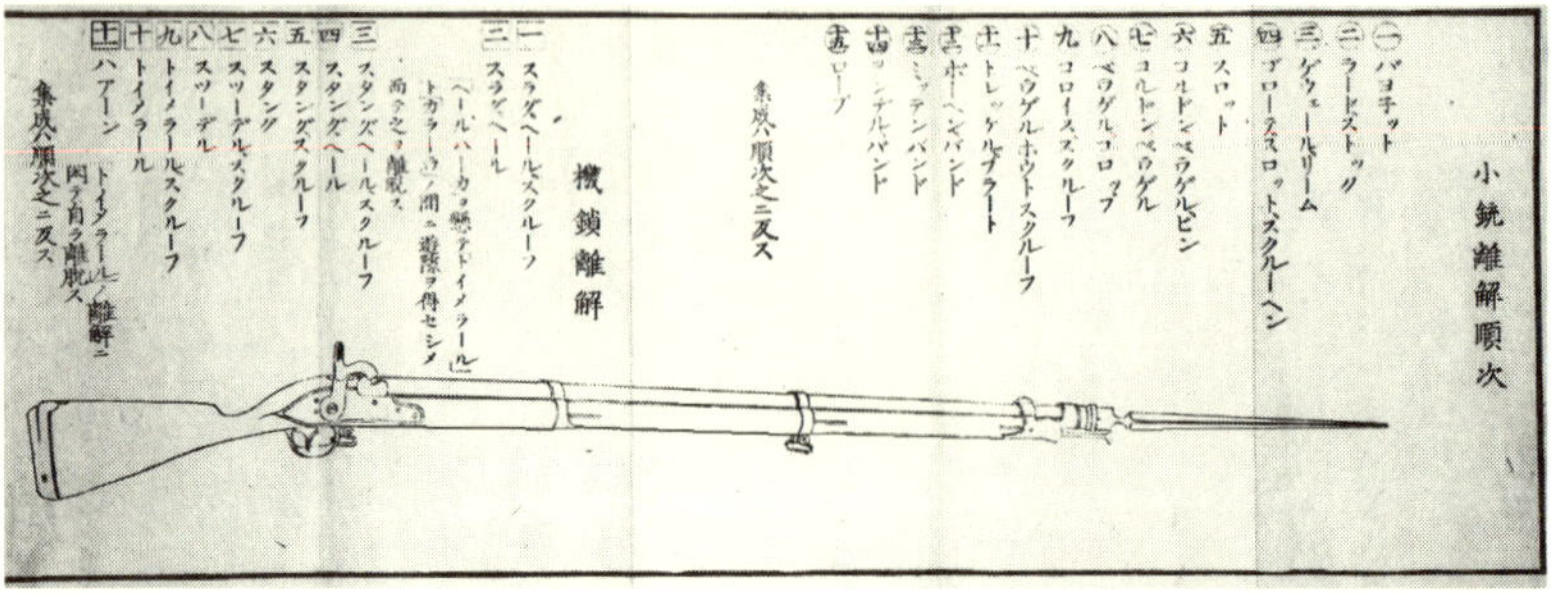

小銃離解順次

㊀バヨネット
㊁ラードストック
㊂ゲヴェールリーム
㊃ブロースロットスクルーヘン
㊄スロット
㊅コルトンベウゲルピン
㊆コルトンベウゲル
㊇ベウゲルコロップ
九 コロイススクルーフ
十 ベウゲルホウトスクルーフ
⑪トレッケルプラート
⑫ボーベンバンド
⑬ミッテンバンド
⑭ヲンテルバンド
⑮ローフ

集成ハ順次之ニ反ス

撥鎖離解

一 スラグベールスクルーフ
二 スラグベール
「ヘールハーカヲ懸テトイメラール」トカラール」ノ間ニ遊隙ヲ得セシメ両テ之ヲ離脱ス
三 スタングベールスクルーフ
四 スタングベール
五 スタングスクルーフ
六 スタング
七 スツーデルスクルーフ
八 スツーデル
九 トイメラールスクルーフ
十 トイノラール
十一 ハアーン　トイメラールノ離解ニ因テ自ラ離脱ス

集成ハ順次之ニ反ス

図 27　ゲベールの図解（『小銃部分名称』講武所、安政 4〈1857〉年）

二百五十歩　　星上一エル三九

安政年間以降、雷管式ゲベールは日本国内で盛んに倣製されるようになった。ゲベールの倣製は幕末の関口大砲鋳造場(14)のほか、国友(15)や堺(16)といった在来の火縄銃製造地でもおこなわれた。また各藩でもそれぞれの領地で、鉄砲鍛冶に倣製を命じたところがあった。元治・慶応年間（一八六四～六八）に入ると、日本にも欧米の前装施条銃が輸入されるようになり、急速に滑腔式のゲベールを凌駕していった。かくて維新の戦乱期を通じてゲベールは旧式銃として扱われるようになり(17)、明治を迎える頃には軍用銃の第一線から退いた。

雷管式ゲベールに対応するオランダ歩兵教練書には、一八五五～五六年版と一八五七年版があり、前者の邦訳本では石井修三訳『歩兵運動軌範』(18)、後者の邦訳本では長門練兵場蔵版の『歩兵教練書』(19)などが代表的なものとして挙げられる。

(二) 前装施条銃

幕末維新期の日本にもたらされた前装施条銃を代表するのは、欧米各国で開発されたミニエー銃であろう。ミニエー銃というのは、一八四六年にフランス陸軍歩兵大尉C・E・ミニエーが特許を取得した、底部拡張式の蛋形鉛弾を使用する外火式前装施条銃の総称である。その機構の特性は、発砲時のガス圧により鉛弾の弾底凹部を拡張させることで、弾丸を銃腔内に施された旋条に吻合させて旋動を与え、命中精度と射程距離を高めるというものだった。ミニエー銃は一八五〇年代に欧米諸国で普及し、一八六〇年代前半には軍用銃の主流となっていた。ただしミニエー銃の口径や弾底凹部の拡張方式は、各国がそれぞれ独自の制式を採用していたため、一定していない。幕末の日本にはオランダ・フランス・ベルギー・イギリス・アメリカ・オーストリアなどの各国のミニエー銃が輸入された。

明治三(一八七〇)年の銃器調査においては、ミニエー銃として録上されたものが四万五八四八挺あるが、イギリス陸軍が採用していたミニエー銃については、エンフィールド銃として五万九四八八挺という彪大な量を別に録上している。[20]これらを合計するとミニエー銃は諸藩の保有小銃全体の三六・八%を占め、さらに「その他」とされる種別不明のものや、ミニエー銃でないスイッツル銃(Federal Rifle)を含めると、前装施条銃が総計の八〇・八%となる。[21]慶応年間に入ると、練兵の準縄となる歩兵教練書は、前装施条銃段階のものが主流となり、維新の戦乱を経た明治三年頃には、このうちイギリス式を採用する藩が概ね半数を占めていた。前装施条銃段階の戦法に対応した、一八六二年版イギリス歩兵教練書の邦訳を代表する教本としては、赤松小三郎訳『英国歩兵練法』[22]が挙げられる。こうした兵式の在り方は、エンフィールド銃の広範囲な普及と関連付けて考えるべきであろう。

図28　長・短エンフィールド銃

エンフィールド銃というのは、一八五三年から六六年にかけて、イギリス軍が制式採用していた前装施条銃である。同銃には長・短二種の歩兵銃のほか砲兵銃や騎銃、海軍銃といったさまざまなバリエーションがあり、何れも口径〇・五七七インチの英式ミニエー弾（弾丸の周側に圏溝を有さない底部拡張式尖頭弾）を使用する。この弾丸は一八五二年に開発されたもので、当初は圧入プラグを用いないガス圧拡張式のプリチェット（Pritchett）弾だったが、一八五五年には木製プラグを使う圧入拡張式に変更された。[23] これらは弾底凹部の形状に異同があり、前者は円錐孔、後者は円台孔となっている。幕末の日本においてエンフィールド銃は、「エンピール銃」の名で広く知られ、機板

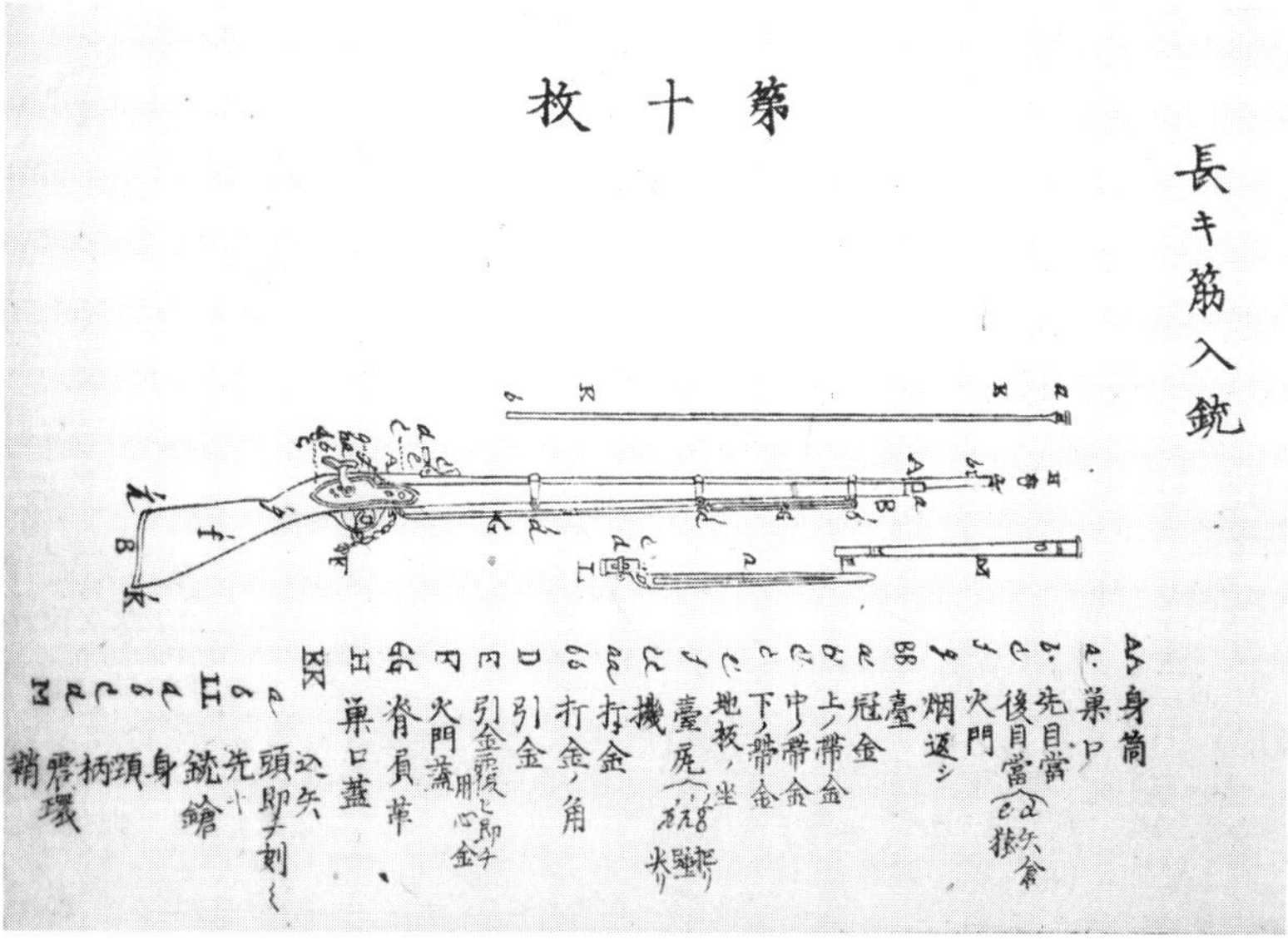

図 29　長エンフィールド銃図面（『重訂　暎国歩兵練法　第三編上』薩州軍局、慶応 3〈1856〉年）

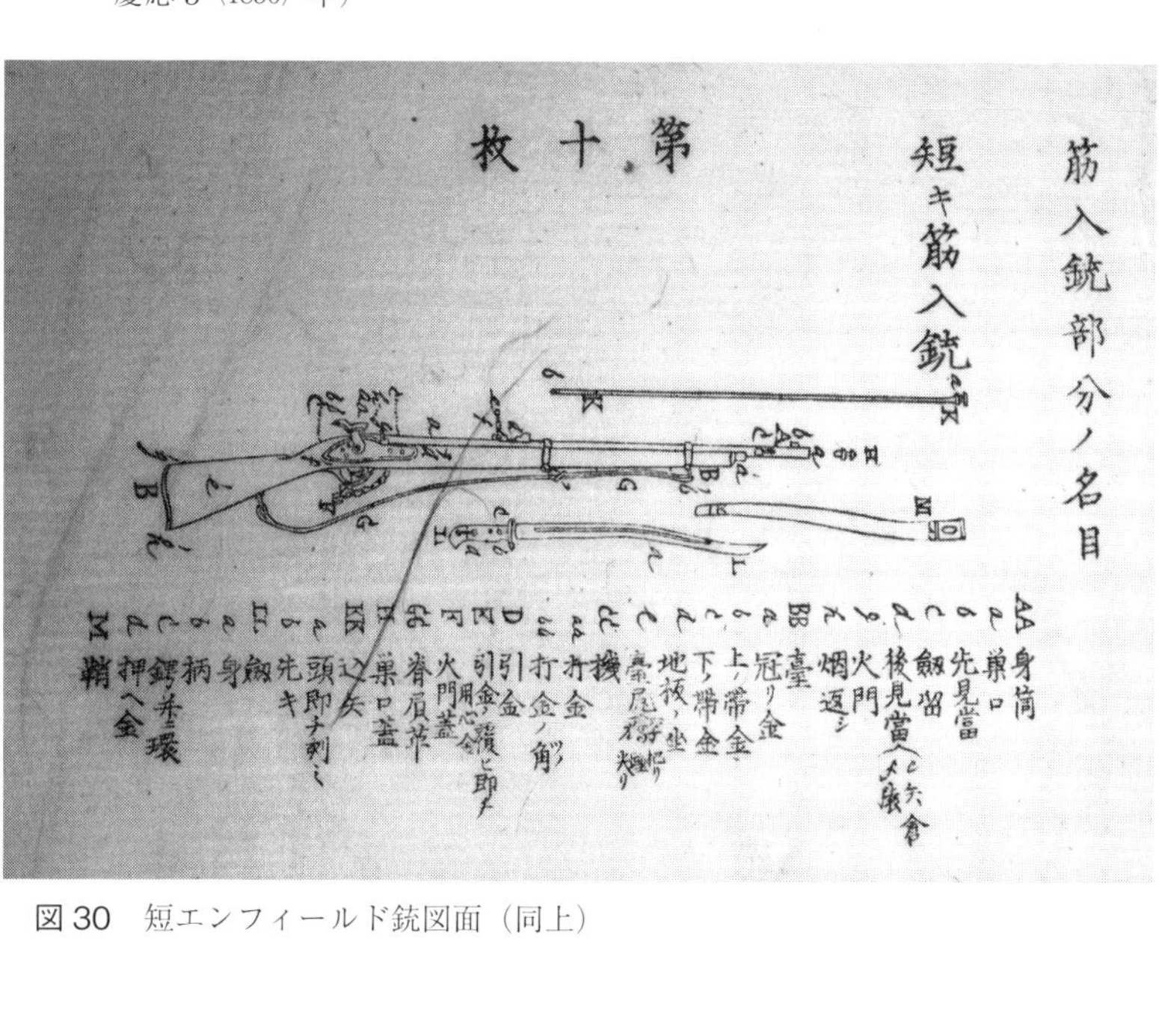

図 30　短エンフィールド銃図面（同上）

に「TOWER」の刻印を有するものが多かったことから、「鳥羽ミニエー」などとも呼ばれた。

ここでは歩兵教練書中にも収載されている長・短二種の歩兵銃について、諸元を示しておきたい。長エンフィールド銃は一八五三年に制式化されたもので、正式名称をP1853 Enfield Rifle Musketといい、その諸元は全長五四インチ、重量八ポンド一四・五オンス、腔綫《こうせん》は三条で、照尺の最大射程は一、〇〇〇ヤードとなっている。(24) 短エンフィールド銃が制式採用されたのは一八六〇年で、制式名をP1860 Enfield Short Rifleと称する。その諸元は全長四八・二五インチ、重量八ポンド八・五オンス、腔綫は五条、照尺の最大射程は一、二五〇ヤードである。(25)

（三）後装銃

幕末維新期の日本に輸入された後装銃のうち、兵式の準縄となる歩兵教練書との関連を踏まえてまず注目しなければならないのは、イギリスで開発されたスナイドル銃であろう。同銃は一八六六年にイギリス陸軍が採用した、スナッフボックス型の遊底を持つ、莨嚢式の後装単発銃である。正式名称をスナイダー・エンフィールド銃（Snider-Enfield Rifle）といい、前装式エンフィールド銃を低コストで後装銃に改修するというコンセプトで制式化されたものであった。このためエンフィールド銃の公称口径（〇・五七七インチ）をそのまま継承し、銃尾に側方枢軸によって横方向へ開閉できる遊底を付加した構造になっていた。

スナイドル銃には、遊底部分の構造の違いにもとづくいくつかのバリエーションがある。すなわち前装式のエンフィールド銃をベースにした改修銃にはMKI・MKI*（マークワン・スター）・MKII*（マークツー・スター）・MKII**（マークツー・ダブルスター）という区分が存在する一方で、改修に供すべきエンフィールド銃のストックを使い切った

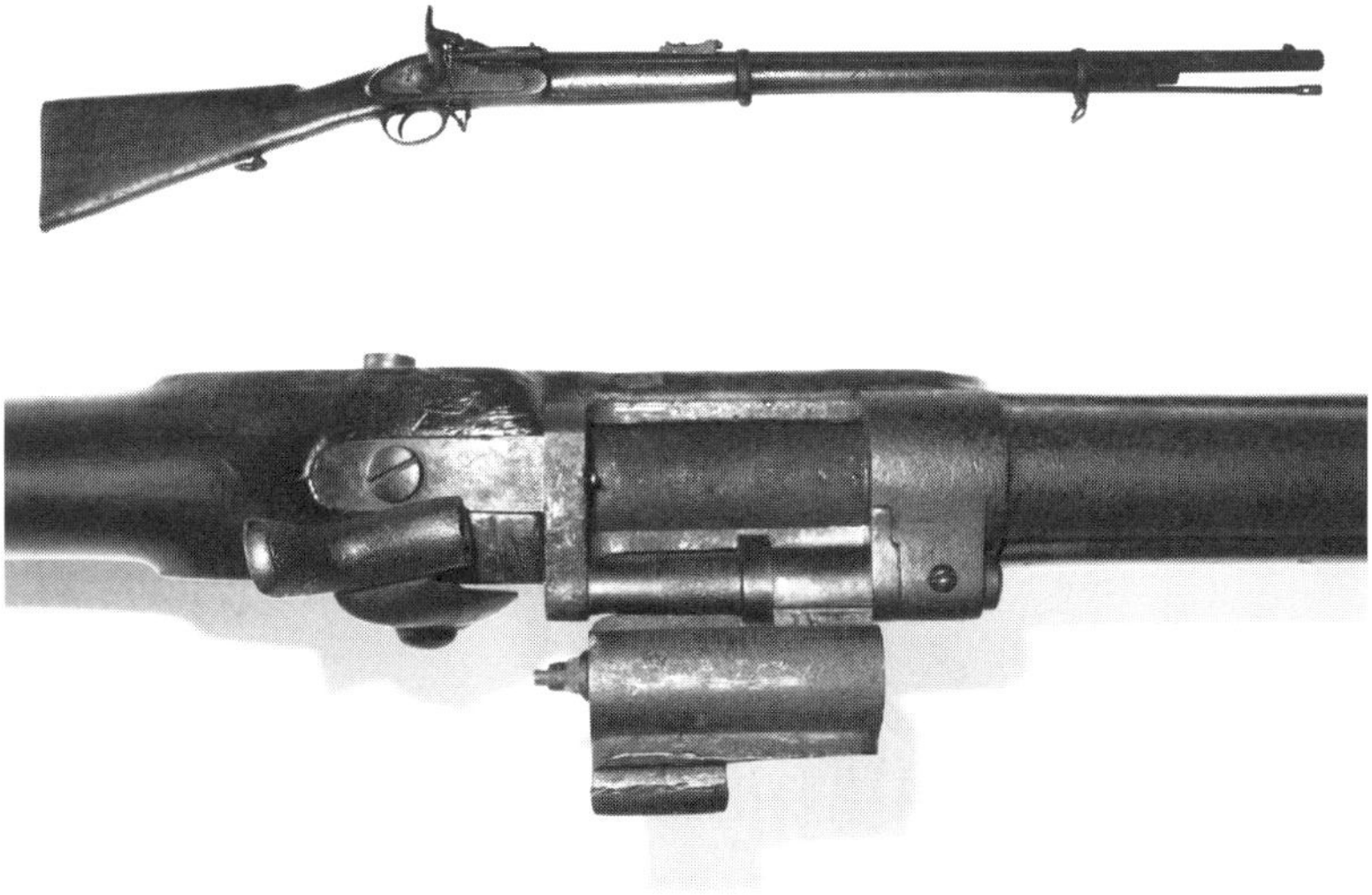

図 31　短スナイドル銃

後、新規製造されるようになったものをMKⅢと称している。[26]ちなみにMKⅢの主な改良点は、銃身の素材を鉄から鋼に変更し、遊底の開閉装置を従来の指掛式からロッキングボルトを持つ尾錠式にしたこととされる。[27]なお、MKⅢの製造は一八六九年から開始されたもので、このタイプのスナイドル銃は戊辰戦争では使用されていない。

スナイドル銃には、兵種別に制式化されたエンフィールド銃を改修したものがあり、それらも幕末維新期の日本に輸入された。同銃の諸元は、原銃となったエンフィールド銃と基本的に同じである。歩兵銃としては、一八五三年式に改修を施した長スナイドル銃（Long Rifle）と、一八六〇年式を改修した短スナイドル銃（Short Rifle）があった。なおスナイドル銃では、ボクサー実包（Boxer Cartridge）と称する弾丸・装薬・雷管・薬莢が一体となった、中心打撃式の完全弾薬筒が使用された。[28]

スナイドル銃に対応する後装単発銃段階の教本として、一八六七年版イギリス歩兵教練書を挙げることができる。同書の邦訳本には、瓜生三寅訳『歩操新書増補』[29]、橋爪貫一訳

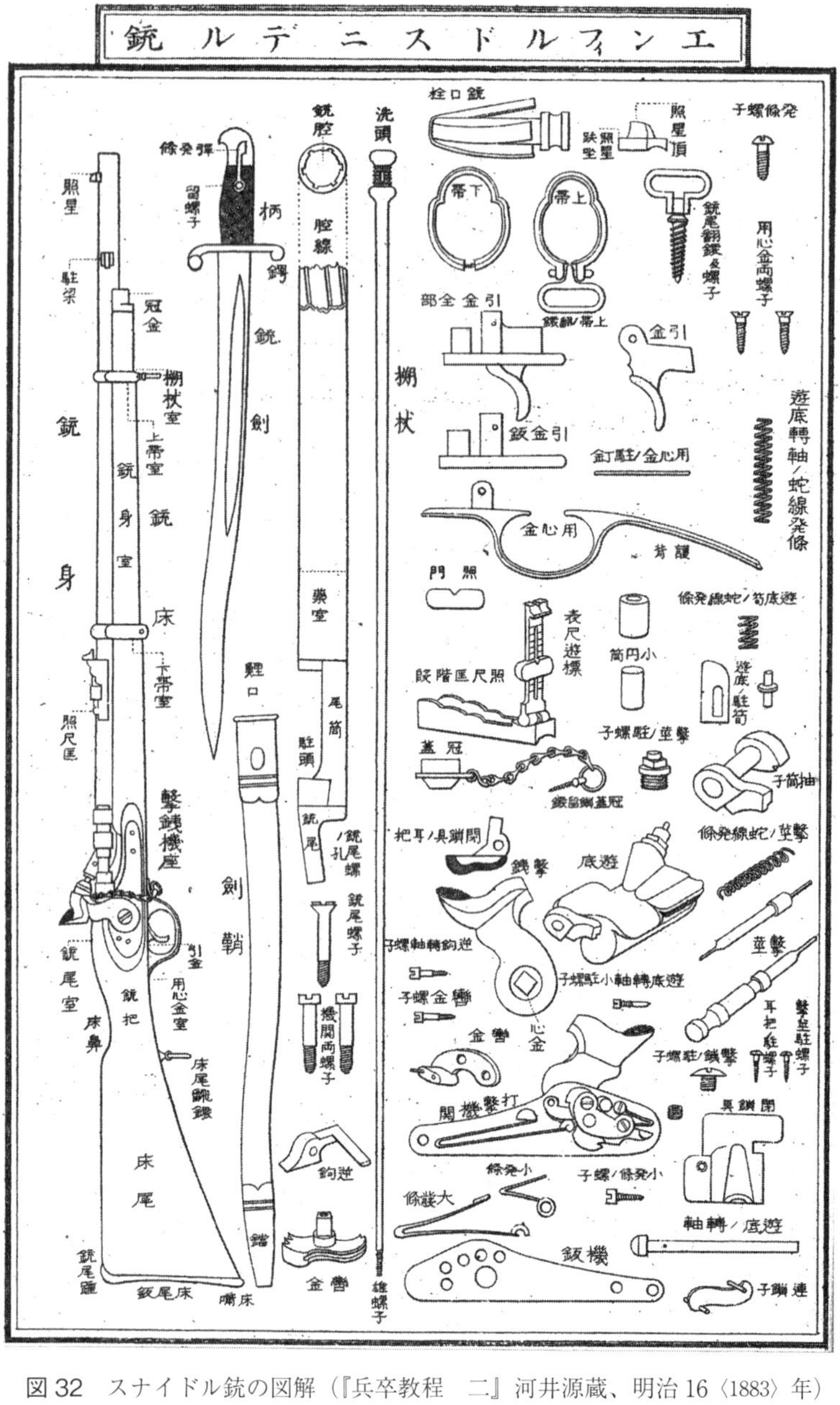

図 32　スナイドル銃の図解（『兵卒教程　二』河井源蔵、明治 16〈1883〉年）

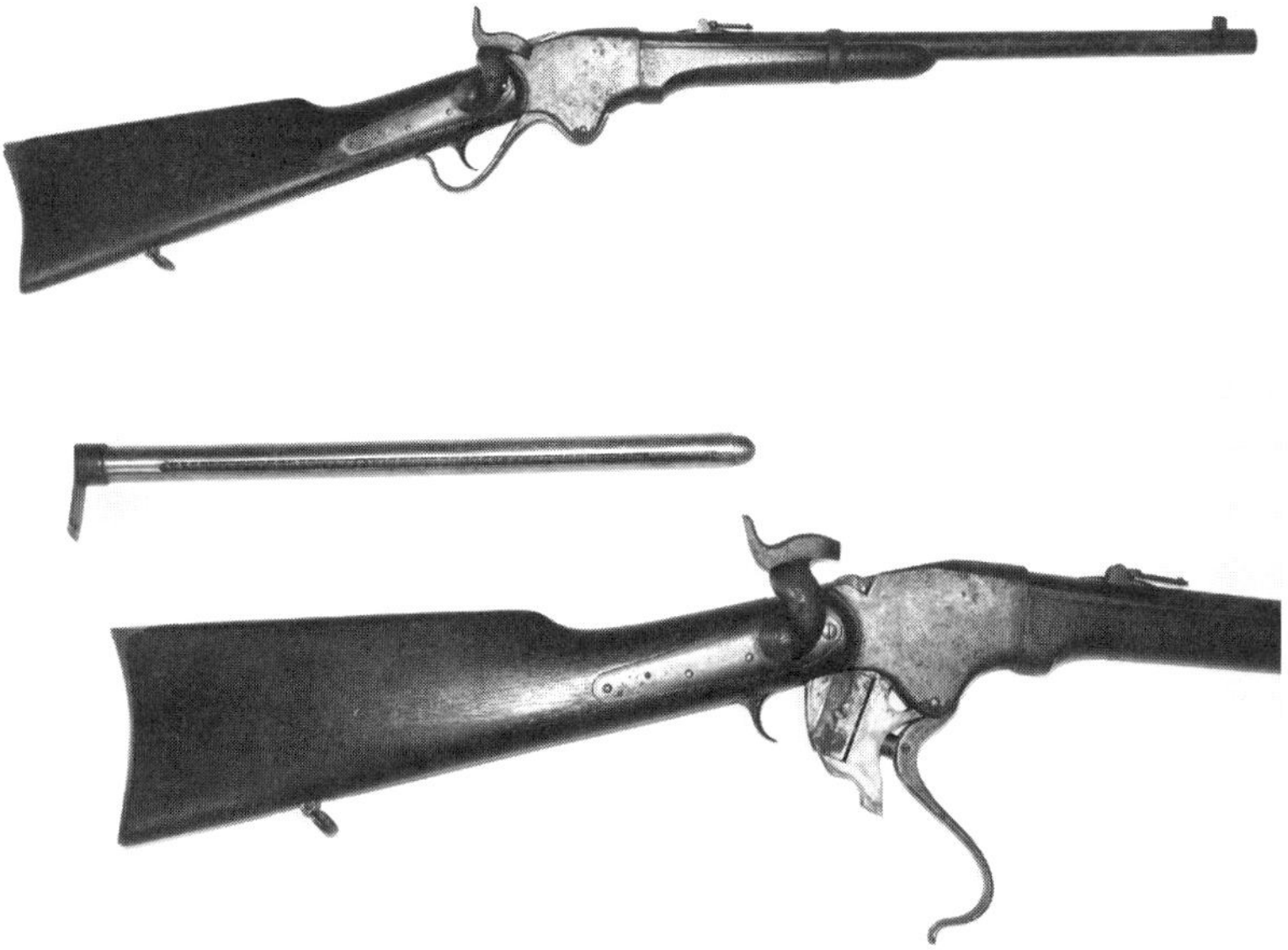

図33　スペンサー騎銃

『英国歩操新式』[30]、粟津銈次郎訳『英国尾栓銃練兵新式』[31]などがあるが、明治三年時点でのスナイドル銃の絶対数の少なさ（全国諸藩の合計保有数が七、一八七挺にすぎなかった）からみて、広く普及するには至らなかったと思われる。

維新の動乱期に日本へもたらされた洋式銃のうち、後装銃が占める割合は約一五%で、その中には外火式の単発銃から、金属弾薬筒を使う連発銃まで新旧雑多なものが混在している状態だった。次にそれらの中から建軍期の日本陸軍へと引き継がれていった主要な機種を選んで紹介する。

スペンサー銃（当時日本ではスペンセル銃と呼んでいた）は、一八六〇年にアメリカで開発された後装式の連発銃であり、騎銃と歩兵銃の別があった。幕末維新期の日本で主用されたのは騎銃（Spencer Repeating Carbine）であり、ここではその諸元を示しておきたい[32]。同銃の諸元は、公称口径〇・五二インチの縁打式金属弾薬筒（スペンサー実包）を用いる底

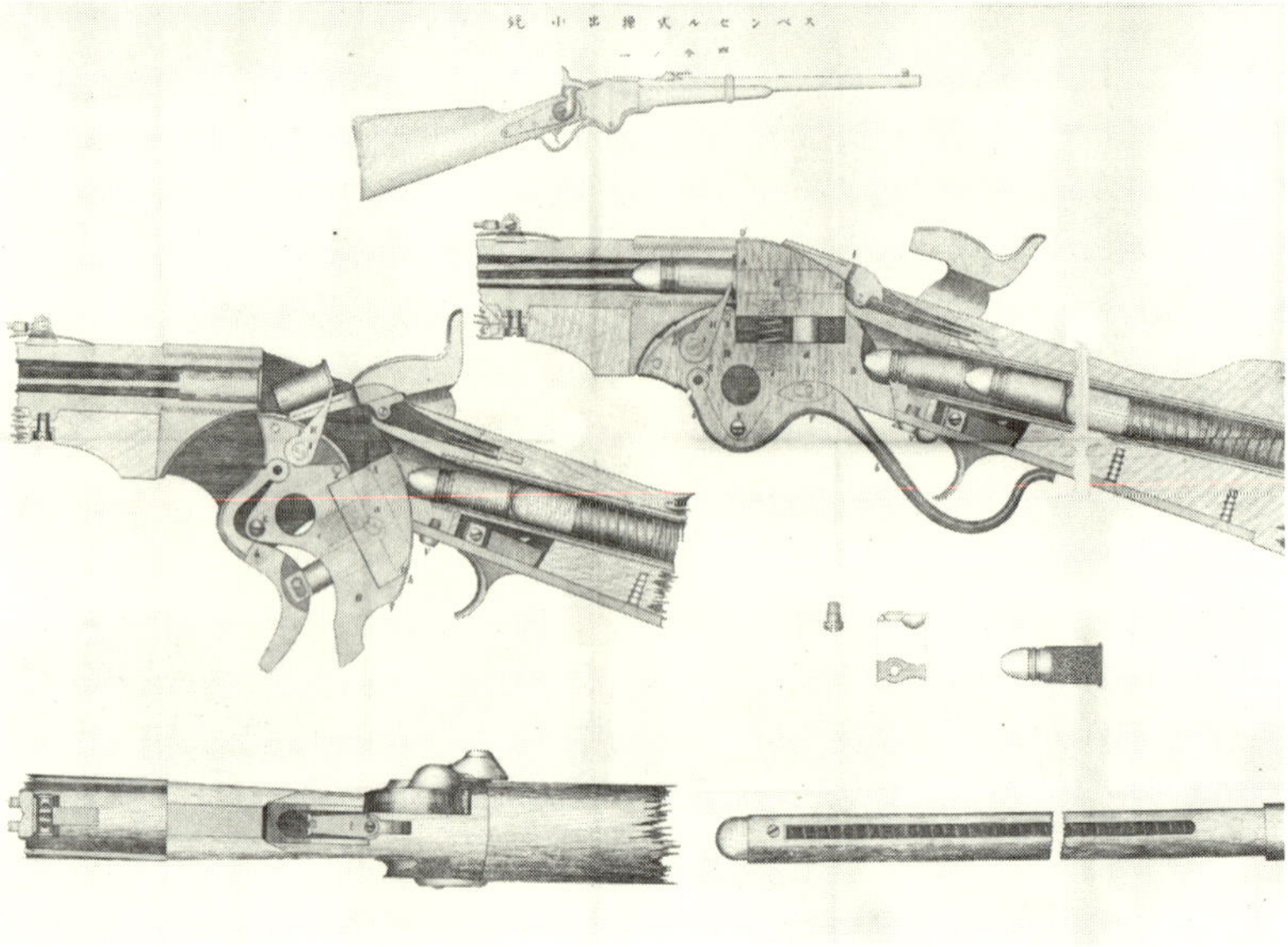

図34　スペンサー騎銃の図解（『射的教程　第一版』陸軍省、明治15〈1882〉年）

礎式の連発銃で、全長三九インチ、重量八ポンド、最大射程八〇〇ヤード。銃床内に収められたチューブ弾倉に、床尾の給弾口から弾薬を装填したのち、弾倉管を挿し込んで弾倉をロックし、レバー操作によって送弾と排莢を連続的に繰り返すことができた。

七連発の射撃が可能だったが、弾倉内の弾薬を撃ち終えた後は、弾倉管を引き抜いて再び床尾の給弾口から一発ずつ装填する必要があり、日本陸軍では「本式ノ如キ連発銃ハ弾倉ニ弾薬ヲ装塡スル為少カラス時間ヲ要スルヲ以テ真ノ連発銃ト謂フコト能ハス七発ノ予備弾薬ヲ装塡スル単発銃ト称スヘキナリ[33]」と評していた。

またスタール銃というのは、アメリカで開発された底碪式の後装単発騎銃（Starr Singleshot Breechloading Carbine）で、公称口径〇・五四インチの可燃弾薬筒を用いる管打式と、公称口径〇・五二インチの金属弾薬筒を用いる縁打式の別があった[34]。明治五（一八七二）年の銃器調査の折、二、三八〇挺に及ぶスタール銃の存在が確認されたが、シヤルル・アントワーヌ・マルクリー（Marquerie,

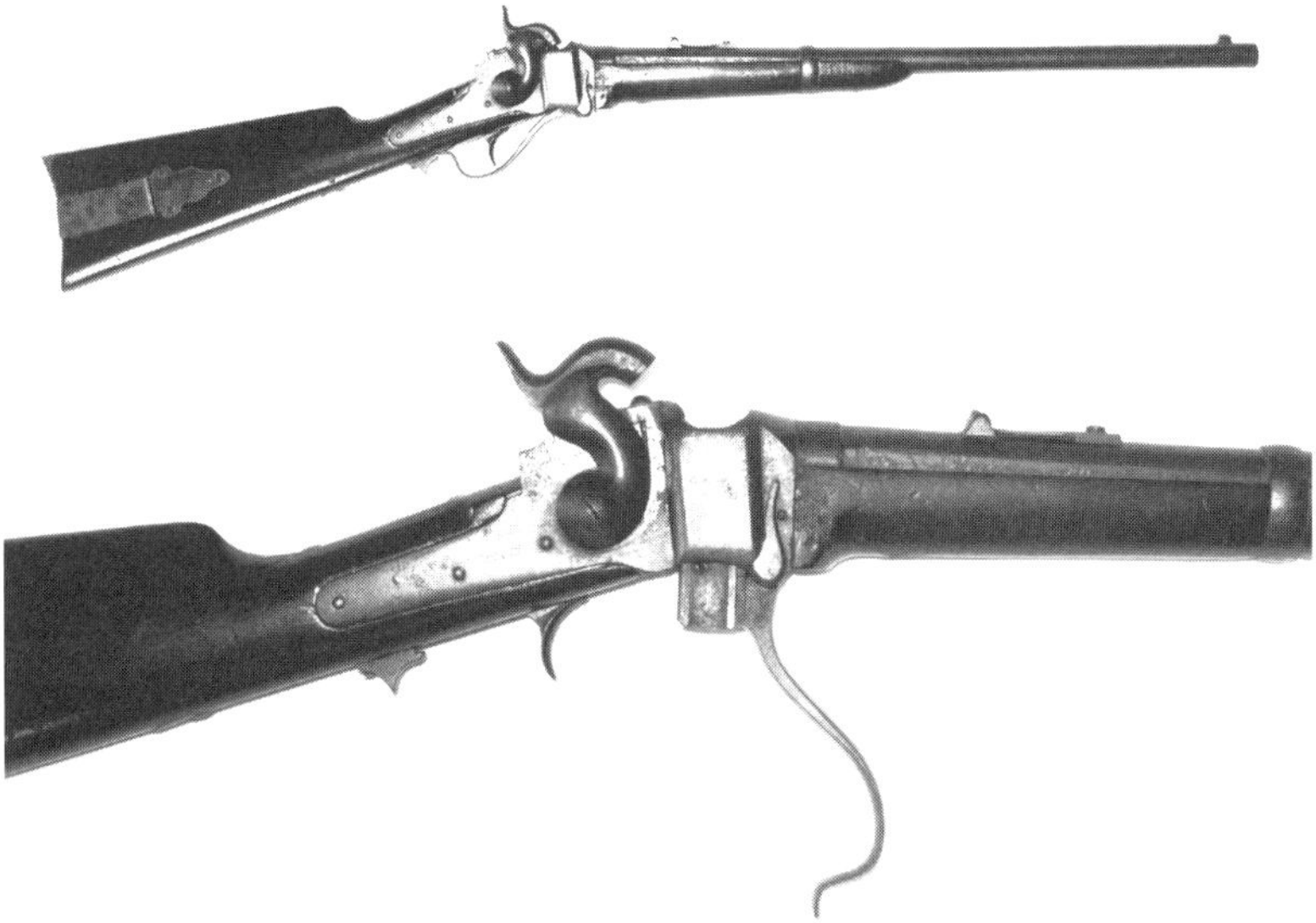

図35　シャープス騎銃

Charles, Antonine）の報告書では同銃を廃銃にすべきとの意見が付されている。おそらくこれは、旧式化した管打式だったためであろう。その後明治七（一八七四）年になって、建軍期の日本陸軍ではスタール騎銃一、八一七挺を新規購入している。時期的にみてこれらは新型の縁打式だったと推定され、砲兵および輜重兵の一部に支給された。[35] ちなみに同銃の最大射程は、五五〇ヤードだった。

　またシャープス銃は、アメリカで開発された底碪式の後装単発銃である。同銃には、騎銃と歩兵銃の別のほかの管打式（可燃弾薬筒を使用）と縁打式（金属弾薬筒を使用）といったバリエーションもあるが、幕末維新期の日本に輸入されたシャープス銃の多くは一八五九年式ないし一八六三年式騎銃（Sharps Single-shot Breechloading Percussion Carbine, New Model 1859・1863）であったと思われることから、ここでは管打式騎銃の諸元を示す。これらは公称口径〇・五二インチで腔綫六条、全長三九インチ、重量七ポンド、最大射程八〇〇ヤードの諸元を有していた。[36]

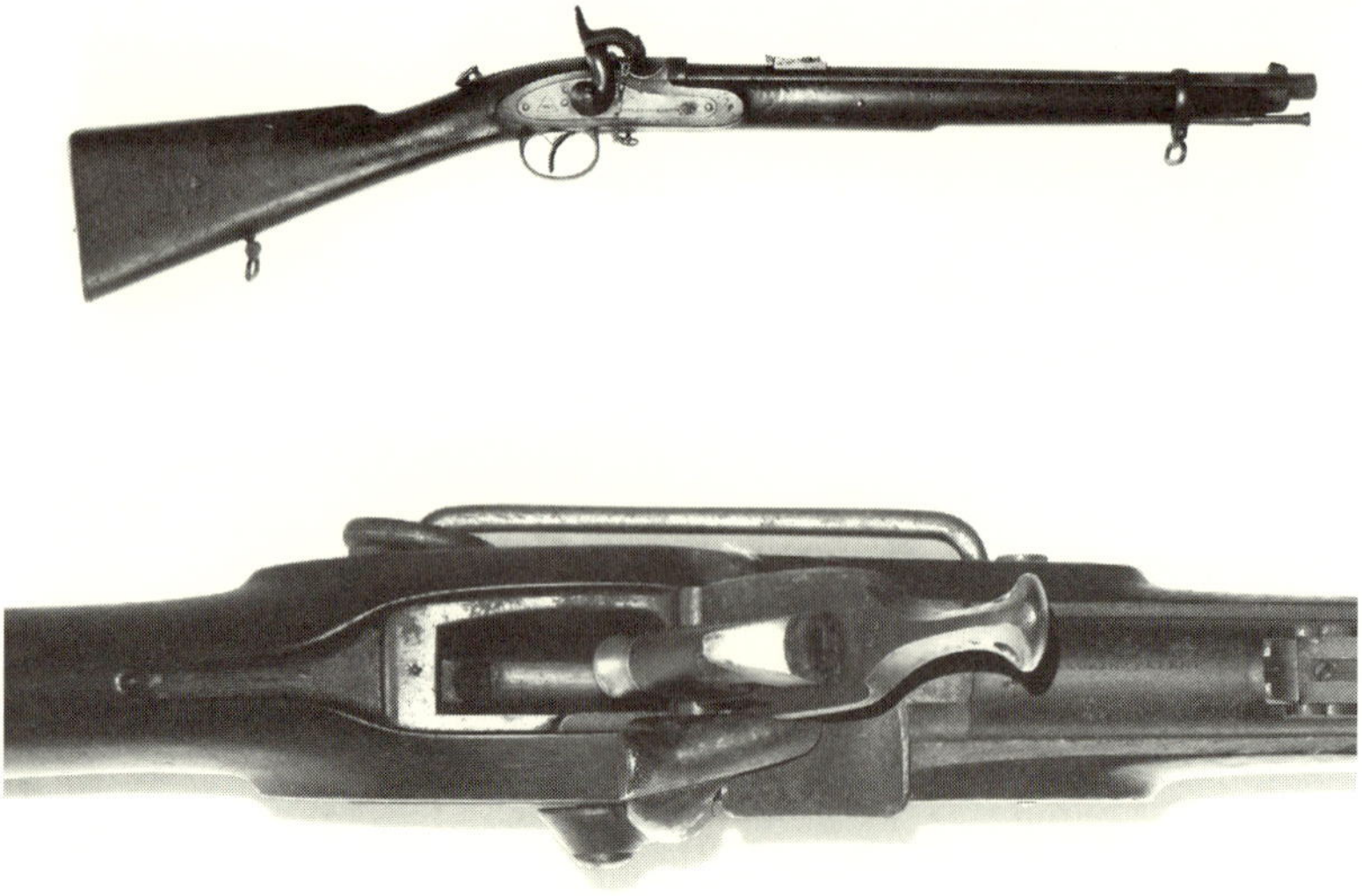

図36　ウェストリー・リチャーズ騎銃

レカルツ銃というのは、イギリスで開発されたウェストリー・リチャーズ銃を指すものと考えられる。同銃は活罨式の後装単発銃で、銃身にはウィットウォース（Whitworth）のパテントを踏まえた正八角形の捻弾式旋条が施されている。維新建軍期の日本陸軍で主用されたのは騎銃だったと考えられ、その諸元は、口径〇・四五一インチ、全長三五インチ、重量七・五ポンドで、最大射程は八〇〇ヤードだった[37]。

ツンナール銃というのは、プロイセンおよびその周辺の領邦で使用されていた、針発式の撃発機構を持つ回転鎖閂式小銃（Zündnadelgwehr）の総称である[38]。この撃発機構は、プロイセンの銃工ニコラス・フォン・ドライゼ（Nikolaus Von Dreyse）が考案したもので、長い撃針が可燃弾薬筒内部の爆粉《ばくふん》を刺突《しとつ》することによって発火させるという、独特のメカニズムを有していた。

和歌山藩では明治維新後、シャウムブルクリッペ侯国の陸軍曹長ケッペンを軍事顧問に雇入れ、兵式をドイツに倣って藩の常備兵を練成した。この時同藩は、

四、〇〇〇挺のツンナール銃を購入したが、その機種はシャウムブルクリッペ侯国で制式採用されていたデルシュ&バウムガルテン銃（Doerch & Baumgarten Zündnadelgwehr）だったと考えられる。[39]

その後明治四（一八七一）年五月にも、和歌山藩はツンナール銃七、六〇〇挺の購入契約を結んだが、[40]この時日本に輸入されたのは、プロイセンにおいて制式採用されていたドライゼ銃（Dreyse Zündnadelgwehr）であったと推定される。これにより建軍期の日本陸軍では、デルシュ&バウムガルテン銃とドライゼ銃という、二系統のツンナール銃を併用することとなった。

ツンナール銃の諸元については、機種ごとに異同があり、集約的に示すことが難しい。ここでは、長短二種の歩兵銃（デルシュ&バウムガルテン銃）に関する諸元をみておきたい。[41]長ツンナール銃は、「黄銅製ノ上中下帯ヲ以テ」銃身を銃床に結束したもので、全長一・三四メートル、重量五キログラム。短ツンナール銃は銃身の結束に「上下ニ筒ノ鋼帯」を用い、全長一・二四メートル、重量四・八七キログラムである。公称口径は何れも一五・四三ミリメートルで、最大射程は一、〇〇〇メートルだった。

シャスポー銃は、一八六六年にフランス陸軍が採用した可燃弾薬筒を用いる回転鎖閂式小銃（Le fusil Chassepot Modele 1866）である。同銃の諸元について示すと、公称口径一一ミリメートル、全長一・三一メートル、重量四・一キログラムで、腔綫四条、照尺に刻まれた最大射程は一、二〇〇メートルとなっている。[42]建軍期の日本陸軍では同銃を使用した結果、「弾薬筒ト緊塞具ノ関係ヨリ遊底ヲ汚穢シ其機能ヲ害シ初発ニ不発ヲ生シ易ク撃針ノ破損亦少カラサルノ弊害アリ」[43]と評価の下し、早くも明治七（一八七四）年にはシャスポー銃を第一線から外す措置をとった。これ以降同銃は、教導団や士官学校の教育部隊で、訓練銃として使用されることとなった。

註

(1) 洞富雄『鉄砲——伝来と影響——』（思文閣、一九九一年）四二二頁。
(2) 所荘吉『火縄銃』（雄山閣、一九六四年）一五九頁。
(3) 南坊平造「明治維新全国諸藩の銃砲戦力」（『軍事史学』第十三巻第一号、一九七七年三月）七七頁。
(4) 同右、一〇二頁。第四表「明治維新全国諸藩小銃所在数地方別要計表」に拠る。
(5) 同右。
(6) 陸軍省調製『兵器沿革史　第一輯』（陸軍省、一九一三年）四・三七頁。
(7) 高島秋帆の西洋銃陣については、所荘吉「砲術と兵学」（中山茂編『幕末の洋学』ミネルヴァ書房、一九八四年）を参照されたい。
(8) 牧天穆訳『和蘭官軍　歩操軌範』（膺懲館蔵版、一八五五年）。
(9) 同右「巻十」、一丁。
(10) 前掲『兵器沿革史　第一輯』二二一～二二三頁。
(11) 阿部質訳『習銃要法』（五洲楼、一八五七年）第二編、二一～三三丁。
(12) 「歩操震雷銃軌範　一」（写本、著者蔵）。
(13) 「和蘭歩兵手銃覘方経験」（写本、著者蔵）。史料中、「掌（パルム・palm）」は一〇センチメートル、「エル（el）」は一メートルに相当する。また「星」は圏的の中心を示す。
(14) 前掲『兵器沿革史　第一輯』二一頁。
(15) 湯次行孝『国友鉄砲の歴史』（サンライズ出版、一九九六年）一六九頁。
(16) 沢田平『桜町鉄砲』（堺鉄砲研究会、一九八二年）三〇頁。
(17) 明治三（一八七〇）年の銃器調査に際して録上されたゲベールは一万八二六五挺で、総数の五％を占めるにすぎなかった（前掲「明治維新全国諸藩の鉄砲戦力」一〇二頁）。
(18) 石井修三訳『歩兵運動軌範』（縄武館蔵版、一八五七年）。
(19) 訳者不記『歩兵教練書』（長門練兵場蔵版、一八六五年）。
(20) 前掲「明治維新全国諸藩の鉄砲戦力」一〇二頁。
(21) 同右。

(22) 赤松小三郎・浅津富之助訳『暎国歩兵練法』（下曽根稽古場、一八六五年）とその改訳版、赤松小三郎訳『重訂　暎国歩兵練法』（薩摩藩蔵版、一八六七年）がある。
(23) W. Reid Mckee & M. E. Mason, Jr., *Civil War Projectiles II* (VA: Rapidan Press, 1988), p.181.
(24) John Walter, *Arms & Equipment of the British Army, 1866* (London: Greenhill Books, 1986), p.31.
(25) *Ibid*., p.31.
(26) Charles J. Purdon, *The Snider-Enfield Rifle* (NY: Musem Restoration Service, 1963), p.3.
(27) V. D. Majendie and C. O. Browne, *Military Breech-Loading Rifles* (London: Arms & Armor Press, 1973), pp.54-60.
(28) B. A.Temple, *The Boxer Cartridge in the British Service* (Brisbane: Watson Ferguson and Co., 1977) を参照のこと。
(29) 瓜生三寅訳『歩操新書増補』（竹苞楼、一八六八年）。
(30) 橋爪貫一訳『英国歩操新式』（松園図書、一八六八年）。
(31) 粟津銈次郎訳『英国尾栓銃練兵新式』（平元氏稽古場、一八六九年）。
(32) Robert M. Reilly, *United States Military Small Arms 1816 ~ 1865* (NJ: Gun Room Press, 1970), pp.162-163.
(33) 陸軍兵器本廠『兵器廠保管参考兵器沿革書』（陸軍兵器本廠、一九二九年）六七頁。
(34) Reilly, *United States Military Small Arms 1816 ~ 1865*, pp.164-165.
(35) 前掲『兵器沿革史　第一輯』五五～五七頁。
(36) Reilly, *United States Military Small Arms 1816 ~ 1865*, pp.157-159.
(37) D. W. Bailey, *British Military Longarms 1715 ~ 1865* (London: Arms & Armour Press, 1986), p.130.
(38) ツンナール銃については、Hans-Dieter Gotz, *Militargewhre und Pistolen der deutschen* (Stuttgart: Motorbuch Verlag,1996) を参照。
(39) 山田千秋『日本陸軍の起源とドイツ』（原書房、一九九六年）六四～六八頁。
(40) 前掲『兵器沿革史　第一輯』七四頁。
(41) 同右、七七～七八頁。陸軍兵器本廠『兵器廠保管参考兵器沿革書　第一輯』（陸軍兵器本廠、一九二九年）の掲載諸元も参照。
(42) Fank Demarta, *Le Fusil D'Infanterie Francais* (La Tow-du-pin: Portail,1983), pp.212-218.
(43) 前掲『兵器沿革史　第一輯』六七頁。

二、兵器統一への試行

（一）「公有利器」の選定

明治四（一八七一）年の廃藩置県を経て、明治政府は旧藩が保有していた兵器を「還納」という名目で回収した。[1]この作業は翌五（一八七二）年に完了し、関東・東北の諸藩から回収した小銃は東京市内にあった旧幕時代の銭瓶邸の倉庫へ、また関西・四国・九州の諸藩から回収したものは大阪城内へ収容した。還納兵器として回収された小銃の総数は「十八万千十二挺[2]」に及び、その種類も前装滑腔銃・同施条銃・後装単発銃など「三十九種類以上[3]」を数えた。こうした新旧雑多な小銃が混在することになった背景には、幕末維新の動乱を通じ、各藩が外国人商館等から随意に洋式銃を買い入れて、それぞれの藩兵に装備させていたという事情があった。

一方、建軍期の日本陸軍では、明治四年に大阪で新規編制した辛未徴兵に対し携帯火器の統一を試みており、「歩兵銃はエンピール銃に定め[4]」るという措置をとった。この前年の明治三（一八七〇）年十月二日、明治政府は「陸軍ハ仏蘭西式ヲ斟酌御編制相成[5]」べき方針を布告し、「阪府陸軍歩兵程式ニ相準候[6]」ことを通達していた。ここにいう「歩兵程式」とは、一八六三年版のフランス軽歩兵教練書を陸軍兵学寮が翻訳した『官版　歩兵程式』（陸軍兵学寮、一八六九年）を指す。同書は前装施条銃を使用する戦術段階の教本で、先込め式のエンフィールド施条銃（当時日本ではエンピール銃と呼んでいた）採用は、練兵と兵器の整合性という観点からなされたものだった。ちなみに辛未徴兵の兵員一、四八一人中、歩兵は七五五人であり[7]、概ね一箇大隊に相当する規模での兵器統一だったことが知られる。

明治五年十月、日本陸軍は第二次フランス軍事顧問団の教育首長マルクリー参謀中佐に還納兵器の調査を依頼した。マルクリーは、顧問団の一員であるフェリックス・フレデリック・ジョルジュ・ルボン（Lebon,Felix, Frederic, Georges）砲兵大尉にこの調査を命じ、当座の歩兵用小銃として次の四種類を選定した[8]。

シャスポー銃　六、〇〇〇挺
ツンナール銃　一万五〇〇〇挺
スナイドル銃　一、五〇〇挺
エンフィールド銃　一万二〇〇〇挺

マルクリーに還納兵器の調査を依頼する前年の明治四年、日本陸軍では「歩兵ノ為メ『エンピールスナイドル』銃ヲ採用[9]」する方針を固めていた。その理由については、「此銃ハ当時欧洲ニ於ケル最良ニアラサリシモ底装施綫銃ニシテ従来ノ銃ニ比シ操作単筒、効力大而モ価比較的廉ナリシ為メ国家経済ト時運ノ要求ニ応シ一時ノ急ヲ補[10]」うものだったと説明されている。

マルクリー自身も明治五年十月十八日に提出した意見書の中で、「『スナイドル』ハ僅々千五百挺ニ過キスト雖替ユルニ『エンヒールド』ノ銃尾以テシ元込タラシメハ堅固ナル小銃ヲ得ヘク一挺ノ修覆ハ三円ニ過キスシテ三万五千乃至四万円ノ経費ヲ以テ事足ルヘシ[11]」と述べており、日本側の既定方針をある程度踏まえた形で銃器調査に臨んだ様子が窺われる。

明治五年段階における日本陸軍は、同年八月の東京・大阪・鎮西・東北四鎮台設置を経て、「鎮台本分営ノ常備兵ハ元藩下ノ常備兵ヲ召集シテ充スヘキ(12)」方針にもとづき、いわゆる「壮兵」を兵員素材としながら部隊編制に着手したばかりだった。ここにいう「壮兵」とは、主に旧藩常備兵（士族・卒族）から成る職業的志願兵であり、同年度の陸軍兵力は、歩兵二五隊・騎兵四小隊・砲兵四大隊と二砲隊・工兵一大隊の計一万七〇九六人という規模にとどまるものだった(13)。

さらに明治五年には、『歩兵操典』の第一次改正がおこなわれ、「一八六九年式仏国歩兵操典ニ準シ(14)」た、陸軍兵学寮訳『歩兵操典』（陸軍兵学寮、一八七一年）が採用されることとなった。この教本は、後装単発銃段階の戦術に対応したもので、当時フランス軍の制式小銃であったシャスポー銃の使用法が収載されている。後年、日本陸軍はその内容について、「練兵場ノ観察ヲ基礎トシ編纂セラレ諸制式ヲ戦場ニ起リ得ヘキ凡テノ場合ニ応セシメントシ繁雑冗長(15)」と評しているが、こうしたフランス式教本の特性は、建軍途上の過渡的段階に在る日本陸軍にとって、利便性の高いものとなっていた。

次いで歩兵以外の兵科の携帯火器についてみると、前記したマルクリーの意見書にもとづき、明治六（一八七三）年には騎兵と砲兵にスペンサー騎銃を交付することが決まった。ただし小銃を二義的な兵器とする砲兵に対しては、スペンサー騎銃の不足を補うため、ツンナール騎銃や短レカルツ銃が支給されることもあった(16)。

明治七（一八七四）年一月十五日、日本陸軍は「各種兵携帯兵器(17)」を定め、歩兵・騎兵・砲兵・工兵・輜重兵といった諸兵種に支給する小銃の区分を整えてゆく方針を明確化した。これによりスナイドル銃・アルビニー銃・エンフィールド銃が歩兵・工兵に、またスペンサー銃・スタール銃が騎兵・砲兵・輜重兵用に選定された。こうした措置が改めてとられた背景には、明治六年一月に施行された「徴兵令」にもとづき、兵役義務に就く壮丁の召集が全国の鎮台で進んだ結果、陸軍の兵力が急速に拡大したという事情があった。ちなみに明治七年段階の陸軍兵力は、歩兵九聯隊と一六大隊・騎兵三大隊・砲兵五大隊と四砲隊・工兵一大隊・輜重兵一小隊から成る、兵数三万一六二六人を有する規模で[18]、これは明治五年の壮兵による鎮台編制当初に比べると、兵数面で一・八倍余の増大となっている。

その一方で、各兵種の兵士を練成するための教本整備も進められた。先ず基幹兵種となる歩兵についてみると、フランス人軍事顧問アルネル・ピエール・アンドレ・エッシュマン（Echumann, Armsnel, Pierre, Andre）の助言を得て教本改訂がおこなわれ、明治六年には『歩兵操典　第二版』が刊行されている。他の兵種に関しても、明治三～五（一八七〇～七二）年に『砲兵操典』、明治六～八（一八七三～七五）年に『工兵操典』、明治九（一八七六）年に『騎兵操典』が刊行され、西南戦争までには訓練の指針がほぼ確定することになった。

同時期の日本陸軍は、「戦闘の大勢を決める決定的手段[19]」を歩兵の小銃火力に求める傾向が強く、その基本戦法は「先づ散兵を以て火戦に任じ、後方部隊が之に跟随して銃鎗突撃を為し、砲兵は戦闘間之を援助[20]」するというものだった。かくて小銃の選定にあたっては、「兵器の精鋭を利用して、可成散開に拠らん[21]」との要請にもとづいて「歩工兵ハ総テ元込銃ヲ支給スヘキ見込ヲ定メ[22]」るという方針が、ほぼ一貫してとられることになった。

さて、明治九年時点において、日本陸軍が保有していた選定小銃の種別と数量は、次の通りであった[23]。

スナイドル銃	二万四七〇挺
アルビニー銃	三、二六八挺
エンフィールド銃	五万八七三八挺
スペンサー銃	一、一二二挺
スタール銃	一、二三八挺

依然として前装施条式のエンフィールド銃が多いが、右のアルビニー銃について『兵器沿革史　第一輯』では「和製」としており、エンフィールド銃を後装式に改修することによって、配備が進められていたものと思われる。エンフィールド銃をアルビニー銃に改修する作業は、明治六年にそのための工作機械が輸入され[24]、翌七年から萩の沖原製作所や大阪支廠で開始された[25]。なお、この改修は、西南戦争が勃発した明治十（一八七七）年まで続けられた。

ここにいうアルビニー銃とは、もともとベルギーで開発された活罨式の後装単発銃（Albini Branendlin Rifle）である。明治初期に日本陸軍が採用した改修アルビニー銃は、エンフィールド銃に活罨式の遊底を付加したもので、スナイドル銃と同一のボクサー実包を使用することができた。この改修は、主として短エンフィールド銃を対象に実施されたようであり、最大射程を含めた基本諸元は同銃と同じである。

ともあれ、明治七年の「各種兵携帯兵器」選定を経て、日本陸軍の小銃は、スナイドル実包を使用するもの（スナイドル銃・改修アルビニー銃）と、スペンサー実包を使用するもの（スペンサー騎銃・スタール騎銃）の二系統に、整一化される方向へ進んでいった。この段階では、いまだに前装施条式のエンフィールド銃を多数保有している状況だったが、同銃は改修によって、スナイドル実包を使用する後装銃へシフトできる見通しを持つものであった。かくて明治九年頃の日本陸軍では、「全国の常備兵は殆んと一定の底装銃を備[26]」える状況に進むこととなった。

（二）　西南戦争における小銃

明治十年の西南戦争は、建軍期の日本陸軍にとって大きな試練となったが、同時に近代軍隊として成長するための教訓を数多く提示した。そうした教訓の一つに武器弾薬の補給という問題があり、なかでも四万五八一九人に及ぶ征討軍[27]（うち歩兵が四万三五九四人で全体の九五％余を占める）に対する、小銃交付と弾薬の安定供給が重要な課題となった。

西南戦争期の日本陸軍では、後装単発銃段階の戦術に対応したフランス歩兵教練書に準拠し、決戦の要諦を基幹兵種である歩兵の小銃火力に指向する戦法を採用していた。このため征討軍の主力にはスナイドル銃やアルビニー銃を交付し、後装単発銃を用いての散開隊次における火力充実が図られることとなった。

征討軍が小銃による火力戦を歩兵の主要な戦闘手段と見做した背景には、「徴兵令」によって召集された鎮台兵の、白兵衝撃力に関する練成不足という問題もあった。実戦に臨んで征討軍の兵士達は、西郷軍が果敢に繰り返す抜刀突撃に対し、浪費ともいえるような小銃の弾幕射撃で応戦することが多かった。

西郷軍の戦法は、火力の劣勢を補う意味もあって、「初戦に砲を以てし、黒煙稍蔽ふに至るときは、忽ち所在に号笛を鳴らし、壮士奮進、刀剣を以て我軍を冒す[28]」と評されたように、白兵戦を重視する傾向が強かった。これに対して征討軍側は、「その膨大な後方に依存して『火力』重視の戦法を採用し、徴募兵の訓練未熟なことがますますこの傾向を助長し、田原坂の中期以後は、薩軍の抜刀威力に圧倒されて、突撃を令されてもただ徒らに喊声を発するだけで、突入の気魄を失うまでに堕落していた[29]」といわれる。

こうした戦況の下、小銃弾の消費量は開戦当初の見積もりをはるかに上回るものとなり、前線での尨大な弾薬消費という想定外の事態に直面して、陸軍当局はその製造・調達に苦慮することとなった。もともと小銃弾の製造は東京の砲兵本廠が担当していたが、西南戦争勃発により関連施設の拡充を図る一方で、大阪の砲兵支廠にも小銃弾製造のための施設を建て、供給体制を整えていった。

西南戦争時に征討軍が使用した小銃は、『征西戦記稿附表[30]』に収載された「銃砲損廃表」によれば次の一二種類である。その内訳は、中心打撃式の完全弾薬筒を用いる後装単発銃が四種、縁打式の完全弾薬筒を用いる後装連発銃が二種、針発式の可燃弾薬筒を用いる後装単発銃が二種、可燃式弾薬筒を用いる管打式の後装単発銃が三種、ほかに管打式の前装施条銃が一種という構成だった。

●後装単発銃（中心打撃式の完全弾薬筒を使用）

スナイドル銃

アルビニー銃

マルチニー銃

長スナイドル銃

●後装連発銃（縁打式の完全弾薬筒を使用）

短スペンサー銃

長スペンサー銃

●後装単発銃（針発式の可燃弾薬筒を使用）

ツンナール銃

長ツンナール銃

●後装単発銃（管打式）

スタール銃

短レカルツ銃

シャープス銃

●前装施条銃（管打式）

エンフィールド銃

このうち、西南戦争時に新たな準用銃として用いられることになったのは、マルチニー銃とシャープス銃である。またスタール銃については、スペンサー実包でなく、スタール実包（口径〇・五四インチの可燃弾薬筒）が交付されていることから、旧型の管打式だったと考えられる。これは、弾薬筒の製造と供給の容易さに起因するものであろう。ここにいうマルチニー銃というのは、一八七四年にイギリスで制式化された、底碪式の後装単発銃で、正式名称をマルチニー・ヘンリー銃（Martini-Henry Rifle）という。公称口径〇・四五〇インチで腔綫は七条、全長四九・五インチ、重量八ポンドという諸元で、[31] 中心打撃式の金属弾薬筒（Boxer-Henry Cartidge）を用いた。

続いて、西南戦争時における征討軍への小銃用弾薬の供給数とその消費数について集計してみると、表14のようになる。[32]

このうち主力小銃となっていたスナイドル銃とアルビニー銃に供用される「スナイドル実包」についてみると、供給数の七割以上を消費しており、想定外の大量消費に直面した陸軍当局が、準用銃の投入に踏み切らざるを得なかった状況を窺うことができる。

現実問題として、戦線が膠着状態に陥った熊本の田原坂攻防戦では、およそ一カ月にわたって一日平均三二万二一五〇発の弾薬が消費されたといわれ、[33] 補給能力の限界がみえ始めた四月上旬、陸軍当局は「在来貯蔵ノ分ヲ射尽セシ上ハ差当リ後ヲ継ク能ハス因テ今ヨリ夜比耳《エンピール》銃漸次交換ノ見込」を立てるに至った。[34] 前装式のエンフィールド銃は、弾薬の装塡に時間を要するため、一挺あたりの弾薬消費数が平均してスナイドル銃の一五分の一だった。同銃を受領した部隊では、「遠い処やさぐりうちといふ様な場合には、先ず以てエンピールを用ゐ、いざといふ時にスナイドルを有効に用ゐる」[35] といった使い分けをおこない、火力の維持に努めた。

表 14　征討軍への小銃弾薬供給

種　別	供給数	消費数	適合銃種
スナイドル実包	3463 万 2830 発	2551 万 4238 発（73.7%）	スナイドル銃 アルビニー銃 長スナイドル銃
マルチニー実包	228 万 528 発	7 万 7843 発（3.4%）	マルチニー銃
ツンナール実包	353 万 250 発	205 万 4731 発（58.2%）	ツンナール銃 長ツンナール銃
スペンサー実包	156 万 3326 発	11 万 2782 発（7.2%）	短スペンサー銃 長スペンサー銃
スタール実包	53 万 7264 発	10 万 4048 発（19.4%）	スタール銃
エンフィールド実包	1953 万 850 発	294 万 1780 発（15.1%）	エンフィールド銃
シャープス実包	115 万 3680 発	28 万 500 発（24.3%）	シャープス銃
レカルツ実包	6 万 5000 発		短レカルツ銃

※消費数の割合は、供給数に対する百分率を以て示した。

その他、和歌山属廠（旧和歌山藩の造兵施設を接収したもの）の設備を使って弾薬製造が可能であったツンナール銃三、八三三挺に続き、マルクリーが明治五年の銃器調査の折に「良銃」としていたマルチニー銃二、〇九二挺も、征討軍に交付された。ちなみに陸軍省では、海軍省から明治十年三月に二、五〇〇挺のマルチニー銃を買い取っており[36]、征討軍への同銃支給はこの中からおこなわれたものと思われる。なお、マルチニー実包は当時日本国内で製造されておらず、その全てを輸入に頼っていた。

さて、東京の砲兵本廠では、明治八年にイギリスから「スナイドル弾製造機械」を購入し、翌九年には「薬包製造所」を建設して、スナイドル実包の増産を開始し、さらに火工所を小石川練兵所の傍に設けるなどして、生産量の拡大を図った[37]。また大阪の砲兵支廠でも、火工塡実所・雷汞塡実所・薬筒製造所を西南戦争勃発直後に建設し[38]、スナイドル実包・ツンナール実包・エンフィールド実包の製造がおこなわれた。

スナイドル実包については、本廠が製造あるいは調達（輸入等）したものが二三八二万六五〇発（供給数全体の約六九％）、支廠で製造したものが一〇八一万二一八〇発（同約三一％）であった。またツンナール実包については、和歌山属廠の製造機械を使い、供給数の全てを支廠が製造した。エンフィールド実包についてみると、本廠の製造数は明らかでないが、支廠での製造数は六三〇万発とされており、これは供給数全体の三一％占めるものだった。

このほか、スタール実包・シャープス実包・レカルツ実包は、弾子模《たまがた》さえあれば手工業レベルの技術で製造できる可燃弾薬筒であり、明確な記録はないが、日本国内で生産されたものと考えてよかろう。一方、所要の工業設備がなければ製造できないマルチニー実包とスペンサー実包については、日本で生産された記録が見出されないことから、全て輸入に頼っていたものと思われる。

西南戦争時、陸軍当局は征討軍に八種類の弾薬を使用する小銃（機種別では一二種類）を混用させる結果となったため、「弾薬補充ニ煩雑ヲ来シ大ニ不便ヲ感セリ銃器ノ循理交換ノ事ニ就テモ亦然リ」[39]という問題に直面した。砲兵本廠と支廠では、スナイドル実包・ツンナール実包・エンフィールド実包の量産をおこなって、弾薬供給の安定化を図ったが、外国（特にイギリス）からの輸入に依存する面も少なくなかった。

また、西南戦争に日本陸軍が使用した主力小銃についてみると、一八七〇年後半における欧米諸国の軍事技術一般と比較した時、後装単発銃とはいえ既に性能面で旧式化が目立つものとなっていた。さらに一部では前装施条銃が併用されるなど、小銃火力の運用面でも整一化を保持することができなかった。

西南戦争後の明治十一（一八七八）年、東京砲兵工廠において、前装式のエンフィールド銃を後装式のスナイドル銃に改修する作業が、本格的に開始された。[40]この時の改修で特徴的なのは、改修型スナイドル銃の撃針部分が、フランス軍の一八六七年小銃（Le fusil a tabatiere）に倣った「スイブロン改式」[41]という構造になっていることだろう。もともとイギリス軍の制式スナイドル銃では、撃針を遊底内に装着するにあたって、火門突型の駐螺子《ちゅうらし》を用いたが、撃鉄による打撃回数が重なると駐螺子の突端が潰れ、撃針が打ち込まれた状態で戻らなくなる（この結果遊底が開かなくなってしまう）という欠点があった。改修型スナイドル銃では、火門突型の駐螺子を廃し、突端を補強した撃針を遊底上部から駐螺子で留める方式により、この欠点を取り除いた。

明治十五（一八八二）年、日本陸軍はフランスの「一八七五年六月十二日発行　歩兵教練書」に倣った『歩兵操典』を制定した。(42) これに先立つ明治十一～十二（一八七八～七九）年、日本陸軍は第二次『歩兵操典』改訂をおこなって、同じ原書にもとづく『新式歩兵操典』を採用していた。(43) 明治十五年版『歩兵操典』は、銃の操作法や射撃法等に関する部分を、『新式歩兵操典』のシャスポー銃から、スナイドル銃に変更したものであった。(44) さらに日本陸軍は、明治十五年に『射的教程　第一版』(45) を刊行し、歩兵銃と騎銃の射撃法に関する教則を制定した。同書の中では、スナイドル銃とスペンサー騎銃についての射撃法が説明されており、これら二系統に小銃を絞り込もうとする方針が、明治十五年頃に再び示されたことが知られる。

その一方で、村田経芳による新式国産小銃の研究開発も進められ、兵器独立は「第一に小銃より始る気運」(46) が高まりをみせつつある中、明治十三（一八八〇）年に結実した。この時開発された小銃は「十三年式村田銃」の名で、日本陸軍の制式銃となった。同銃は、近代的な中心打撃式の金属弾薬筒を使用する、回転鎖閂式の後装単発銃であり、その諸元は、公称口径一一ミリメートル、全長一・二九四メートル、重量四・一五六キログラム、腔綫五条、最大射程一、五〇〇メートルだった。(47)

東京砲兵工廠が村田銃の製造に着手したのは明治十三年だったが、これと並行して、還納兵器という形で日本陸軍が収管していたシャスポー銃の尾筒部分に改修を施し、「改造村田銃」として再生する作業もおこなわれた。(48) もともと村田銃は、開発にあたってフランス軍のグラー銃（Le fusil Gras Modele 1874）を参考とした点が多く、グラー銃の原型となったシャスポー銃は、薬室や遊底を改造すれば、村田銃と近似した機能を持たせることが可能だった。この改造村田銃の諸元は、遊底が村田式に換えられて中心打撃式の金属弾薬筒（村田単発実包）を使う仕様となったこと以外、基本的にシャスポー銃と同じだった。

また、村田銃の制定と相前後する形で、日本陸軍は明治十二年と十五年の二回にわたり、ピボディー・マルチニー銃（Peabody-Martinie Rifle）を総計一万七〇〇〇挺、アメリカから輸入した。[49] 同銃は、既出のマルチニー・ヘンリー銃とほぼ同一の機構を持つ底碪式の後装単発銃である。その諸元は、公称口径一一・四三ミリメートル、全長一・二三六メートル、重量三・八五六キログラム、最大射程一、二〇〇メートルだった。[50]

もともとピボディー・マルチニー銃では「一一・四×五九 R Turkish」という弾薬筒が使用され、明治十四（一八八一）年には東京砲兵工廠でその倣製が試みられた。[51] その後、程なくして村田実包と同型の「村田ピーボヂー実包（弾頭重量と装薬量が異なる）」が開発されると、これを使用できるよう銃の薬室に改修が施された。さらに陸軍省は、『ピーボヂーマルチニー銃取扱法』を明治十八（一八八五）年六月に制定し、[52] 同銃を村田銃と併用する方針を示した。

また同年、日本陸軍は十三年式村田銃の仕様を一部変更し、「十八年式村田銃」と命名して制式採用した。同銃は、口径や銃身長、最大射撃は十三年式と同じだが、一部の機構に設計変更をおこなったほか、小柄な日本人に扱いやすくするため銃床をやや短くし、全長を一・二七八メートル、重量を四・〇九八キログラムに減じたものだった。この頃には東京砲兵工廠における村田銃の生産設備も整い、翌明治十九（一八八六）年に至って、同銃の全軍配備がようやく完了した。[53]

村田銃の配備を終えた日本陸軍は、明治二十（一八八七）年に『歩兵操典』の第三次改訂をおこない、フランス軍の一八八四年版歩兵教練書に倣った新たな『歩兵操典』[54] を制定した。同時期の歩兵の戦法は、金属弾薬筒を使用する近代的な後装単発銃の普及に伴って、「各個射撃が重視され、これによって散兵自身の判断力の重要性が認識される」(55)という段階に進んでいた。村田銃は開発された当初、同時期の欧米各国で採用された軍用銃一般と比べて、遜色ない性能を有していた。日本陸軍は村田銃の採用と明治二十年版『歩兵操典』の制定を通じ、こうした戦法の変化に適応していった。

日本陸軍における「兵器統一」のエポックを小銃というカテゴリーからみると、最初の国産小銃である村田銃の全軍規模での配備を達成した明治十九年を以て、一つの画期と位置付けることができる。ただし村田銃は、その製造にあたって「銃身地金の鋼は我工業幼稚にして、輸入品を用ふるの止むる得ざる」(56)状況にあり、純粋な意味での「兵器独立」という視点からは、素材の国内生産という課題をクリアーできる技術水準にまで到達していなかったと評される一面がある。

註

(1) 菰田安節「日本陸軍に於ける兵器の沿革に関する談話」（『史談会速記録　合本四十一』原書房、一九七四年）六二頁。
(2) 陸軍省『兵器沿革史　第一輯』（陸軍省、一九一三年）四頁。
(3) 同右、一〇頁。
(4) 工学会『明治工業史　火兵・鉄鋼篇』（陸軍省、一九一三年）四頁。
(5) 内閣記録局編『法規分類大全45　兵制門（1）』（原書房、一九七七年）三二頁。
(6) 「兵部省へ差出候伺」（「青山家文書　一九二〇」青山歴史村史料館蔵）。
(7) 大阪市役所『明治大正　大阪市史　第一巻』（清文堂、一九六九年）五七〇頁。
(8) 前掲『兵器沿革史　第一輯』九頁。
(9) 「陸軍教育史　明治別記第一巻稿」十丁（防衛研究所図書館蔵）。
(10) 同右。

(11) 前掲『兵器沿革史　第一輯』九頁。
(12) 内閣記録局編『法規分類大全45　兵制門（3）』（原書房、一九七七年）二五六頁。
(13) 上法快男『帝国陸軍編制史概説』（芙蓉書房出版、一九八七年）の一三七五頁の「挿表2　陸軍兵力推移」に拠る。
(14) 前掲「陸軍教育史　明治別記第一巻稿」十二丁。
(15) 同右。
(16) 前掲『兵器沿革史　第一輯』五五頁。
(17) 「東京陸軍兵器本廠歴史前記」（防衛研究所図書館蔵）。
(18) 前掲『帝国陸軍編制史概説』一三七五頁。
(19) 木下秀明「近代軍隊における身体訓練②　日本」（浅見俊雄ほか『近代体育・スポーツ体系　第二巻』講談社、一九八四年）一一八頁。
(20) 渡辺錠太郎「明治維新以後に於ける我国陸軍戦法の沿革に就いて」（日本歴史地理学会編『日本兵制史』日本学術普及会、一九三九年）二九三頁。
(21) 同右、二九三頁。
(22) 前掲『兵器沿革史　第一輯』一一頁。
(23) 同右、一三頁。
(24) 前掲『明治工業史　火兵・鉄鋼篇』二九七頁。
(25) 前掲『兵器沿革史　第一輯』一〇一～一〇三頁。
(26) 前掲『明治工業史　火兵・鉄鋼篇』五六頁。
(27) 松下芳男『明治軍制史論　上巻』（有斐閣、一九五六年）四七〇頁の「西南戦争官軍編制表」に拠る。
(28) 郷土文化研究会『西南役と熊本』（日本談義社、一九五八年）七二頁。
(29) 陸上自衛隊北熊本修親会『新編　西南戦史』（原書房、一九七七年）二七一～二七二頁。
(30) 参謀本部『征西戦記稿　附表』（陸軍文庫、一八八七年）の「銃砲損廃表」に拠る。なおスタール銃については、同書「弾薬消耗表」中にスペンセル実包とは別にスタール実包が録上されていることから、旧型の管打式と判断した。
(31) Dennis Lewis, *Martini-Henry, 450 Rifle & Carbines* (NY: Excalibur Publication, 1996), p.64.
(32) 前掲『征西戦記稿　附表』の「弾薬消耗表」に拠る。

(33) 陸軍省『征討軍団記事』（陸軍文庫、一八八〇年）四十八丁。
(34) 参謀本部『征西戦記稿　中』（同右、一八八七年）「巻二四」三頁。
(35) 金子空軒『陸軍史談』（陸軍画報社、一九四三年）七二頁。
(36) 前掲『兵器沿革史　第一輯』一一一頁。
(37) 前掲『明治工業史　火兵・鉄鋼篇』二九八〜二九九頁。
(38) 三宅宏司『日本の技術8　大阪砲兵工廠』（第一法規、一九八九年）三六〜三七頁。
(39) 林錬作『兵器沿革略』（兵林館、一九〇七年）一二三頁。
(40) 前掲『明治工業史　火兵・鉄鋼篇』二九九頁。なお東京の砲兵本廠は、明治十一年に東京砲兵工廠へと改組された。
(41) 前掲『兵器沿革史　第一輯』九〇頁。
(42) 広瀬豊『日本の軍紀』（海軍砲術学校、一九二六年）六〇頁。
(43) 「明治十二年三月　陸軍省大日記　参一七〇号」（防衛研究所図書館蔵）。
(44) 陸軍省『歩兵操典　生兵之部』（陸軍省、一八八二年）三十三〜三十九丁。同時期、日本陸軍ではスナイドル銃を「エンフィルドスニーデル銃」と称していた。
(45) 陸軍省『射的教程　第一版』（同右、一八八二年）。
(46) 押上森蔵「兵制改革の大略と兵器の沿革」（前掲『日本兵制史』）二八一頁。
(47) 陸軍兵器本廠『兵器本廠保管参考兵器沿革書』（陸軍兵器本廠、一九二九年）一三四頁。なお同書は、狭山二郎『日露戦争の兵器』（光人社、二〇〇五年）に復刻収録されている。
(48) 前掲『明治工業史　火兵・鉄鋼篇』三〇〇頁。
(49) 前掲『兵器沿革史　第一輯』一二四〜一二六頁。
(50) 陸軍士官学校『兵器学教程　巻二』（陸軍士官学校、一八九五年）八十七丁。
(51) 前掲『兵器沿革史　第一輯』一二五頁。
(52) 「東京陸軍兵器本廠歴史前記」（防衛研究所図書館蔵）。
(53) 前掲「兵制改革の大略と兵器の沿革」二八一頁。
(54) 『歩兵操典』（陸達第六六号、一八八七年五月二十六日）。
(55) 陸上幕僚監部『戦術の変遷（歩兵の観点からみた戦術の変遷）』（陸上幕僚監部、一九七五年）四五頁。

（56）前掲「兵制改革の大略と兵器の沿革」二八一頁。

あとがき

本書が主として扱ったのは、慶応三（一八六七）年の王政復古から明治四（一八七一）年にかけての、いわゆる維新政権期の軍事史である。同時期、明治維新によって成立した新政府は、旧来の幕藩体制を脱却した近代主権国家の形成を目指す一方、依然として存続する封建勢力、すなわち「藩」の力を利用しながら、国家的軍事力の整備を図らなければならないというジレンマに直面していた。

また新政権の内部でも国軍の立脚基盤をめぐって、既存の軍事力である「藩兵」にこれを求めるか、それに代わる新たな兵員供給システムとして「徴兵」制を採用するかの議論があった。この問題は、廃藩置県を経て「藩」という権力機構が解体されるまで持ち越されることとなった。その間新政府は、国家主権の下に直属する諸隊の編成を試みる一方で、諸藩の保有する軍事力を藩知事（版籍奉還後「藩」は行政体という形に組み込まれ、藩主は形式上地方長官という位置付けになった）を通じて統轄するという、暫定的な二元政策をとった。

本書の中ではこうしたプロセスについて、章別に論点を設定して考察している。各章は、著者がこれまでに発表して来た論文に改めて手を入れると共に、書き下ろしの項目を新たに加えて構成した。次に初出論文の題名と掲載誌を示しておきたい。

Ⅰ．維新政府の直轄部隊
・「維新政権下における府県兵制度」（『軍事史学』第三十巻第四号、一九九五年三月）
・「辛未徴兵に関する一研究」（『軍事史学』第三十二巻第一号、一九九六年六月）
Ⅱ．諸藩の兵制
・「明治初期の松代藩における兵制改革」（『政治経済史学』第四二三号、二〇〇一年十一月）
・「維新政府の対藩兵政策と丹波諸藩の動向」（『政治経済史学』第四八一号、二〇〇六年九月）
Ⅲ．兵式統一と用兵思想
・「維新建軍期における『兵式』問題」（『軍事史学』第四十二巻第一号、二〇〇六年六月）
・「維新建軍期における日本陸軍の用兵思想」（『軍事史学』第三十八巻第二号、二〇〇二年九月）
・「日本陸軍にみる白兵戦思想の変遷」（『陸戦研究』第五七五号、二〇〇一年八月）
・「維新政権下の議事機関にみる兵制論の位相」（『政治経済史学』第三五六号、一九九六年二月）
・「明治の日本陸軍における近代戦略論の受容」（『国際関係研究』第三十一巻第一号、二〇一〇年十月）
Ⅳ．軍紀の形成
・「維新政権下の陸軍編制過程にみる軍紀形成の一考察（Ⅰ・Ⅱ）」（『政治経済史学』第二七五・二七六号、一九九七年十一月・十二月）
Ⅴ．小火器の輸入と統一
・「建軍期の日本陸軍にみる兵器統一への試み――国産小銃採用までを中心に――」（『軍事史学』第四十七巻第二号、二〇一一年九月）

序文にも記したように、本書の主たるテーマは、明治維新期の日本陸軍建設にまつわる諸課題を実証的に検証し、維新政府の軍事的構想のアウトラインを浮き彫りにしようとする点にある。こうした視点から、明治維新を機に緒に就くこととなった陸軍建設に関し、いくつかのトピックを設けて考察するというスタイルをとった。しかし史料上の制約から、的確に解明し得なかった史実も多々あり、今後の研究課題として残されている。また諸藩の兵制に関する研究についてみると、維新政府による対藩兵政策が実施された明治二～三（一八六九～七〇）年時点で二七〇余の藩が存在しており、これらを網羅的に調査してゆくことも今後の課題といえる。本書は、著者がおこなってきたこれまでの研究のマイル・ストーンというべきものであり、もとよりこれを以て完結するというようなものではない。読者諸賢の御叱正を請う次第である。

ま

や

ら

《その他》

ま

や

ら

《法規類関連》

あ

か

さ

た

は

ら

《銃砲関連》

《教練書関連》

《部隊名》

事項索引

《藩・府県名》

あ

か

さ

た

な

は

ま

や

や

ら

わ

た

な

は

ま

索　　引

人名索引

あ

か

さ

著者略歴

浅川　道夫（あさかわ　みちお）

博士（学術）、軍事史学会理事・編集委員、日本大学国際関係学部准教授。
昭和35（1960）年、東京に生まれる。
日本大学大学院法学研究科（日本政治史専攻）博士後期課程満期退学

主要著書・論文

- 『江戸湾海防史』（錦正社、2010年）
- 『お台場——品川台場の設計・構造・機能——』（錦正社、2009年）
- 平間洋一編『日英交流史3　軍事編』（東京大学出版会、2002年）共著
- 宮地正人監修『ビジュアルワイド　明治時代館』（小学館、2005年）共著
- 「江戸湾内海の防衛と品川台場」（『軍事史学』第39巻第1号、軍事史学会、2003年6月）
- 「ペリー来航時の江戸湾防衛について」（『政治経済史学』第493号、政治経済史学会、2007年9月）
- 「品川台場にみる西洋築城技術の影響」（『土木史研究　講演集』vol.27、土木学会、2007年6月）

明治維新《めいじいしん》と陸軍創設《りくぐんそうせつ》

平成二十五年五月五日　印刷
平成二十五年五月十日　発行

※定価はカバー等に表示してあります。

著者　浅川道夫
発行者　中藤政文
発行所　錦正社
〒一六二－〇〇四一
東京都新宿区早稲田鶴巻町五四四－六
電話　〇三（五二六一）二八九一
FAX　〇三（五二六一）二八九二
URL　http://www.kinseisha.jp/
印刷　㈱平河工業社
製本　㈱ブロケード

ISBN978-4-7646-0337-0

関連書

大本営陸軍部戦争指導班 機密戦争日誌（全二巻）〔新装版〕
防衛研究所図書館所蔵 軍事史学会編
揃定価二一、〇〇〇円（本体二〇、〇〇〇円）
参謀たちの生の声が伝わる貴重な第一級史料。

大本営陸軍部作戦部長 宮崎周一中将日誌
防衛研究所図書館所蔵 軍事史学会編
定価一五、七五〇円（本体一五、〇〇〇円）
大本営陸軍部作戦部長が明かす対米（対中）作戦の実情。

元帥畑俊六回顧録
軍事史学会編 伊藤隆・原剛監修
定価八、九二五円（本体八、五〇〇円）
陸軍研究にとって欠かせない初出の貴重な史料。

第二次世界大戦（一）
—発生と拡大—
軍事史学会編
定価四、一八〇円（本体三、九八一円）
第二次世界大戦の諸相を斬新な視角で問い直す。

第二次世界大戦（三）
—終　戦—
軍事史学会編
定価四、五八七円（本体四、三六九円）
第二次世界大戦終末の諸相を斬新な視角で問い直す。

日中戦争再論
軍事史学会編
定価四、二〇〇円（本体四、〇〇〇円）
最新の日中英語研究文献目録も収録した総合研究書。

日中戦争の諸相
軍事史学会編
定価四、七二五円（本体四、五〇〇円）
実証的研究を積み重ねて綴った画期的論集。

再考・満州事変
軍事史学会編
定価四、二〇〇円（本体四、〇〇〇円）
満州事変とは何だったのか？　70年目の検証。

日露戦争（一）
—国際的文脈—
軍事史学会編
定価四、二〇〇円（本体四、〇〇〇円）
日本の進路を方向付けた日露戦争の真相に迫る総合研究書。

日露戦争（二）
—戦いの諸相と遺産—
軍事史学会編
定価四、二〇〇円（本体四、〇〇〇円）
軍事史学会40年の蓄積を投入した日露戦争の実相。

ＰＫＯの史的検証
軍事史学会編
定価四、二〇〇円（本体四、〇〇〇円）
60年の歴史を有す現在進行中のＰＫＯを歴史的に検証。

日本中世水軍の研究
—梶原氏とその時代—
佐藤和夫著
定価九、九九一円（本体九、五一五円）
実証的研究による中世水軍史の集大成。海賊研究の最高峰。

明治期国土防衛史
原　剛著
定価九、九七五円（本体九、五〇〇円）
明治初期から日露戦争までの国土の防衛姿勢とは？

戦前 昭和ナショナリズムの諸問題
清家基良著
定価九、九九一円（本体九、五一五円）
戦前のナショナリズムの問題点に多角的に迫る。

近代東アジアの政治力学
—間島をめぐる日中朝関係の史的展開—
李　盛煥著
定価七、六四六円（本体七、二八二円）
民族の支配と共存の条件を論究。

蒙古襲来絵詞と竹崎季長の研究
佐藤鉄太郎著
定価九、九七五円（本体九、五〇〇円）
蒙古襲来絵詞は江戸時代に改竄されていた。新学説。